高等学校计算机基础教育教材精选

C#程序设计教程
（第2版）

张淑芬 刘丽 陈学斌 朱俊东 编著

清华大学出版社
北京

内 容 简 介

本书以 Visual Studio 2010 为操作平台,在继承第 1 版基本内容和基本方法的基础上,对内容体系结构进行调整、修改和优化,特别是加强了实例的实用性。

全书共分 12 章,包括.NET 与 C#概述、程序设计基础、流程控制与算法、程序调试与异常处理、面向对象程序设计基础、面向对象的高级程序设计、Windows 编程基础、Windows 窗体的高级功能、文件操作、数据库编程基础、图形与图像、部署 Windows 应用程序等内容。每章都配有一定数量的习题,以方便学生巩固所学知识。

本书采用案例教学法,既有丰富的理论知识,也有大量的实战范例,更提供了精心设计的课后练习。

本书可作为高等院校计算机及其相关专业的本科教学用书,也可作为其他专业的计算机公共课基础教材。对于自学程序设计的计算机爱好者来说,本书也是极佳的参考书。

本书封面贴有清华大学出版社防伪标签,无标签者不得销售。
版权所有,侵权必究。举报: 010-62782989,beiqinquan@tup.tsinghua.edu.cn。

图书在版编目(CIP)数据

C#程序设计教程/张淑芬等编著. —2 版. —北京: 清华大学出版社,2017(2025.2重印)
(高等学校计算机基础教育教材精选)
ISBN 978-7-302-45475-5

Ⅰ. ①C… Ⅱ. ①张… Ⅲ. ①C 语言—程序设计 Ⅳ. ①TP312

中国版本图书馆 CIP 数据核字(2016)第 275370 号

责任编辑: 张 玥
封面设计: 傅瑞学
责任校对: 白 蕾
责任印制: 宋 林

出版发行: 清华大学出版社
网　　址: https://www.tup.com.cn, https://www.wqxuetang.com
地　　址: 北京清华大学学研大厦 A 座　　邮　编: 100084
社 总 机: 010-83470000　　邮　购: 010-62786544
投稿与读者服务: 010-62776969, c-service@tup.tsinghua.edu.cn
质量反馈: 010-62772015, zhiliang@tup.tsinghua.edu.cn
课件下载: https://www.tup.com.cn, 010-62795954

印 装 者: 三河市人民印务有限公司
经　　销: 全国新华书店
开　　本: 185mm×260mm　　印　张: 24.25　　字　数: 558 千字
版　　次: 2014 年 2 月第 1 版　2017 年 1 月第 2 版　印　次: 2025 年 2 月第 9 次印刷
定　　价: 79.00 元

产品编号: 070629-03

第 2 版前言

C#是微软公司推出的新一代编程语言。它在 C++ 的基础之上重新打造，成为一门全新的完全面向对象的程序设计语言，能够提供更高的可靠性和安全性。它不仅能用于开发传统的控制台应用程序和 Windows 应用程序，还可用于开发 Web 应用程序、Silverlight 动画和 XNA 游戏。

2014 年，我们编写了《C#程序设计教程》和与之配套的《C#程序设计实践教程》，经过两年的教学实践，受到了广大师生的支持。我们对此深感荣幸、备受鼓舞，同时对关心和支持本书并提出宝贵意见和建议的教师和广大读者表示衷心感谢！

本书在继承第 1 版基本内容和基本方法的基础上，对内容体系结构进行了适当调整，增加了部分常用算法和应用实例。考虑到当前教学对象和教学学时的限制，降低了算法的难度，对于难度较高的网络编程部分以及使用不多的一些控件未再介绍。

全书共分为 12 章。第 1 章～第 4 章介绍 C#的基本语法、Visual Studio 2010 环境下开发控制平台应用程序的方法以及程序调试与异常处理方法，第 5 章和第 6 章介绍面向对象编程，第 7 章和第 8 章介绍 Windows 编程，第 9 章～第 12 章介绍 C#的高级实用技术，包括文件操作、数据库访问与编程技术、GDI+编程技术、Windows 应用程序的部署。

本书具有如下特色：

（1）知识结构完整，并从教学实际需求出发，结合初学者的认知规律，由浅入深、循序渐进地讲解 C#程序设计的相关知识。

（2）采用案例式教学，将重要的知识点嵌入具体实例中，全书提供上百个实例，不仅包括简单的代码演示，还提供较大应用程序的逐步实现步骤。

（3）每章最后都给出了一些习题，读者可以对其中问题进行思考和编程实践，进一步理解概念，掌握编程技巧。

本书由华北理工大学的张淑芬、刘丽、陈学斌和朱俊东编写，编写过程中融入了编者多年的教学和项目开发经验。张淑芬编写第 4～8 和第 10 章，刘丽编写第 1～3 和第 9 章，陈学斌编写第 12 章，朱俊东编写第 11 章，全书由张淑芬统稿。

由于时间仓促和编者水平有限，书中难免存在一些疏漏和不足，敬请读者批评指正。

编　者
2016 年 10 月

第1版前言

Visual C♯.NET 是微软公司推出的新一代编程语言。它在保持了 C++ 强大功能的同时，整合了 Java 语言的优点，是一种全新的面向对象的编程语言。C♯ 解决了存在于许多程序设计语言中的问题，如安全问题、垃圾收集问题、与其他语言协调的能力和跨平台的兼容性等。相对于 C++，C♯ 更容易被人们理解和接受。而且 C♯ 与 Web 的紧密结合，使得程序员可以像开发一般应用程序那样开发 Web 程序，与以前的 Web 开发语言相比，C♯ 能很方便地实现很强大的功能，这对互联网的发展无疑也是一个很大的推动。

本书从教学实际需求出发，结合初学者的认知规律，由浅入深、循序渐进地讲解了与 C♯ 程序设计的相关知识。

全书共分为 14 章。第 1 章介绍 .NET 与 C♯ 的关系、Visual Studio 2010 集成开发环境以及 C♯ 程序的开发步骤；第 2 章介绍 C♯ 的数据类型、运算符和表达式以及 C♯ 程序的撰写规范；第 3 章介绍 3 种基本结构及典型算法，学习控制台程序的开发；第 4、第 5 章介绍类、对象、继承和多态等面向对象程序设计的概念，学习面向对象编程；第 6 章介绍程序调试与异常处理；第 7、第 8 章介绍窗体和控件，学习 Windows 编程；第 9 章介绍文件操作；第 10、第 11 章介绍数据库相关概念以及 ADO.NET 的使用，学习数据库编程；第 12 章介绍图形与图像的操作；第 13 章介绍网络编程；第 14 章介绍如何部署 Windows 应用程序。

本书具有如下特色：

(1) 本书知识结构完整，根据循序渐进的认知规律设计内容及顺序。

(2) 本书提供了大量实例，不仅包括简单的代码演示，还提供了较大应用程序的逐步实现步骤，非常适合初学者阅读。

(3) 书中所有实例程序都是完整的，都是通过 Visual Studio 2010 调试的。

(4) 本书每章的最后都给出了一些习题，可以帮助学生巩固知识点和锻炼学生的编程能力。

本书可作为高等院校相关专业的教材，也可供软件开发人员参考使用。

本书由河北联合大学的张淑芬、刘丽和陈学斌编写，编写过程中融入了编者多年的教学和项目开发经验。张淑芬编写第 4~8、第 10、第 11 章，刘丽编写第 1~3、第 9、第 12 章，陈学斌编写第 13、第 14 章，全书由张淑芬统稿。

此外，本书还配有辅导教材《C#程序设计实践教程》，内容包括按本书章节顺序配备的实验指导。

由于时间仓促和编者水平有限，书中难免存在一些疏漏和不足，敬请读者批评指正。

编　者

2013 年 12 月

目录

第1章 .NET 与 C♯ 概述 1
1.1 .NET 概述 1
1.1.1 什么是.NET 1
1.1.2 .NET 的发展 1
1.1.3 .NET 平台的结构 2
1.2 C♯ 概述 2
1.2.1 什么是 C♯ 2
1.2.2 C♯ 与 C 及 C++ 语言的区别 2
1.2.3 C♯ 语言的特点 3
1.3 Visual Studio 2010 集成开发环境 4
1.3.1 Visual Studio 2010 的启动 4
1.3.2 创建项目 5
1.3.3 Visual Studio 2010 界面介绍 6
1.3.4 Visual Studio.NET 帮助 8
1.4 开发第一个 C♯ 程序 8
1.4.1 一个简单的控制台应用程序 9
1.4.2 一个简单的 Windows 应用程序 11
1.4.3 一个简单的 Web 应用程序 12
1.4.4 Visual Studio.NET 解决方案和项目文件的组织结构 13
习题 14

第2章 程序设计基础 16
2.1 C♯ 程序的组成要素 16
2.2 数据类型概述 19
2.2.1 简单数据类型 19
2.2.2 结构类型 21
2.2.3 枚举类型 22
2.3 常量和变量 24
2.3.1 常量 24

2.3.2 变量 ……………………………………………………………… 27
2.3.3 类型转换 …………………………………………………… 29
2.4 运算符与表达式 ……………………………………………………………… 32
2.4.1 算术运算符与算术表达式 ………………………………………… 32
2.4.2 关系运算符与关系表达式 ………………………………………… 34
2.4.3 赋值运算符与赋值表达式 ………………………………………… 35
2.4.4 逻辑运算符与逻辑表达式 ………………………………………… 36
2.4.5 位运算符 …………………………………………………… 38
2.4.6 其他运算符 ………………………………………………… 40
2.4.7 运算符的优先级及结合性 ………………………………………… 41
2.5 引用类型 ………………………………………………………………… 42
2.5.1 字符串 ……………………………………………………… 42
2.5.2 类 ………………………………………………………… 48
2.5.3 接口 ………………………………………………………… 48
2.5.4 委托 ………………………………………………………… 49
2.5.5 数组 ………………………………………………………… 50
2.5.6 集合 ………………………………………………………… 55
2.5.7 装箱和拆箱 ………………………………………………… 58
2.6 常用系统定义类 ……………………………………………………………… 59
2.6.1 数学类(System.Math) …………………………………………… 59
2.6.2 日期时间结构(System.DateTime) ……………………………… 63
2.6.3 随机数类(System.Random) …………………………………… 65
习题 ……………………………………………………………………………… 67

第3章 流程控制与算法 …………………………………………………… 69
3.1 算法的概念 …………………………………………………………………… 69
3.1.1 什么是算法 ………………………………………………… 69
3.1.2 描述算法 …………………………………………………… 70
3.2 顺序结构 ……………………………………………………………………… 71
3.2.1 赋值语句 …………………………………………………… 71
3.2.2 输入与输出 ………………………………………………… 72
3.2.3 顺序结构典型例题 ………………………………………… 76
3.3 选择结构 ……………………………………………………………………… 78
3.3.1 if 语句 ……………………………………………………… 78
3.3.2 switch 语句 ………………………………………………… 86
3.3.3 选择结构典型例题 ………………………………………… 89
3.4 循环结构 ……………………………………………………………………… 93
3.4.1 for 语句 …………………………………………………… 93

  3.4.2 foreach 语句 …………………………………………………………… 96
  3.4.3 while 语句 ……………………………………………………………… 97
  3.4.4 do-while 语句 ………………………………………………………… 100
  3.4.5 循环的嵌套 …………………………………………………………… 101
  3.4.6 跳转语句 ……………………………………………………………… 104
  3.4.7 循环结构典型例题 …………………………………………………… 107
 习题 …………………………………………………………………………………… 111

第 4 章 程序调试与异常处理 ……………………………………………………… 115
 4.1 程序错误 ………………………………………………………………………… 115
 4.2 程序调试 ………………………………………………………………………… 117
 4.3 异常处理 ………………………………………………………………………… 121
  4.3.1 异常类 ………………………………………………………………… 121
  4.3.2 引发异常 ……………………………………………………………… 122
  4.3.3 异常的捕捉及处理 …………………………………………………… 123
 习题 …………………………………………………………………………………… 125

第 5 章 面向对象程序设计基础 …………………………………………………… 127
 5.1 面向对象的概念 ………………………………………………………………… 127
  5.1.1 面向对象编程 ………………………………………………………… 127
  5.1.2 类和对象 ……………………………………………………………… 128
  5.1.3 面向对象的特点 ……………………………………………………… 128
 5.2 类的声明 ………………………………………………………………………… 129
 5.3 类的成员 ………………………………………………………………………… 129
  5.3.1 常量 …………………………………………………………………… 130
  5.3.2 字段 …………………………………………………………………… 131
  5.3.3 属性 …………………………………………………………………… 131
  5.3.4 方法 …………………………………………………………………… 133
  5.3.5 构造函数和析构函数 ………………………………………………… 141
  5.3.6 索引器 ………………………………………………………………… 143
 5.4 静态类与静态成员 ……………………………………………………………… 145
  5.4.1 静态类 ………………………………………………………………… 145
  5.4.2 静态成员 ……………………………………………………………… 146
  5.4.3 静态构造函数 ………………………………………………………… 146
 5.5 对象的创建和存储 ……………………………………………………………… 147
  5.5.1 对象的创建 …………………………………………………………… 147
  5.5.2 对象的存储 …………………………………………………………… 149
  5.5.3 对象成员的引用 ……………………………………………………… 150

5.6 Visual Studio 2010 中的 OOP 工具 ················· 150
  5.6.1 类视图 ··· 150
  5.6.2 对象浏览器 ··································· 152
  5.6.3 添加类文件 ··································· 152
  5.6.4 类图 ··· 152
  5.6.5 类库项目 ······································ 156
习题 ·· 158

第 6 章 面向对象的高级程序设计 ·················· 161
6.1 继承 ·· 161
  6.1.1 继承的定义 ··································· 161
  6.1.2 构造函数的执行顺序 ····················· 163
6.2 多态 ·· 165
  6.2.1 隐藏基类成员 ································ 166
  6.2.2 重写基类成员 ································ 167
6.3 抽象类和密封类 ······························ 172
  6.3.1 抽象类 ·· 172
  6.3.2 密封类 ·· 173
6.4 接口 ·· 174
  6.4.1 定义接口 ······································ 174
  6.4.2 实现接口 ······································ 175
  6.4.3 接口和抽象类的比较 ····················· 178
习题 ·· 178

第 7 章 Windows 编程基础 ·················· 182
7.1 Windows 应用程序开发步骤 ··················· 182
7.2 Windows 应用程序的组织结构 ··············· 187
7.3 Windows 窗体与控件 ······························ 188
  7.3.1 窗体 ··· 188
  7.3.2 控件 ··· 195
7.4 常用控件 ······································· 198
  7.4.1 Button 控件 ··································· 198
  7.4.2 Label 控件 ···································· 198
  7.4.3 TextBox 控件 ································ 199
  7.4.4 RadioButton 和 CheckBox 控件 ······ 203
  7.4.5 GroupBox 控件 ····························· 204
  7.4.6 ListBox 控件 ································· 206
  7.4.7 ComboBox 控件 ···························· 208

		7.4.8 PictureBox 控件 ··· 209
		7.4.9 Timer 组件 ··· 210
		7.4.10 RichTextBox 控件 ······································ 212
		7.4.11 TreeView 和 ListView 控件 ······························ 217
		7.4.12 TabControl 控件 ·· 222
		7.4.13 Panel 和 SplitContainer 控件 ··························· 222
	习题 ··· 227

第 8 章 Windows 窗体的高级功能 ··· 230
8.1 菜单 ·· 230
8.2 工具栏和状态栏 ··· 236
8.3 对话框 ··· 244
    8.3.1 通用对话框 ··· 244
    8.3.2 自定义对话框 ··· 250
8.4 多文档程序设计 ··· 254
    8.4.1 创建 MDI 应用程序 ·· 254
    8.4.2 MDI 相关属性、方法和事件 ································· 255
    8.4.3 MDI 应用程序中的菜单栏 ···································· 257
习题 ··· 258

第 9 章 文件操作 ··· 261
9.1 文件和流 ·· 261
9.2 文件读写操作 ·· 270
    9.2.1 FileStream 类 ·· 270
    9.2.2 文本文件的读写 ·· 273
    9.2.3 读写二进制文件 ·· 277
习题 ··· 279

第 10 章 数据库编程基础 ·· 281
10.1 数据库概述 ·· 281
    10.1.1 数据库和数据库系统 ··· 281
    10.1.2 关系数据库 ··· 283
10.2 SQL 基础 ··· 284
10.3 ADO.NET ··· 287
    10.3.1 ADO.NET 对象模型 ·· 287
    10.3.2 ADO.NET 访问数据库模式 ································· 289

10.4 使用 ADO.NET 访问数据库 ……………………………………………… 290
  10.4.1 使用 Connection 对象连接数据库 …………………………… 290
  10.4.2 ADO.NET 联机模式的数据存取 …………………………… 292
  10.4.3 ADO.NET 脱机模式的数据存取 …………………………… 298
10.5 数据绑定控件 ……………………………………………………………… 304
  10.5.1 数据绑定 ……………………………………………………… 304
  10.5.2 DataGridView 控件 …………………………………………… 305
  10.5.3 BindingSource 组件 …………………………………………… 308
  10.5.4 BindingNavigator 控件 ………………………………………… 309
10.6 数据库应用程序案例 ……………………………………………………… 310
  10.6.1 系统功能 ……………………………………………………… 310
  10.6.2 数据库结构 …………………………………………………… 311
  10.6.3 系统实现 ……………………………………………………… 312
习题 ……………………………………………………………………………… 340

第 11 章 图形与图像 ……………………………………………………………… 342

11.1 图形图像基础知识 ………………………………………………………… 342
  11.1.1 GDI+概述 ……………………………………………………… 342
  11.1.2 Graphics 类 …………………………………………………… 343
11.2 绘制基本图形 ……………………………………………………………… 344
  11.2.1 创建画笔 ……………………………………………………… 344
  11.2.2 绘制基本图形 ………………………………………………… 345
11.3 填充图形 …………………………………………………………………… 348
  11.3.1 单色画刷 SolidBrush ………………………………………… 348
  11.3.2 HatchBrush …………………………………………………… 349
  11.3.3 TextureBrush ………………………………………………… 350
  11.3.4 LineargradientBrush ………………………………………… 350
11.4 图像处理 …………………………………………………………………… 351
  11.4.1 图像的显示 …………………………………………………… 352
  11.4.2 图像的拉伸与反转 …………………………………………… 353
习题 ……………………………………………………………………………… 357

第 12 章 部署 Windows 应用程序 ……………………………………………… 359

12.1 部署概述 …………………………………………………………………… 359
12.2 使用 ClickOnce 部署 Windows 应用程序 ……………………………… 360
  12.2.1 将应用程序发布到 Web ……………………………………… 360

  12.2.2 将应用程序发布到共享文件夹 …………………………………… 362
  12.2.3 将应用程序发布到媒体 ………………………………………… 365
 12.3 使用 Windows Installer 部署 Windows 应用程序 ……………………… 367
  12.3.1 创建安装程序 …………………………………………………… 368
  12.3.2 测试安装程序 …………………………………………………… 370
 习题 …………………………………………………………………………… 371

参考文献 ………………………………………………………………………… 372

第 1 章 .NET 与 C♯ 概述

C♯是微软公司.NET平台为应用开发而设计的一个全新的程序设计语言,本章重点介绍 Microsoft.NET 的基本概念、Visual Studio 2010 集成开发环境以及 C♯应用程序的开发步骤。

1.1 .NET 概 述

1.1.1 什么是.NET

虽然近年来很多人都在讨论.NET,但对于".NET 到底是什么"这个问题,很多人都给出了不同的答案,微软官方的说法是:.NET 代表了一个集合、一个环境、一个可以作为平台支持下一代 Internet 的可编程结构。

简而言之,微软公司自己对.NET 的定义是:.NET=新平台+标准协议+统一开发工具。

由此可见,.NET 首先是一个开发平台,它定义了一个公共语言子集,这是一种符合其规范的语言与类库之间提供无缝集成的混合语言。.NET 统一的编程类库,提供了对下一代网络通信标准可扩展编辑语言(eXtensible Markup Language,XML)的完全支持,使应用程序的开发变得更容易、更简单。

1.1.2 .NET 的发展

早在 2000 年,Microsoft 公司总裁比尔·盖茨就提出了展望.NET 平台的构想和实施步骤的发展前景。

2002 年 2 月,微软正式发布了.NET Framework 1.0 正式版。.NET 1.0 作为一个全新的平台,许多类库是不成熟的,尤其是安全方面。

2003 年 3 月,.NET Framework 1.1 版本发布,这一版本比 1.0 版在安全性方面和对数据库的支持方面作了改进。

2005 年 11 月,.NET Framework 2.0 正式发行。

2006 年 11 月,.NET Framework 3.0 版本发布,.NET 3.0 版本比之前的版本加入了适应未来软件发展方向的 4 个框架。内容如下:

(1) Windows Presentation Foundation(WPF):提供更佳的用户体验,用来开发 Windows Forms 程序以及浏览器应用程序。

(2) Windows Communication Foundation(WCF)：提供 SOA(面向服务的软件构架)支持的安全的网络服务(Web Service)框架。

(3) Windows Workflow Foundation(WWF)：提供一个设计与发展工作流程导向应用程序基础支持的应用程序接口。

(4) Windows CardSpace：提供一个 SSO 的解决方案，每个用户都有各自的 CardSpace。

2010 年 4 月，.NET Framework 4.0 发布，主要增加了并行支持。

2012 年 12 月，.NET Framework4.5 发布。

1.1.3 .NET 平台的结构

.NET 平台主要由以下 5 大部分组成：

(1) 底层操作系统：底层操作系统为.NET 应用程序的开发提供软硬件支持。微软公司开发的 Windows 操作系统都可以为.NET 平台提供服务。

(2) .NET 企业服务器：.NET 企业服务器主要为企业的信息化和信息集成提供帮助。

(3) Microsoft XML Web 服务构件：这一部分提供了一些公共性的 Web 服务，包括身份认证、发送信息、密码认证等。

(4) .NET 框架：.NET 框架是.NET 平台最关键的部分，.NET 框架为运行于.NET 平台上的应用程序提供了运行和执行环境。

(5) .NET 开发工具：主要包括.NET 集成开发环境 Visual Studio.NET 和.NET 编程语言等，编程语言主要包括 C♯、Visual C++、Visual Basic、Visual J♯ 和 JScirpt .NET 等。

1.2 C♯ 概述

1.2.1 什么是 C♯

C♯是一门运行在.NET CLR 上的语言，它从 C 及 C++ 演化而来，属于 C 语言家族中的一种。C♯语言是 Microsoft 公司专门为了使用.NET 平台而创建的，它摒弃了其他语言的缺点，吸收了其他语言的优点，因此，它的功能非常强大。

1.2.2 C♯与 C 及 C++ 语言的区别

虽然 C♯语言自 C 语言演化而来，但它和 C 语言及 C++ 语言还是有很多区别的，主要体现在以下几点：

(1) C♯语言是 Microsoft 公司的一个产品，而 C++ 及 C 语言是一种全球公认的开发标准,不属于哪一个公司。

(2) C♯语言没有自己的函数库,而 C++ 语言和 C 语言都有自己的函数库。那么有的读者可能就有疑问：写程序时调用的函数来自哪里呢？其实 C♯编程中调用的函数来自上一节介绍的.NET 环境。

(3) C♯开发应用程序比使用 C++ 简单。因为其语法比较简单。C♯是一种强大的语言,在 C++ 中能完成的任务几乎都能利用 C♯完成。但须注意,执行相同的任务时,C♯代码通常要比 C++ 略长一些,而且 C♯代码更健壮,调试起来也比较简单。

1.2.3　C♯语言的特点

C♯由 C 语言和 C++ 演化而来,熟悉 C 语言的程序员学习 C♯能很快上手,而且相对于 C 语言和 C++ ,C♯具有很多优点。

1. 简洁的语法

C♯语言继承了 C 语言的简洁性,同时也摒弃了 C 语言中的种种不便之处,如取消了指针操作,取而代之的是引用操作;C♯也对 C++ 中的语法冗余进行了简化,只保留常见的形式,而把冗余的形式从它的语法结构中清除出去。

2. 面向对象

C♯除了具有面向对象语言所应有的一切特性,如封装、继承与多态性外,C♯中的每种类型都可以视为一个对象,C♯提供了一个叫做装箱(boxing)与拆箱(unboxing)的机制来完成这种操作。另外,C♯只允许单继承,即一个类不会有多个基类,从而避免了类型定义的混乱。

3. 强大的 Web 服务器控件

在.NET 环境下,程序员利用 C♯语言可方便地开发 Web 服务。C♯组件能够方便地为 Web 服务,并允许它们通过 Internet 被运行在任何操作系统上的任何语言所调用。例如,XML 已经成为网络中数据结构传递的标准,为了提高效率,C♯允许直接将 XML 数据映射成为结构,这样就可以有效地处理各种数据。

4. 完整的安全性能与错误处理

C♯的设计思想非常先进,可以避免软件开发中的许多常见错误,并提供了包括类型安全在内的完整的安全性能。例如,C♯中不能使用未初始化的变量,对象的成员变量由编译器负责将其置为零,当局部变量未经初始化而被使用时,编译器将做出提醒;C♯不支持不安全的指向,不能将整数指向引用类型;C♯将自动验证指向的有效性;C♯中提供了边界检查与溢出检查功能等。为了减少开发中的错误,C♯会帮助开发者通过更少的代码完成相同的功能,这不但减轻了编程人员的工作量,同时更有效地避免了错误的发生。

5. 强大的灵活性

在简化语法的同时，C#并没有失去灵活性。如果需要，C#允许将某些类或者类的某些方法声明为非安全的。这样一来，程序员将能够使用指针、结构和静态数组，并且调用这些非安全代码不会带来任何其他问题。此外，它还提供了一个可以模拟指针功能的操作——delegates。这都是C#灵活性的体现，当然还不仅于此，后面的学习中，读者会体验到。

1.3 Visual Studio 2010 集成开发环境

Visual Studio 2010 是一个提供了丰富工具的编程环境，其中包含创建从小到大各种规模的 C#项目所需的全部功能。在创建的项目中，甚至能将使用不同编程语言编译的模块组合在一起使用。本节将介绍 Visual Studio 2010 的集成开发环境。

1.3.1 Visual Studio 2010 的启动

选择"开始"→"程序"→Microsoft Visual Studio 2010→Microsoft Visual Studio 2010 选项。如果是第一次启动 Microsoft Visual Studio 2010，将会出现一个对话框，提示用户选择默认的开发环境设置，如图 1-1 所示。在此对话框的"选择默认环境设置"列表框中选择"Visual C#开发设置"选项，之后单击"启动 Visual Studio"按钮，即可进入 Visual Studio 2010 的起始页界面，如图 1-2 所示。

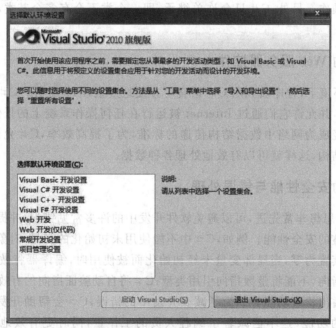

图 1-1 启动 Visual Studio 2010

1.3.2 创建项目

启动 Visual Studio 2010 开发环境之后，可以通过两种方法创建项目：一种是选择图 1-2 所示"起始页"左侧的"新建项目"命令。另一种是选择"文件"→"新建"→"项目"选项，将弹出图 1-3 所示的"新建项目"对话框。选择需要创建的项目类型，此处选择"Windows 窗体应用程序"，之后依次在"名称"框中设置项目名称，在"位置"下拉列表框中选择项目保存位置，并可选择是否"创建解决方案的目录"。完成所有设置之后，单击"确定"按钮，完成项目的创建，进入窗体设计界面。

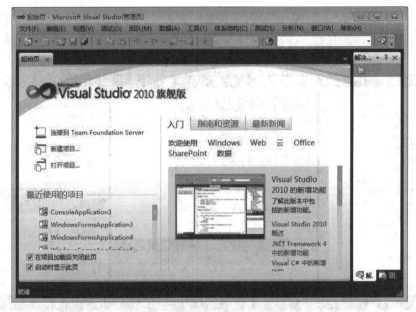

图 1-2 Visual Studio 2010 起始页

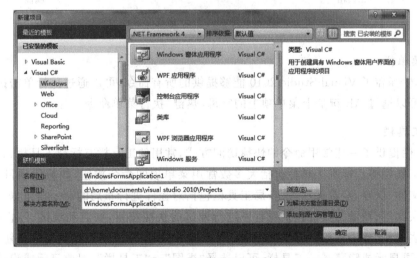

图 1-3 "新建项目"对话框

注意：如果"为解决方案创建目录"处于选中状态，可以为项目所在的解决方案进行命名：在"解决方案名称"框中输入名称即可。如果"为解决方案创建目录"处于非选中状态，则无法为解决方案命名。

1.3.3　Visual Studio 2010 界面介绍

Visual Studio 2010 集成开发环境主要包括菜单栏、工具栏、工具箱、属性窗口、解决方案资源管理器等，如图 1-4 所示。

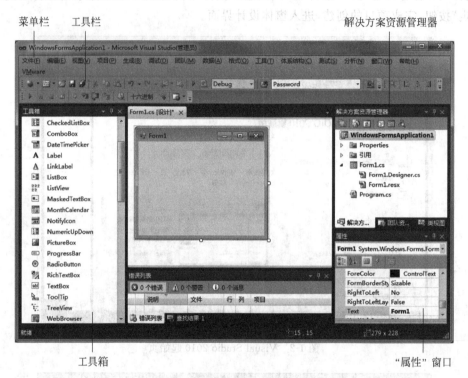

图 1-4　Visual Studio 2010 集成开发环境

1．菜单栏

菜单栏涵盖了 Visual Studio 2010 能够提供的所有命令，可以通过鼠标单击执行菜单命令，也可以通过 Alt 键加上菜单项上的字母（热键）执行菜单命令。

2．工具栏

工具栏提供了一些常用命令的快捷访问方式，常用的工具栏有标准工具栏、布局工具栏、调试工具栏等。标准工具栏包括大多数常用菜单项的命令按钮，如新建项目、添加新项、打开文件、保存、全部保存等；布局工具栏包括对控件进行布局的命令按钮，如对齐、间距、叠放层次等；调试工具栏包括对程序进行调试的快捷按钮，如启动调试、停止调试、全部中断、逐过程、逐语句等。将鼠标指向某个工具栏按钮，系统将会给出对该按钮的提示。

如果要显示或隐藏某一工具栏，可以选择"视图"→"工具栏"，对要显示或隐藏的工具栏单击即可。

3. 解决方案资源管理器

"解决方案资源管理器"窗口提供项目及其文件的有组织的视图,在该窗口下允许对项目和文件进行便捷访问,如添加、删除、重命名项目或文件等。"解决方案资源管理器"窗口的标题栏显示了该解决方案文件(.sln)的名称。

4. "属性"窗口

在"属性"窗口中,允许对 Windows 窗体应用程序的对象进行属性设置及事件管理。

"属性窗口"的标题栏下方是一个下拉列表框,列出了当前窗体及其所有对象,可以单击选择某一对象,对其进行属性设置。下拉列表框下方分别排布了 5 个按钮,分别是"按分类顺序": 、"字母顺序": 、"属性": 、"事件": 、"属性页": 。

其中,"按分类顺序"和"字母顺序"按钮可以指定对象属性的显示方式。而单击"事件"按钮可以切换到对象的事件列表,以方便用户选择某一对象的不同事件进行编程。

属性窗口下方还有简单的说明,便于开发人员更好地了解各个不同的属性或事件。

5. 工具箱

"工具箱"提供了程序设计人员进行 Windows 窗体应用程序开发所必需的控件,程序设计人员通过工具箱可以便捷地进行可视化的窗体设计,简化了工作量。根据控件的功能不同,工具箱划分为 10 个选项卡,分别是"公共控件"、"容器"、"菜单和工具栏"、"数据"、"组件"、"打印"、"对话框"、"WPF 互操作性"、"报表"及"常规"等。单击每个选项卡标题,可将其展开,查看其中的控件。

说明:"解决方案资源管理器"、"属性"和"工具箱"窗口的右上角都有三个控制按钮:"窗口位置"、"自动隐藏"和"关闭"。"窗口位置"按钮设置窗口的状态,如"浮动"、"以选项卡式文档停靠"、"隐藏"等;"自动隐藏"按钮可以设置窗口是否自动隐藏。

6. 其他常用子窗口

1) "错误列表"窗口

在程序调试时,如果程序中出现错误,将自动弹出"错误列表"窗口,该窗口提供了错误提示信息及可能的解决方法。双击错误说明即可定位到错误所在行,如图 1-5 所示。

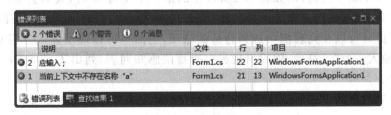

图 1-5 "错误列表"窗口

2) "输出"窗口

该窗口用于提示项目的生成情况,默认该窗口并没有显示,如果需要显示出来,可选择"视图"菜单的"输出"命令,即可将输出窗口显示出来。"输出"窗口相当于一个记事器,它将程序运行的整个过程以数据的形式显示出来,让用户清楚地看到程序各部分的加载与操作情况,如图1-6所示。

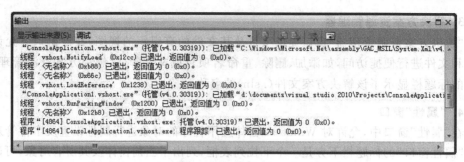

图1-6 "输出"窗口

1.3.4 Visual Studio.NET 帮助

1. MSDN

MSDN是微软的一个期刊产品,专门介绍各种编程技巧,是微软为使用其产品的程序设计人员提供的一种信息帮助。

在MSDN中可以查看任何C#语句、类、控件、属性、方法、事件等的概念及使用方法,并可以参考一些编程例子,以便于理解。

有时候,人们会误以为MSDN只不过是一些联机帮助文件和技术文献的集合,但是这两者只占MSDN的一小部分。MSDN实际上是一个以Visual Studio和Windows平台为核心整合的开发虚拟社区,包括技术文档、在线电子教程、网络虚拟实验室、微软产品下载、Blog、BBS等一系列服务。

开发人员若想使用MSDN在线帮助,可以访问https://msdn.microsoft.com/library网站。

2. 智能感知

当在程序中编写代码,例如输入Console的第一个字母C时,其后会紧跟出现一个"智能感知"列表框,该列表框中包括在此上下文中所有合法的以字母C开头的关键字和数据类型。此时可以在列表框中选择合适的选项,当然也可以继续输入。当Console输入完毕后,输入一个"."符号,随后出现另一个智能感知列表,列出了Console类的属性、方法及事件。

智能感知的帮助方式不仅可以节省输入的时间,还可以避免输入错误。

1.4 开发第一个C#程序

Visual Studio.NET是一个庞大而复杂的产品,对于初学者来说,可能因为其复杂而望而生畏。其实,用Visual Studio 2010创建简单的程序还是比较容易的,本节将举例创建三个简单的应用程序。

1.4.1 一个简单的控制台应用程序

控制台程序是为了兼容DOS程序而设立的,这种程序的执行就好像在一个DOS窗口中执行一样,没有图形化的用户界面,所有的输入输出通过标准控制台实现。

【例1-1】 利用控制台窗口输出文字"C#程序设计"。

操作步骤如下:

(1) 启动Visual Studio 2010后,选择"文件"→"新建"→"项目"选项,弹出"新建项目"对话框,如图1-3所示。在该对话框中选择"控制台应用程序"选项,在"名称"框中输入项目名称Ch01Ex01;确定项目的存储位置后单击"确定"按钮。

(2) 在代码编辑窗口找到Main方法,并在其中输入以下相应的代码:

```
using System;
using System.Collections.Generic;
using System.Linq;
using System.Text;

namespace Ch01Ex01
{
    class Program
    {
        //Main方法为程序入口
        static void Main(string[] args)
        {
            //调用控制台的WriteLine方法在输出窗口输出指定内容
            Console.WriteLine("C#程序设计");
            //调用控制台的ReadLine方法使程序暂停查看之前的输出内容
            Console.ReadLine();
        }
    }
}
```

(3) 单击工具栏的"启动调试"按钮" ▶ "或按F5键运行程序,将显示图1-7所示的运行结果。

图1-7 例1-1的运行结果

关于此程序的分析如下：

（1）命名空间：进入例 1-1 代码编辑窗口后，会观察到其中已经存在了一些代码，如第 5 行：

```
namespace Ch01Ex01
```

那么这些已经存在的代码是什么意思呢？

namespace 是命名空间，是可以由用户命名的作用域，用来处理程序中常见的同名冲突问题。

使用 using 语句可以引用其他的命名空间，在后面的程序中可以直接使用该命名空间中的成员。例如，程序开始处出现的诸如 using System 等命令，其含义为使用 using 关键字自动导入由 .NET Framework 提供的名为 System 的命名空间，该命名空间中包含了若干个类和二级命名空间，Main() 方法中用到的 Console 类就包含于 System 命名空间中。

程序中的 Console.WriteLine() 方法，实际上是 System.Console.WriteLine() 的简写，因前面已经使用 using 语句引用了 System 命名空间，因此可以简化程序的书写。Console 是 System 命名空间中一个内建的类，利用它提供的方法可以在屏幕上显示消息或者从键盘获取输入。

（2）类：程序中出现的 class 为类的关键字，C# 中的每个对象都属于一个类，本程序中的 Program 是系统自动生成的类，它为用户提供了一个入口方法 Main()。程序从 Main() 方法开始启动。

（3）注释语句：程序中出现的 // 是注释语句的引导，以保证程序具有良好的可读性，编译器编译程序时会自动忽略注释部分。

（4）输入方法与输出方法：程序中的输入与输出是由 Console 类的 ReadLine() 方法和 WriteLine() 方法实现的。

（5）读者可能会注意到，上述代码中，每一行的末尾都有一个分号";"，因为 C# 规定";"是一条语句结束的标志。另外，C# 中语句的书写非常自由，可以在一行书写多条语句，例如：

```
int a; float b; double c;      //在一行书写多条语句
```

也可以将一条语句写在不同行，只要末尾有结束标记分号";"即可。例如，将例 1-1 的输出语句改写成如下形式：

```
Console.WriteLine
    ("C#程序设计");
```

（6）其他：C# 语言对大小写是非常敏感的，如 ReadLine() 与 readline() 不是一回事。

说明：

（1）本书中提到的所有标点符号，如没有特殊说明，均为西文半角状态。

（2）尽量使用缩进表示程序的层次结构。

1.4.2 一个简单的 Windows 应用程序

前面介绍的控制台应用程序为命令式界面，Visual Studio 2010 也支持创建 Windows 图形应用程序。下面介绍基于窗体的用户界面。

【例 1-2】 单击窗体上的"显示"按钮，在窗体上显示"欢迎进入 C#编程世界"文字。操作步骤如下：

(1) 选择"文件"→"新建"→"项目"选项，弹出"新建项目"对话框，如图 1-3 所示。在"新建项目"对话框中选择"Windows 窗体应用程序"；输入项目名称 Ch01Ex02、确定项目的存储位置后单击"确定"按钮。进入 Windows 窗体应用程序设计界面，如图 1-4 所示。

(2) 在工具箱的"公共控件"栏中找到命令按钮 Button 控件及标签控件 Label，分别将其拖到窗体 Form1 中，生成一个按钮对象、一个标签对象，这两个对象的名字默认为 button1 和 label1，调整这两个对象的大小和位置。

(3) 设置属性。单击选中 button1，在属性窗口中设置其 Text 属性为"显示"。单击选中 label1，设置其 Text 属性为空（原来 label1 的 text 属性为 label1，将其删除，并回车即可）。效果如图 1-8 所示。

(4) 添加代码。双击 button1 按钮，进入代码编辑窗口，在 button1 的 Click 事件中添加如下代码：

```
label1.Text="欢迎进入 C# 编程世界";
```

图 1-8 例 1-2 设计界面

Form1 的代码窗口中的所有内容如下：

```csharp
using System;
using System.Collections.Generic;
using System.ComponentModel;
using System.Data;
using System.Drawing;
using System.Linq;
using System.Text;
using System.Windows.Forms;

namespace Ch01Ex02
{
    public partial class Form1:Form
    {
        public Form1()
        {
            InitializeComponent();
        }
        private void button1_Click(object sender, EventArgs e)
```

```
        {
            label1.Text="欢迎进入 C# 编程世界";
        }
    }
}
```

(5) 运行程序。单击"启动调试"按钮,程序将处于执行状态,单击窗体上的"显示"按钮,窗体上将显示"欢迎进入 C♯编程世界"的文字,如图 1-9 所示。

程序分析:Windows 窗体程序的设计过程与控制台应用程序差别不大,也需要命名空间、类等。其中 System.Windows.Forms 命名空间包含了用于创建基于 Windows 的应用程序类,以供用户实现丰富的 Windows 界面。

图 1-9 例 1-2 运行界面

1.4.3 一个简单的 Web 应用程序

C♯不仅可以创建 Windows 窗体应用程序,也可以创建网站,使用 C♯创建的网站是由页(Web 窗体)、空间、代码模块和服务组成的集合。下面介绍用 C♯创建一个简单的 Web 窗体应用程序的过程。

【例 1-3】 创建一个简单的 Web 窗体应用程序。

操作步骤如下:

(1) 选择"文件"→"新建"→"网站"选项,弹出"新建网站"对话框,如图 1-10 所示。在"新建网站"对话框中选择"ASP.NET 网站",确定网站的存储位置,单击"确定"按钮。

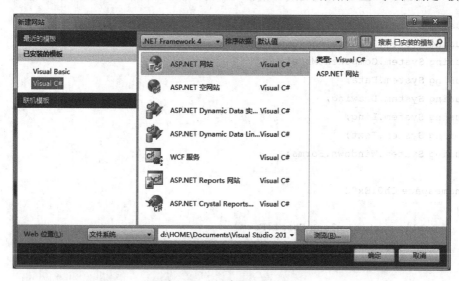

图 1-10 "新建网站"对话框

(2) 单击"确定"按钮后,显示效果如图 1-11 所示,其右方为"解决方案资源管理器"窗口,这里可以看到网站的基本结构,主要有以下几部分内容:

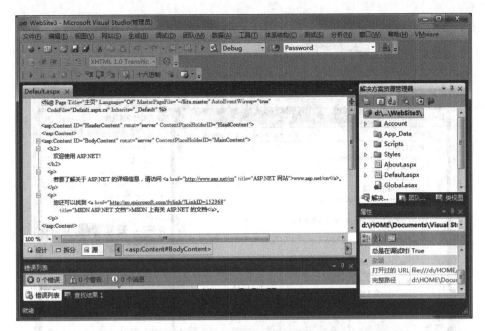

图 1-11　创建 ASP.NET 网站的界面

- App_Data 文件夹：该文件夹是 ASP.NET 网站保留的文件夹，用来放置数据库文件。
- Default.aspx 文件：默认添加的 asp 页面文件，用来设计网站的界面。
- Web.config 文件：是基于 xml 标签的格式配置文件，用于对网站的一些项目进行配置。

（3）修改文件名：在"解决方案资源管理器"窗口中选中 Default.aspx 文件，右击，在弹出的快捷菜单中选择"重命名"命令，将该文件更名为 Hello，同时系统会自动将 Default.aspx.cs 修改为 Hello.aspx.cs。

（4）编辑源文件：右击代码设计区，在弹出的快捷菜单中选择"查看代码"命令，切换到代码编辑视图，在 Page_load() 方法中增加图 1-12 所示的代码。

（5）调试运行：在"解决方案资源管理器"窗口中右击 Hello.aspx，在弹出的快捷菜单中选择"在浏览器中查看"命令，即可查看程序运行效果。

1.4.4　Visual Studio.NET 解决方案和项目文件的组织结构

Visual Studio.NET 通过解决方案和项目管理正在开发的软件项目，一个解决方案代表一个正在开发的复杂的软件，每一个应用程序文件都有这样一个解决方案。而一个解决方案中可以包含多个项目文件，一般可以认为一个项目是一个软件系统的子系统。因此，一个解决方案可以把多个项目文件组织起来。下面介绍 .NET 中常见的文件类型。

（1）.sln：解决方案文件，为解决方案资源管理器提供显示管理文件的图形接口所需的信息。打开 .sln 文件，能快速定位打开整个项目的所有文件。

（2）.csproj：项目文件，创建应用程序所需的引用、数据连接、文件夹和文件的信息。

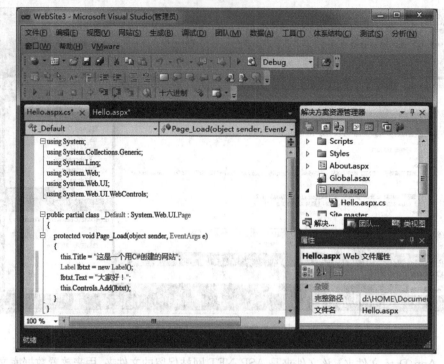

图 1-12 例 1-3 程序代码界面

（3）.cs：C♯源代码文件，表示 C♯源程序文件、Windows 窗体文件、Windows 用户控件文件、类模块代码文件和接口文件等。

（4）.resx：资源文件，包括一个 Windows 窗体、Web 窗体等文件的资源信息。

（5）.aspx：Web 窗体文件，表示 Web 窗体，由 HTML 标记、Web 服务器控件和脚本组成。

（6）.asmx：XML Web 服务文件，表示 Web 服务，链接一个特定的 .cs 文件，用做 XML Web services 的可寻址入口点。

（7）.config：Web.config 文件向它们所在的目录和所有子目录提供配置信息。

（8）.suo：解决方案用户选项，记录所有将与解决方案建立关联的选项，以便在每次打开时都包含用户所做的自定义设置。

习　题

1. 选择题

（1）_____是 .NET 平台的核心部分。
　　A．.NET Framework　　　　　　　B．C♯
　　C．VB.NET　　　　　　　　　　　D．操作系统

（2）项目文件的扩展名为_____。

  A. csproj   B. cs   C. sln   D. suo

(3) 利用 C# 一般可以创建 3 种应用程序,其中不包括_____。

  A. 控制台应用程序   B. Windows 窗体应用程序

  C. SQL 程序   D. Web 应用程序

(4) 在 Visual Studio.Net 开发环境中,在代码编辑器内输入对象的名称后将自动显示出对应的属性、方法、事件列表,以方便选择和避免书写错误,这种技术被称为_____。

  A. 自动访问   B. 动态帮助   C. 协助编程   D. 智能感知

(5) 在 Visual C#.Net 中,解决方案和项目之间是_____关系。

  A. 一个解决方案可以有多个项目   B. 一个项目可以有多个解决方案

  C. 一个解决方案只能有一个项目   D. 一个项目只能有一个解决方案

2. 思考题

(1) 简述 .NET 的概念。

(2) 什么是命名空间?为什么要使用命名空间?

(3) 查阅资料,了解类的概念。

3. 实践题

(1) 创建一个控制台应用程序,输出字符串"大家好!"。

(2) 创建一个 Windows 窗体应用程序,并在窗体中使用标签输出"窗体程序示例!"。

第 2 章 程序设计基础

要想使用 C# 编制程序,必须了解 C# 中的各种数据类型,C# 提供了丰富的数据类型、运算符等。本章将介绍 C# 中的基本数据类型、常量、变量、运算符、类型转换等内容,掌握这些内容是编写正确程序的前提。

2.1 C# 程序的组成要素

第 1 章介绍了 3 个程序,分别是 C# 的控制台应用程序、Windows 窗体应用程序及 Web 窗体应用程序(见例 1-1~例 1-3)。可以看到,虽然控制台应用程序的输出界面为字符界面,但三种程序的组成要素是大同小异的,归纳起来,C# 程序的组成要素主要有如下几个。

1. 标识符(identifier)

标识符是用来为程序中出现的各个元素(类、命名空间、变量、常量、对象、方法)进行标识的名称。C# 规定标识符的命名必须遵循以下命名规则:

(1) 标识符中只能出现字母(大写或小写)、数字、下画线(_),不可以出现其他字符。
(2) 标识符必须以字母或下画线开头。

例如,以下标识符是合法的:

Result,score,a1,_xyz,_123

而以下标识符是不合法的:

45ab,a#¥,new

因为 new 是关键字,不可作为标识符出现。

说明:C# 对大小写非常敏感,所以 Result 和 result 是两个不同的标识符。

2. 关键字(keyword)

关键字是 C# 程序语言保留并有特定意义的字符串,程序设计人员不可以把关键字作为普通标识符使用。每个关键字都有特定的含义及用途,C# 保留了 77 个关键字,如下所示:

abstract	decimal	for	new	sbyte	uint
as	default	foreach	null	sealed	unchecked
base	delegate	goto	object	short	unong
bool	do	if	operator	sizeof	unsafe

break	double	implicit	out	stackalloc	ushort
byte	else	in	override	static	using
case	enum	int	params	string	virtual
catch	event	interface	private	struct	void
char	explicit	internal	protected	switch	volatile
checked	extern	is	public	this	while
class	finally	lock	readonly	throw	false
const	fixed	long	ref	try	true
continue	float	namespace	return	typeof	

3. 语句

语句是程序的基本单位,是执行某种操作的命令。C♯规定每一条语句的结尾以分号";"结束,一条语句可以写在多行,也可以在一行中书写多行语句。

在第1章的案例中,可以看到C♯程序中经常出现如下形式:

```
⋮
{
    ⋮
    {
        …
    }
}
```

在程序中,一对花括号括起的部分是一个块结构,该结构中的每一条语句都是块结构的一部分,一个语句块以左边的花括号{开始,以右边的花括号}结束。一个语句块中可以包含任意多条语句(1条、多条或0条)。

说明:

(1) 花括号必须成对出现,右花括号}会自动向上寻找离自身最近的且尚未匹配的左花括号{进行配对。

(2) 花括号可以嵌套,表示程序中的不同层次。

(3) 为了表示代码的结构层次,建议在编写程序时,注意不同层次程序的缩进,虽然不是强制要求,但缩进可以清晰地显示程序的结构层次,是一种良好的编程习惯。

提示:编写程序时,先连续输入一对匹配的字符,如{},()等,之后在其中填写内容,这样可以避免丢失右边的结束字符,造成编译错误。

4. 注释

注释已经在第1章介绍过,是一段解释性的文本,可以增加程序的可读性,在C♯中添加注释的方法有以下3种。

(1) 单行注释。以//引导,该行后面的内容全部为注释部分。

(2) 多行注释:以/*开始,*/结束,可以跨越多行,中间部分全部为注释内容,例如

下面的一段程序:

```
/*
{
    int t=a;
    a=b;
    b=t;
}
*/
//以上内容被注释,将不会被执行
```

从/*开始,一直到*/都是注释部分,所以这部分程序是不会被执行的。

(3) 文档注释:在C#中,还可以用///符号开头,在一般情况下,编译器也会忽略它们,但可以通过配置相关工具,在编译项目时提取注释后面的文本,创建一个特殊格式的文本文件,该文件可用于创建文档说明书。

虽然注释部分不会被编译,但程序中的注释并不是可有可无的,建议初学程序设计的读者养成良好的注释习惯。

5. 命名空间

C#中的命名空间有两种:系统命名空间和用户自定义命名空间。系统命名空间用来组织庞大的系统类资源,让程序设计人员使用起来更加容易。程序设计人员也可以自定义命名空间,解决程序中可能出现的名称冲突问题。

C#中定义命名空间的格式如下:

```
namespace SpaceName
{
    ⋮
}
```

说明:

(1) namespace 为声明命名空间的关键字。

(2) spaceName 为命名空间名,是用户自己定义的标识符。

(3) 命名空间可以嵌套,其形式如下:

```
namespace example
{
    namespace basics
    {
        namespace app
        {
            ⋮
        }
    }
}
```

6. 类和方法

C#的源代码必须存放于类中,类是C#程序的基本组成元素。一个C#应用程序中至少要包括一个自定义类,类使用关键字class声明,类名的命名要符合标识符的命名规则。

类的成员有属性、方法和事件,其中方法是类的重要组成部分,是一个有名字的语句序列。方法会执行一系列动作,如在例1-1控制台程序中包括的Main()方法,程序执行时,从Main()方法开始执行,以Main()方法的结束作为程序的结束。

2.2 数据类型概述

C#提供的数据类型非常丰富,如数值类型、字符型、布尔型、结构型、枚举型等。总地来说,C#中的数据类型可以分为引用类型和值类型,其划分是按照数据类型中的存储内容为依据。引用类型中存储的是对实际数据的引用,也就是说引用类型中存储的是实际数据的地址,类似于C语言的指针。值类型存储的是数据的具体值。

C#中的数据类型如图2-1所示。

将一个变量声明为值类型时,编译器为该变量分配足够容纳这种值的一个内存块,以容纳数据。而引用类型的变量只被分配一小块内存,该内存中只能容纳一个地址,这个地址是真正的值存放的位置。

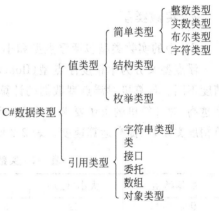

图2-1 C#的数据类型

C#中的值类型包括结构类型、枚举类型及char、byte、long、int、float和double等简单类型,值类型继承自System.ValueType,值类型不能为空(null)。

2.2.1 简单数据类型

简单类型组成了应用程序中基本构件的类型,如数值型、字符型、布尔型等。

1. 整数类型

整数类型就是没有小数部分的数值。

在现实世界中,整数可以从负无穷大到正无穷大,但计算机中的存储单元是有限的。所以计算机语言提供的整数都有一定的取值范围。根据该类型变量在内存中占的位数不同,可将C#中的整数类型分为8种:短字节型(sbyte)、字节型(byte)、短整型(short)、无符号短整型(ushort)、整型(int)、无符号整型(uint)、长整型(long)、无符号长整型

（ulong）。这些整数类型的大小和取值范围如表 2-1 所示。

表 2-1　整数类型

数据类型	大小（位）	取　值　范　围
sbyte	8	−128～127
byte	8	0～255
short	16	−32 768～32 767
ushort	16	0～65 535
int	32	−2 147 483 648～2 147 483 647
uint	32	$0～2^{32}-1$
long	64	−9 223 372 036 854 775 808～9 223 372 036 854 775 807
ulong	64	$0～2^{64}-1$

不同整数类型因所占字节数不同，取值范围也不同，用户可根据需要选择合适的整数类型。

2．实数类型

C#中的实数类型包括浮点型和小数型。

浮点型又分为单精度浮点型（float）和双精度浮点型（double），区别在于取值范围和精度不同。计算机对浮点型数据的计算速度远远低于对整型数据的计算速度，数据的精度越高，对计算机的资源要求也越高，所以，在精度要求不高的情况下，程序员应尽量选择单精度类型，以提高运算速度。表 2-2 所示为实数类型的精度及取值范围等。

表 2-2　实数类型的精度及取值范围

数据类型	大小（位）	精　　度	取　值　范　围
float	32	6～7 位数字	$-3.4\times10^{-38}～3.4\times10^{38}$
double	64	15～16 位数字	$-1.79\times10^{-308}～1.79\times10^{308}$
decimal	128	28～29 位数字	$\pm1.0\times10^{-28}～\pm7.9\times10^{28}$

小数类型（decimal）是为了满足高精度的财务和金融计算而引入的，占 16 个字节（128 位）。

从表 2-2 可以看出，小数类型的数据范围远远小于浮点型，但它的精确度比浮点型高得多，所以相同的数字分别以小数型和浮点型表示，表达的内容并不相同。

3．字符类型

字符型指单个字符，包括数字字符、英文字母、表达式符号等。C#中的字符采用 Unicode 字符集，一个 Unicode 字符的长度为 16 位。

4．布尔类型

布尔类型用来表示逻辑真和逻辑假两个概念。该类型数据只有两种取值：true 和 false。其中 true 表示逻辑真，false 表示逻辑假。

布尔类型在内存中只占 1 个字节，主要应用于数据运算的流程控制中，辅助实现逻辑分析和推理。

2.2.2 结构类型

在实际编程中，简单数据类型往往并不能准确表示一个复杂的对象，例如，处理学生信息，可能包括学号、姓名、班级、成绩等。如果只用简单的变量表示这些数据，就无法体现数据之间的内在联系。这时可以自己定义一种数据类型，把这些分散的简单变量整合为一体，这就是结构类型。

1. 结构类型的定义

结构类型与前面介绍到的数值类型(int、long、double)一样，是一种数据类型，但不一样的是，结构类型是程序员的自定义类型，需要先定义结构类型，之后再用该类型定义结构类型变量。

结构类型的定义形式如下：

访问修饰符 struct 结构类型标识符
{
    类型标识符 结构类型成员名 1;
    类型标识符 结构类型成员名 2;
    ⋮
    类型标识符 结构类型成员名 n;
}

说明：

(1) 访问修饰符：指明结构类型及类型成员的可访问级别，C#中的访问修饰符有 5 种：public、private、protected、internal、protected internal，具体含义见 5.3 节。

(2) struct：是声明结构类型的关键字。

(3) 结构类型标识符：结构类型的标志，符合标识符的命名规则即可，但尽量做到"见名知义"。

(4) 花括号括起来的部分称为结构体，结构体中包含了结构类型的所有成员。

(5) 结构类型成员：结构类型的每一个成员是结构类型的一个分量，代表了一个对象一方面的属性，结构成员的定义形式与定义普通变量相同，结构类型成员可以是一个简单的数据类型，也可以还是一个结构类型。结构类型成员的命名遵循标识符命名规则。

2. 结构类型的使用

【例 2-1】 结构类型的简单应用。

(1) 新建一个控制台程序，该程序中包含两部分内容：结构类型的定义和 Main() 方法中结构类型的使用。

具体代码如下：

```csharp
public struct Book                        //声明结构类型
{
    //声明结构类型的数据成员
    public string Bid;                    //图书编号
    public string Bname;                  //书名
    public string Author;                 //作者
    public string Publisher;              //出版社
    public float Price;                   //定价
}
class Program
{
    static void Main(string[] args)
    {
        Book b1;                          //使用结构类型
        b1.Bid="1001";
        b1.Bname="C#程序设计";
        b1.Author="张";
        b1.Publisher="清华大学出版社";
        b1.Price=39.8f;
        Console.WriteLine("图书编号\t 书名\t\t 作者\t 出版社\t\t\t 单价");
        Console.WriteLine("{0}       {1}     {2}      {3}       {4}",b1.Bid,b1.Bname,b1.Author,b1.Publisher,b1.Price);
        Console.ReadLine();
    }
}
```

（2）单击"启动调试"按钮或按下 F5 键运行程序,结果如图 2-2 所示。

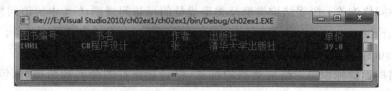

图 2-2 例 2-1 的运行结果

2.2.3 枚举类型

假设一个程序中需要表示一个星期中的 7 天：Sunday、Monday、Tuesday、Wednesday、Thursday、Friday、Saturday,有的设计人员可能会考虑用 0、1、2、3、4、5 和 6 这 7 个整数代表这七天,这应该是可行的,但是并不直观,而且这些数字可能会和程序中出现的其他 0、1、2……混淆。C#中可以使用枚举类型来解决这个问题。一个枚举类型用于声明逻辑上存在一定关系的一组整型常数,为了便于记忆,这些常数往往使用一些符号来表示。

1. 枚举类型的声明

枚举类型的声明形式如下：

访问修饰符 enum 枚举类型名:基础类型
{
  枚举成员
}

说明：

（1）基础类型表示该枚举型中枚举成员所代表枚举数值的类型，可以显式地声明枚举类型的基础类型为 byte、sbyte、short、ushort、int、uint、long 或 ulong。如果没有显式声明基础类型，则默认为 int 型。

（2）枚举成员：是枚举类型中的命名常数，任意两个枚举类型成员不能有相同的名称，每个枚举类型成员均具有相关联的常数值，常数值的类型就是枚举型的基础类型。

例如：

```
public enum workday:uint
{
    Monday=1,
    Tuesday=2,
    Wednesday=3,
    Thursday=4,
    Friday=5
}
```

在本例中，枚举类型 workday 的基础类型为 uint。

思考一下：下列枚举类型的定义是否正确？为什么？

```
public enum workday:uint
{
    Monday=-1,Tuesday=-2,Wednesday=-3,Thursday=-4,Friday=-5
}
```

上述枚举类型的定义是错误的，因为-1等数值不在基础类型 uint 的范围内。

2. 枚举成员的值

枚举成员的值可以由程序员指定，如上例所示。如果不指定，枚举类型中第一个枚举成员的默认值为 0，后面的枚举成员值是前一个枚举成员的值加 1。当然，这样增加后的值必须在基础类型的合法范围之内，否则会出编译错误。将上例修改成如下形式：

```
public enum workday:uint
{
    Monday,Tuesday,Wednesday,Thursday,Friday
}
```

则 Monday 的值为 0，Tuesday 的值为 1，Wednesday 的值为 2，Thursday 的值为 3，Friday 的值为 4。

【例 2-2】 定义一个能表示四季的枚举类型，并依次输出四季。

(1) 新建一个控制台程序，该程序中包含两部分内容：枚举类型 Season 的定义及在 Main()方法中对枚举类型的使用。

```
namespace Ch02Ex02
{
    static void Main(string[] args)
    {
        Season first=Season.Spring;    //声明一个枚举类型的变量 first,并将其初始化
        Console.WriteLine("第一个季节是：{0}",first);
        first=first+ 1;
        Console.WriteLine("第二个季节是：{0}",first);
        first+ + ;
        Console.WriteLine("第三个季节是：{0}",first);
        first+ + ;
        Console.WriteLine("第四个季节是：{0}",first);
        Console.ReadLine();
    }
    enum Season:short
    {
        Spring,Summer,Fall,Winter
    }
}
```

(2) 单击"启动调试"按钮或按下 F5 键运行程序，结果如图 2-3 所示。

图 2-3 例 2-2 的运行结果

说明：例 2-2 中出现的"＋＋"是自增运算符，使变量自身的值加 1，具体用法见 2.4 节。

2.3 常量和变量

在程序处理数据的过程中，常量和变量用来标识数据。

2.3.1 常量

常量就是在程序运行过程中，其值不会改变的量。常量可分为直接常量和符号常量两种形式。

1. 直接常量

直接常量，就是在程序中直接给出的数据值。在C#中，直接常量包括整型常量、浮点型常量、小数型常量、字符型常量、字符串型常量和布尔型常量。

1) 整型常量

整型常量分为有符号整型常量、无符号整型常量和长整型常量。有符号整型常量的写法与数学中相同，直接书写。无符号整型常量书写时添加后缀u或U标记，例如，12u、256U。长整型常量书写时添加后缀l或L标记，例如，123l、2789L，但因为小写字母"l"容易和数字"1"混淆，因此建议使用大写字母L作为长整型常量的后缀。

说明：对于无符号常量和长整型常量的后缀，并不是强制要求添加，只是为了程序清楚建议添加。

2) 浮点型常量

浮点型常量分为单精度浮点型常量和双精度浮点型常量。单精度浮点型常量书写时添加后缀f或F标记，例如，2.5f、3.14F。双精度浮点型常量书写时添加后缀d或D标记，例如，2.0d、3.14D。

需要注意的是，以小数形式直接书写而未加标记时，系统将自动解释成双精度浮点型常量。例如，1.0即为双精度浮点型常量。

3) 小数型常量

小数型常量书写时必须在该数的后面添加后缀m或M标记，例如，3.14m、0.25M。

4) 字符型常量

程序中出现的字符型常量有两种：普通字符常量和转义字符。

(1) 普通字符常量。

普通字符常量使用一对单引号来标记，例如'1'、'c'、'#'等都是合法的字符常量。

注意：

① 字符常量只能包含一个字符，如'a'是正确的，而'ab'是错误的。

② 单引号中大、小写字母代表不同的字符常量，例如'a'与'A'是不同的。

(2) 转义字符。

转义字符是一种特殊的字符型常量，以反斜杠"\"引导，后面跟字符序列，转义字符常用来表示控制字符或不可见字符。常见的转义字符及含义如表2-3所示。

表2-3　C#中的转义字符

转义字符	产生的字符	字符的Unicode值	转义字符	产生的字符	字符的Unicode值
\'	单引号	0x0027	\f	换页	0x000C
\"	双引号	0x0022	\n	换行	0x000A
\\	反斜杠	0x005C	\r	回车	0x000D
\0	空	0x0000	\t	水平制表符	0x0009
\a	警告（发生蜂鸣）	0x0007	\v	垂直制表符	0x000B
\b	退格	0x0008			

【例2-3】　转义字符的使用。

```
static void Main(string[] args)
{
    Console.Write("学号\t姓名\t英语\t计算机\t高等数学\n");
    Console.Write("0201\t张晓明\t78\t85\t82\n");
    Console.Write("0201\t李阳\t78\t85\t82\n");
    Console.ReadLine();
}
```

说明：程序用到了两个转义字符\t和\n，其中\t的功能是横向跳到下一个制表位的位置，其后续输出从此处开始，一个制表位占8个字符，所以"姓名"将在第2个制表位开始位置输出；\n也是转义字符，遇到\n后面输出的内容将转到下一行。程序运行结果如图2-4所示。

图 2-4　例 2-3 的运行结果

5）字符串常量

字符串常量表示若干个 Unicode 字符组成的字符序列，使用一对双引号标记。例如"12"、"abc"、"C♯程序设计"都是字符串。

6）布尔型常量

布尔型常量只有两个：一个是 true，表示逻辑真；另一个是 false，表示逻辑假。

2. 符号常量

符号常量是在程序中用某一个特定的标识符表示某一数据。在程序中使用符号常量代表某一数值，可以提高程序的可读性。例如，数学计算中用到圆周率的地方用Ⅱ表示。符号常量通常在程序的开始处定义，程序中凡是使用这些数值的地方都可以写成对应的标识符。

符号常量的定义格式如下：

const 数据类型 常量名=常量数据

例如：

const float PI=3.14f;
const int M=12;

说明：

（1）const：C♯中定义符号常量的关键字。

（2）PI、M：符号常量名，符号常量的命名应遵循标识符命名规则，为了和变量区分，建议符号常量名尽量使用大写字母。

(3) 符号常量一经定义,在程序中不得再次赋值。

程序中使用符号常量的好处有如下两点:

(1) 含义清楚,定义符号常量时尽量做到"见名知意",如,需要将圆周率Ⅱ定义为符号常量,因为C#中"Ⅱ"不是一个合法的标识符,所以可以这样定义:

```
const float PI=3.14f;
```

这样用户一见到 PI 就知道代表的是圆周率。

(2) 使用符号常量能做到"一改全改",例如,上述定义 PI 代表的是 3.14,假设需要更高的精度,如 3.141593,如果不使用符号常量,则程序中所有用到 3.14 的部分都需要修改,难免会有疏漏,但使用符号常量,只需要在定义处修改即可。

2.3.2 变量

1. 什么是变量

变量就是在程序运行过程中其值可以不断改变的量。

变量涉及数据的存储,变量的本质是内存中的存储空间,可以将一个变量想象成一个储物空间(如盒子、瓶子等),一个盒子在不同的时刻可以存储不同的东西,如糖果、茶叶、饼干。盒子没有变,但变化的是盒子中的东西,所以将盒子中的东西看成变量的值(可以改变的)。

变量有三要素,变量名、变量值和变量类型。

(1) 变量名:每一个变量都有自己的名字,以便于向变量赋值(将数据存储到变量名所指向的内存空间)或取出变量的值。变量名的命名规则遵循标识符的命名规则。

(2) 变量类型:不同类型的变量可以存储不同的数据,有的变量存储整型数据,如 23;有的存储实数,如 12.56 等。就如不同的盒子有不同的形状和尺寸一样,超过盒子大小或形状不符的物体是不能放入该盒子的。在C#中,不同类型数据的存储长度、存储格式都是不同的,所以需要将变量设定为不同的类型。

(3) 变量的值:存放在变量中的数据。

2. 变量的定义

C#规定,变量必须先声明才可以使用。如果使用未声明的变量,代码将无法编译。对变量进行定义,实际上是声明变量的数据类型,编译系统根据声明的数据类型为变量分配相应的存储空间,并在该存储空间中存放变量的值。

变量的定义形式如下:

<类型标识符><变量名1>[,变量名2,变量名3…];

例如:

```
int a,b,c;          //定义三个整型变量 a,b,c
float x;            //定义一个单精度浮点型变量 x
```

```
double y;                   //定义一个双精度浮点型变量 y
char c1,c2;                 //定义两个字符型变量 c1,c2
bool b1,b2;                 //定义两个布尔型变量 b1,b2
```

说明：

(1) C#允许同时定义多个同一类型的变量，变量名之间以逗号","分隔，最后一个变量名后以";"结束。

(2) 类型标识符与变量名之间至少隔开一个空格。

(3) 变量名的命名遵循标识符命名规则。

(4) 在同一程序块中，变量不能被重复定义。

3. 变量初始化

在定义变量的同时给变量一个初始值，称为变量的初始化。
例如：

```
int a=23,b=34,c=45;
float x=2.1f;
double y=3.5;
char c1='a',c2='b';
bool b1=true,b2=false;
```

4. 变量的操作

前文提到过，变量实际上代表了内存中的一段空间，类似于一个储物容器。对于该容器，可以放入东西，也可以将放在其中的东西取出。对变量存入数据的过程，称为"赋值"；取出变量中数据的过程，称为"取值"。例如：

```
float x,y;
double z;
x=12.5f;                    //赋值操作
y=x;                        //既有取值操作,也有赋值操作
z=25.6;                     //赋值操作
```

上述代码中，为单精度变量 x 赋值时，必须添加后缀 f 或 F，如果写成 x=12.5；，编译系统会将 12.5 解释为双精度浮点型数据，所以运行时会出现错误提示"不能隐式地将 Double 类型转换为'float'类型；请使用'F'后缀创建此类型"。而为双精度变量 z 赋值时，赋值号后面的实型常量可加后缀(d 或 D)，也可不加。

说明：在程序中书写一个十进制常数时，有可能并不指定后缀，那么 C#会将这个数字解释为哪种数值类型呢？

(1) 如果该数字不带小数点，如 79，则这个常数的类型为整型(int)，该数在不超出范围的情况下可以赋给各种整型的变量。

(2) 对于一个属于整型的数值常量，C#按照如下顺序判断该数的类型：int、uint、long、ulong。

(3) 如果一个数值常量带小数点,如 3.14,则该常数的类型为浮点型中的 double 型。

(4) 如果不希望 C♯按照默认方式判断一个十进制数值常量的类型,可以为常数增加后缀,指定其类型。

为数值型变量赋值时,除了要注意常量的书写格式,还要注意变量类型的取值范围。

【例 2-4】 运行下面的程序,观察运行结果,并解释。

```
static void Main(string[] args)
{
    sbyte a,b;
    uint c;
    a=12;
    b=200;
    c=-23;
    Console.WriteLine("{0},{1},{2}",a,b,c);
    Console.ReadLine();
}
```

说明:

(1) 程序体中的第 1 行、第 2 行是变量定义语句,分别定义了两个短字节型变量 a、b 和无符号整型变量 c。

(2) 第 3 行到第 5 行分别为变量 a、b 和 c 赋值,为 a 赋值没有问题,但为 b 赋值时,试图将 200 赋给 b,而 sbyte 型的取值范围为 -128~127,200 已经超过这个范围,所以明显可以看到程序中数字 200 下方出现一个红色的波浪线,并在错误列表中显示错误信息"常量值'200'无法转换为'sbyte'";同样,为变量 c 赋值时,因为 c 是无符号整型变量,只可以接收正整数,所以试图将 -23 赋给 c 时,也会在错误列表中出现错误提示"常量值'-23'无法转换为'uint'"。只要将这两个数字改成合法范围的数字,再进行赋值即可。

(3) 程序体中的第 6 行为输出语句。

(4) 程序体中的第 7 行为 Console.ReadLine(),是等待用户输入任意字符返回编程界面。

2.3.3 类型转换

在程序处理中,经常遇到多种不同类型的数据混合运算的情况,此时就需要进行数据转换。C♯中的数据转换有两种方式:隐式转换和显式转换。

1. 隐式转换

隐式转换是在多种类型数据混合运算时编译器自动完成的。转换规则是由精度低的数据类型转换为精度高的数据类型。隐式转换一般不会失败,也不会造成信息丢失。例如:

```
double d1=12.5f;
```

虽然12.5是单精度数据,但在进行赋值之前,先将12.5转换为双精度,之后赋给变量d1。

注意:隐式转换无法实现从高精度向低精度转换。例如:

```
float f=12.3;
```

数据12.3是双精度常数,因此无法赋给更低精度的float型变量。

隐式转换需要遵循以下规则:

(1) 参与运算的数据类型不一致时,先转换为同一类型,再进行运算,转换规则为从精度低到精度高的类型转换,例如short型转换为int型。具体转换规则如表2-4所示。

表2-4 C#中数据类型隐式转换表

数 据 类 型	可以转换的数据类型
sbyte	short、int、long、float、double、decimal
byte	short、ushort、int、uint、long、ulong、float、double、decimal
short	int、long、float、double、decimal
ushort	int、uint、long、ulong、float、double、decimal
int	long、float、double、decimal
uint	long、ulong、float、double、decimal
long	float、double、decimal
ulong	float、double、decimal
float	double
char	ushort、int、uint、long、ulong、float、double、decimal

(2) 其他数据类型不能转换为char型。

(3) 不存在浮点型(float、double)与decimal之间的隐式转换。

(4) 表达式中出现byte型与short型数据参与运算时,必须先转换为int型数据。

其实读者不需要记住表2-4中的所有内容,因为从表格中可以看出,隐式类型转换是有规律的,即任何一个类型A,只要其取值范围包含在类型B的取值范围中,就可以隐式转化为类型B。

2. 显式转换

显式转换又称为强制类型转换。显式类型转换需要用户明确指明要转换的类型,一般形式为:

(类型说明符)(需要转换的表达式)

例如:

```
float f=12;
int k;
k=(int)(f);           //将float型变量f的值强制转换为int型,赋给int型变量k
```

显式转换包含所有的隐式类型转换。但显式转换不一定总会成功,而且转换过程中有可能出现数据丢失现象。

【例 2-5】 任意输入一个实数,进行四舍五入运算,要求保留小数点后两位数字。

算法分析:将一个实数进行四舍五入,保留小数点后两位数字,可以考虑将这个实数扩大 100 倍,之后再加 0.5,例如实数 12.5247,扩大 100 倍加 0.5 后是 1252.97;而实数 12.5364 扩大 100 倍加 0.5 后是 1254.14,之后将小数部分舍掉,即将实数强制转换为整数,最后将取整后的数字除以 100.0 即可。

操作步骤如下:

(1) 新建一个控制台程序,并在 Main()方法中输入如下代码。

```
static void Main(string[] args)
{
    float x;
    float y;
    Console.WriteLine("输入一个实数:");
    x=Convert.ToSingle(Console.ReadLine());   //将输入的数据转换成单精度浮点型
                                                赋值给变量 x
    y=(int)(x*100f+ 0.5f)/100.0f;
    Console.WriteLine("\n将实数{0}\n四舍五入保留两位小数的结果是:{1}",x,y);
    Console.ReadLine();
}
```

(2) 运行程序,并按要求输入数据,运行结果如图 2-5 所示。

图 2-5　例 2-5 的运行结果

说明:程序中出现的 Convert.ToSingle()方法是数据类型转换方法。

3. 使用方法进行数据类型转换

除了可以使用显式类型转换进行数据转换外,C♯还提供了一些方法,实现特定的转换。

1) Parse 方法

Parse 方法可以将特定格式的字符串转换为数值型,使用形式如下:

数值类型名称.Parse(字符串表达式)

例如:

```
int k=int.Parse("200");
float x=float.Parse("200.0");
```

注意,此处如果写成:

```
int k=int.Parse("200.0");
```

运行时会报错"输入字符串的格式不正确",因为试图将 200.0 转换为整数时,编译系统不能实现。

说明：Parse 方法使用简单,只要字符串的格式符合要转换的目标数据类型的格式,就可以调用该方法,将一个字符串转换为相应的数值类型。

2) Convert 类的方法

Convert 类提供了一些方法,将一种基本数据类型转换为另一种基本数据类型。例如:

```
int k ;
k=Convert.ToInt32("97");
char c1=Convert.ToChar(k);
float f=Convert.ToSingle(k);
```

本例中使用了三次 Convert 类的方法,分别是：ToInt32 方法将一个字符串转换为 int 型；ToChar 方法将 int 型数据转换为 char 型；ToSingle 方法将整型数据转换为 float 型。

Convert 类支持的转换类型几乎涵盖了 C# 中所有的基础类型,如 Boolean、Char、SByte、Byte、Int16、Int32、Int64、UInt16、UInt32、UInt64、Single、Double、Decimal、DateTime 和 String。

2.4 运算符与表达式

运算符是可以实现某种运算的符号,如数学中的＋、－、×、÷等。C# 的运算符非常丰富,可以实现算术运算、关系运算、逻辑运算、位运算等。

使用运算符将操作数按照一定规则连接起来的式子称为表达式,根据运算符的类型,表达式分别称为算术表达式、关系表达式、逻辑表达式等。

下面分别介绍 C# 的常见运算符。

2.4.1 算术运算符与算术表达式

算术运算符是最常见的运算符,它可以对数值型数据进行运算。

1. 基本算术运算符

C# 中的基本算术运算符包括＋(取正)、－(取负)、＋(加)、－(减)、*(乘)、/(除)、%(取余)。

1) ＋(取正)、－(取负)运算符

这两个运算符是一元运算符,即只能有一个操作数,只能放在操作数之前。例如:

+5,-3

如果是取正操作,运算符+可以省略。

2) +(加)、-(减)、*(乘)、/(除)、%(取余)

这5个运算符是二元运算符,与在数学中的用法相似,例如:

3+5、7.2-5.1、3*4、7/3、7%3

说明:

(1) 对于除法表达式:7/3与7.0/3的结果是不一样的,前者结果为2,后者结果为2.33333333333333。这是因为,C#中规定:两个整数相除,结果还是整数,两个整数相除时,对结果进行下取整,小数部分将会被舍弃。

(2) 求余运算符%将返回除数与被除数相除之后的余数。例如:

7%3的结果为1。

6%2的结果为0。

注意:很多人知道,在C语言和C++中,不允许实数(float和double)参与求余运算。但在C#中,允许实数进行求余运算,例如7.0 % 2.6,结果为1.8。

求余运算在实际中有很多应用,比如判断一个数a能否被另一个数b整除,如果表达式a%b的值为0,那么a能被b整除。

【例2-6】 判断一个整数x是否是偶数。

分析:只要x能被2整除,x就是偶数。也就是,如果x%2==0成立,x是偶数。

==是关系运算符中判断是否相等的运算符,在下面的章节中会介绍。

2. 算术表达式

用算术运算符将操作数按照一定规则连起来的式子就是算术表达式,算术表达式中还可以出现括号(注意,只能是小括号())。算术表达式中的操作数可以是常量,也可以是变量,例如:

3+4*5、(b*b-4*a*c)/(2*a)

都是合法的算数表达式。

思考一下:表达式(8/3)*3的值是多少呢?

千万不要以为这个表达式的值还是8,因为括号中8/3的结果是2,之后计算2*3,结果是6。

3. 自增(++)与自减(--)运算符

自增(++)与自减(--)运算符只针对变量操作,都是一元运算符。

1) 作用

自增运算(++)使操作数的值增1;自减运算(--)使操作数的值减1。

2) 用法与运算规则

根据操作符所处位置,自增运算与自减运算都有以下两种使用形式:

前置形式(++x,--x):先使变量x的值增1(或减1),然后再以变化后变量的值参与其他运算。

后置形式(x++,x--)：先让变量参与其他运算,然后使变量 x 的值增 1(或减 1)。

当++、--不与其他运算符混合使用时,++x 与 x++都等价于 x=x+1,--x 与 x--都等价于 x=x-1。

【例 2-7】 自增、自减运算符的使用。

```
static void Main(string[] args)
{
    int a=5,b,c;
    b=a++;
    c=++a;
    Console.WriteLine("{0},{1},{2}",a,b,c);
    Console.ReadLine();
}
```

程序分析：此程序重点在于理解两条赋值语句：b=a++;和 c=++a;。

变量 a 的初值为 5,第一条赋值语句 b=a++,++符号在后,所以先执行赋值运算,再使变量增 1。即先将变量 a 的值 5 取出,赋给变量 b,之后使变量 a 的值增 1,所以这条语句执行完毕后,a 的值为 6,b 的值为 5。

第二条赋值语句 c=++a,先执行变量增 1 运算,再执行赋值运算。即先将变量 a 的值在当前基础上(6)增 1,变为 7,之后将当前变量 a 的值(7)赋给变量 c。所以这条语句执行完毕后,a 的值为 7,c 的值为 7。

因此运行结果如下：

7,5,7

思考：将例 2-5 中所有的++运算符改为--运算符,程序运行结果是什么?

2.4.2 关系运算符与关系表达式

关系运算又叫做比较运算,常用来判断两个操作数之间的关系(大于、小于、等于、不等于)。关系运算的返回值是布尔型。例如,x>y,如果成立,返回值为 true,否则为 false。

1. 关系运算符

C#中的关系运算符有 6 种：>(大于)、>=(大于等于)、<(小于)、<=(小于等于)、==(等于)、!=(不等于)。

2. 关系表达式

用关系运算符将两个操作数连接起来的式子称为关系表达式。例如,下面的表达式都是合法的关系表达式。

3<7

7%2==0

x+y>=z

说明：

(1) 当表达式中既有关系运算符又有算术运算符时，先计算算术运算，再进行关系判断。所以，表达式 7%2==0 的计算过程为先计算 7%2,结果为 1,再判断 1==0,结果为 false。

(2) 初学者判断两个操作数是否相等时，容易使用如下表达式：

x=y

这实际是赋值表达式，表示将 y 的值赋给 x,正确的用法如下：

x==y

2.4.3 赋值运算符与赋值表达式

1. 赋值运算符

C#中的＝为赋值运算符，作用是将赋值号右侧表达式的值计算出来，赋给左侧的变量。例如：

x=10;   //将常量 10 赋给变量 x
y=a+b;   //将 a+b 的值计算出来,赋给变量 x

注意：赋值号的左侧必须是变量，以下形式都是错误的：

3=x+y;
a+b=2+4;

因为只能为变量赋值，不能为常量和表达式赋值。

2. 赋值表达式

用赋值运算符将变量和表达式连接起来的式子称为赋值表达式。形式如下：

<变量>=<表达式>

赋值号右侧的表达式可以是任意合法的表达式，也可以又是一个赋值表达式。例如：

x=y=z=3;

其含义为：将 3 赋给变量 z,之后将 z 的值赋给 y,最后将 y 的值赋给 x。

3. 复合赋值运算符

在赋值运算符＝前加上其他运算符如＋、－等，可以构成复合赋值运算符。

C#提供的复合赋值运算符有 10 个：*＝、/＝、%＝、+＝、-＝、<<＝、>>＝、&＝、^＝、|＝。

复合赋值运算符可以完成运算、赋值两个功能。

例如：

a+=b 相当于 a=a+b
a*=2 相当于 a=a*2

注意：a*=b+c,不是 a=a*b+c 而是 a=a*(b+c)。
复合赋值运算符的优先级与赋值运算符=相同。

2.4.4 逻辑运算符与逻辑表达式

1. 逻辑运算符

对于比较复杂的关系判断,可以使用逻辑运算符将关系表达式连接起来,进行判断。C#提供了以下三种逻辑操作符：

(1) &&（逻辑与）：操作符两侧的表达式都为真,结果就为真。
(2) ‖（逻辑或）：操作符两侧的表达式只要有一个为真,结果就为真。
(3) !（逻辑非）：一元运算符,对操作数取反。

逻辑运算符的运算规则如表 2-5 所示。

表 2-5 逻辑运算的运算规则

a	b	!a	a&&b	a‖b
false	true	true	false	true
false	false	true	false	false
true	true	false	true	true
true	false	false	false	true

2. 逻辑表达式

用逻辑运算符将关系表达式或布尔值连接在一起就形成了逻辑表达式,逻辑表达式的运算结果为布尔型。当一个表达式中同时出现&&、‖、!三种运算符时,!运算优先级最高,其次为&&运算,最后是‖运算。

逻辑表达式通常用于复杂的判断。

【例 2-8】 写出一个逻辑表达式,判断某一年份 year 是否闰年。

分析：判定一个年份是否闰年的条件是这个年份可以被 4 整除并且不能被 100 整除,或者能被 400 整除。

虽然从给定的条件中看,这个逻辑表达式是由三个关系表达式构成,分别是：

表达式 1：year 能被 4 整除：year % 4==0；
表达式 2：year 不能被 100 整除：year % 100!=0；
表达式 3：year 能被 00 整除：year % 400==0。

但经过分析可知,这实际上是两个大条件,条件 1：能被 4 整除但不能被 100 整除,即表达式 1&& 表达式 2；条件 2：能被 400 整除。任意一个年份只要符合这两个条件其中一个即可。

形成如下逻辑表达式：

year%4==0 && year%100!=0 || year%400==0

3. 逻辑运算符的优化

在逻辑表达式的计算过程中,有时候不需要所有的逻辑操作符都被执行,就能确定逻辑表达式的结果。只有在必须执行下一个逻辑运算符才能求出表达式的解时,才执行该运算符,这种情况称为逻辑运算的优化,又称为逻辑表达式的"短路"。

1) 逻辑与的优化

【例 2-9】 阅读程序,写出程序运行结果。

```
static void Main(string[] args)
{
    int x=4,y=6;
    bool b1;
    b1=(x>10) && (++y>10);
    Console.WriteLine("x={0},y={1},b1={2}",x,y,b1);
    Console.ReadLine();
}
```

分析：与运算表达式(x＞10) && (＋＋y＞10)中,只有两个操作数都为真,结果才为真。第一个操作数为 x>10,经过计算结果为 false,这种情况下,无论第二个操作数是真还是假,已经不能影响整个表达式的值,所以,此时第二个操作数的值不再计算,因此第二个操作数中出现的＋＋y不会被执行,y 的值仍保留原来的值 6。

程序输出结果如下：

x=4,y=6,b1=False

2) 逻辑或的优化

【例 2-10】 阅读程序,写出程序运行结果。

```
static void Main(string[] args)
{
    int x=5,y=2;
    bool b2;
    b2=(x>0)||(++y>0);
    Console.WriteLine("{0},{1},{2}",x,y,b2);
    Console.ReadLine();
}
```

分析：或运算表达式(x＞0)||(＋＋y＞0)中,只要有一个操作数为真,结果就为真。第一个操作数为 x>0,经过计算,结果为 true,这种情况下,无论第二个操作数是真还是假,也不能影响整个表达式的值,所以,此时第二个操作数的值不会被计算,因此第二个操作数中出现的＋＋y不会被执行,y 的值仍保留原来的值 2。

程序输出结果如下：

5,2,True

2.4.5 位运算符

位运算符的操作对象是二进制数据。C#提供的位运算符有6种：&（与）、|（或）、^（异或）、~（取补）、<<（左移）、>>（右移）。这些位运算符中，除了取补运算符是一元运算符外，其他都是二元运算符。

位运算的操作数可以是整型或其他可以转换为整型的数据类型，不可以是浮点型，下面分别介绍各个位运算符。

1. 按位与运算

按位与运算的操作形式如下：

操作数1 & 操作数2

运算规则是：参与运算的两个操作数按二进制位进行"与"运算：如果两个操作数的对应位都是1，则该位结果为1，否则为0，即：

0 & 0=0   0 & 1=0   1 & 0=0   1 & 1=1

例如：计算 4 & 7。

先将两个操作数转换为二进制：4→00000100,7→0000111,之后按位与运算：

```
  00000100
& 00000111
  00000100
```

将计算结果转换为十进制为：4

2. 按位或运算

按位或运算的操作形式如下：

操作数1|操作数2

运算规则是：对两个操作数按二进制位进行"或"操作，对应位只要有1个为1，结果位就为1，即：

0|0=0   1|0=1   0|1=1   1|1=1

例如：计算 4|7

如上例一样，将两个操作数分别转换为二进制形式：

```
  00000100
| 00000111
  00000111
```

将计算结果转换为十进制为:7。

3. 异或运算符

异或运算的操作形式如下:

操作数1^操作数2

运算规则是:如果参与运算的两个二进制位相同,则运算结果为0,否则为1,即:

1^0=1   0^1=1   1^1=0   0^0=0

例如:计算 4^7。

先将两个操作数分别转换为二进制形式:

```
  00000100
^ 00000111
  00000011
```

将计算结果转换为十进制为:3。

4. 取补运算符

取补运算实际上是按位求反运算,就是反转操作数中的位:0 取反后为 1,1 取反后为 0。是一个一元运算。

例如:计算~4。

先将操作数 4 转换为二进制形式:00000100

```
~ 00000100
  11111011
```

将计算结果转换为十进制为:251。

5. 左移运算符

左移运算的操作形式如下:

操作数1<<操作数2

运算规则是:将操作数 1 的二进制位左移操作数 2 指定的位数,低位补 0,高位溢出。

例如:计算 4<<1

将 4 转换为二进制:00000100

```
<< 00000100
   00001000
```

将结果转换为十进制为 8。

说明:左移 1 位相当于将该数乘 2,左移 2 位相当于将该数乘 4。如果高位中有 1 在左移时因溢出而舍弃,上述结论不再成立。

6. 右移运算符

右移运算的操作形式如下：

操作数 1>>操作数 2

运算规则是：将操作数 1 的二进制位右移操作数 2 指定的位数，低位舍弃，高位需要判断是有符号数还是无符号数；如果是无符号数或者是有符号数的正整数，高位补 0；如果是有符号数中的负数，最高位设定为 1，其他各位按位右移。

例如：计算无符号整数 4>>1
将 4 转换为二进制：00000100

```
>> 00000100
   00000010
```

将结果转换为十进制为 2。

2.4.6 其他运算符

还有一些常用的运算符并不好归类，如条件运算符(?:)、new 运算符等，把这些运算符归入其他运算符类。

1. 条件运算符

条件运算符"?:"是三元运算符，使用形式如下：

<表达式 1>?<表达式 2>:<表达式 3>

运算规则是：先计算表达式 1 的值，如果为真，则计算表达式 2 的值，并将表达式 2 的值作为整个条件表达式的值返回；如果表达式 1 的值为假，则计算表达式 3 的值，并将表达式 3 的值作为整个条件表达式的值返回。

【例 2-11】 写出一个表达式，求实数 x 的绝对值。

可以使用条件表达式解决这个问题，正数的绝对值是它本身，负数的绝对值是它的相反数，只需判断 x 是否大于等于 0，如果条件成立，则返回 x；否则返回 -x：

```
x=x>=0?x:-x
```

2. typeof 运算符

typeof()运算符用于返回 System.Type 对象并获取系统原型对象的类型，例如：

```
Console.WriteLine("{0},{1},{2}",typeof(int),typeof(long),typeof(float));
```

输出结果如下：

```
System.Int32,System.Int32,System.Single
```

3. sizeof 运算符

sizeof 运算符用于读取类型并返回类型在内存中所占字节数，例如：

`Console.WriteLine("{0},{1},{2}",sizeof(int),sizeof(long),sizeof(float));`

输出结果如下：

`4,8,4`

4. new 运算符

C#中 new 运算符用来创建对象和调用构造函数。例如：

`Form2 frm=new Form2();`

依据 Form2 创建了一个名为 frm 的对象。

2.4.7 运算符的优先级及结合性

1. 运算符的优先级

在一个表达式中包含多种运算符时，先运行哪种运算，这就是运算符的优先级。例如，在数学四则运算中先乘除后加减，也就是"乘除"的优先级高于"加减"。

运算符的优先级决定了运算符的运算顺序，C#的表达式中如果出现了多个运算符，则优先级高的运算符先运算，优先级低的运算符后运算。表2-6列出了C#中常见运算符从高到低的优先级顺序。

表2-6 C#运算符的优先级

优先级	类 别	运 算 符
高	基本运算符	括号()，new，typeof
	一元运算符	+(正)，-(负)，!，~，++，--
	算术运算符之乘除运算符	*，/，%
	算术运算符之加减运算符	+，-
	移位运算符	<<，>>
	关系运算符	<，>，<=，>=
	关系运算符	==，!=
	逻辑与运算符	&
	逻辑异或运算符	|
	逻辑或运算符	^
	条件与运算符	&&
	条件或运算符	||
	条件运算符	?:
低	赋值运算符	=，*=，/=，%=，+=，-=，<<=，>>=，&=，^=，|=

2. 结合性

当一个操作数两侧的运算符优先级相同时,运算符的结合性规定该操作数先与哪个操作数运算。结合性有两种:自左向右的结合方向称为左结合;自右向左的结合方向称为右结合,如算术运算符的结合性是左结合性,赋值运算符就是右结合性。

在 C# 中,所有的一元运算符都具有右结合性,除此之外,赋值运算符、条件运算符也具有右结合性。其他所有运算符都是左结合性。

2.5 引用类型

前面提到,C# 中的数据类型分为值类型和引用类型,一个具有引用类型的实例会被分配在堆内存中。而栈内存中存放的是该数据实例的索引位置编号。引用类型类似于银行储户的钱在银行里,储户手中持有存折,要想取钱,需要凭借存折去银行支取。下面介绍 C# 中的引用类型。

2.5.1 字符串

字符串是一个引用类型,是由若干个 Unicode 字符组成的字符数组。在实际使用中,对字符串的使用可以像对基本数据类型(整型、浮点型)那样直接操作。

1. 字符串的定义与赋值

字符串变量的创建使用 string 定义,例如:

string s1,s2;

定义了两个字符串变量 s1,s2。

也可以在定义时就对字符串进行初始化,例如:

string s1="Hello",s2="welcome";

字符串变量的赋值也和基本数据类型一样,使用赋值号来进行,例如:

string s1,s2;
s1="你好";
s2="北京";

2. 字符串运算符

1) 字符串连接运算符+

+运算符,表示将两个字符串连接起来,例如:

string s1="你好,"+"北京";

则 s1 的值为"你好,北京"。

+运算符还可以连接字符串和字符型数据,例如:

```
string s2="你好,"+'北'+'京';
```

则 s2 的值也为"你好,北京"。

2) 关系运算符==和!=

"=="和"!="也可以用于字符串,用来判断两个字符串是否相等。例如:

```
string s1="你好",s2="北京";
bool b1=s1!=s2;
```

布尔型变量 b1 的值为 true。

3. ToString()方法

前面介绍了数据类型的转换,可以使用 Convert 类将字符串转换为数值类型。如果需要将其他数据类型转换为字符串类型,可以使用 ToString()方法。使用形式如下:

变量名称.ToString()

例如:

```
int x=123;
string s1=x.ToString();
```

字符串 s1 的值为"123"。

这种转换的实际意义为:有时计算结果为数值型,需要将结果输出在标签或文本框中,而标签和文本框的 Text 属性为字符串,所以将计算结果转换为字符串匹配。

4. string 类与 StringBuilder 类

1) string 类与 StringBuilder 类比较

关键字 string 定义的字符串是不可变的字符串,这里"不可变的字符串"的含义并不是字符串的内容或字符串的长度不能发生变化,而是每当重新为字符串变量赋值时,系统会为该字符串变量重新分配内存空间。例如,实例化一个字符串对象,并初始化:

```
string s1="Hello";
```

这时,系统为 s1 在内存中分配一个空间,并指向"Hello"的存储位置(即在 s1 的存储空间中存储字符串常量"Hello"的存储位置)。而当程序员使用下面语句修改 s1 的值时:

```
s1="welcome";
```

系统会为 s1 重新分配一个内存空间,这样原来的内存空间就没有用了,只能等待垃圾回收器回收。这样一来,如果频繁修改字符串变量的值,会导致系统开销非常大。

那么,当需要频繁修改字符串变量的值时,如何操作才能避免以上情况呢?C#提供了 StringBuilder 类。StringBuilder 类可以创建可变字符串对象,可变字符串对象用于对字符串进行动态修改。

2) string 类的常用方法

(1) 字符串检索方法 IndexOf。

IndexOf()方法用于检索字符串中某个特定的字符或字符串首次出现的位置。IndexOf()方法有 6 种重载形式,常见的使用形式如下:

```
IndexOf(char value)
```

用于定位某一字符在字符串中出现的位置。

```
IndexOf(string value)
```

用于定位某一个字符串在另一字符串中出现的位置。

```
IndexOf(char value,int start,int len)
```

字符串中从 start 开始,查找 len 个字符,检索字符在字符串中出现的位置。

注意:start+len 不能大于源字符串的长度

例如:

```
string s1="C# Program";
string s2="This is a book";
int m,n,k;
m=s1.IndexOf("Pro");    //m 的值为 3
n=s1.IndexOf('g');      //n 的值为 6
k=s2.IndexOf('i',3,4)   //查找 i 在从第 3 个字符开始的后面 4 个字符中的出现位置,结果为 5
```

说明:

① 字符串的首字符从 0 开始计数,区分大小写。

② 如果字符串中不包含这个字符或字符串,返回-1。

(2) 字符串截取方法 Substring。

SubString()方法可以获取字符串中的子串,有多种重载方式,常用的有如下两种形式:

```
SubString(int startIndex)
```

从 startIndex 指定的位置开始截取,一直到字符串末尾。

```
SubString(int startIndex,int length)
```

从 startIndex 开始截取 length 长度的字符串。

例如:

```
string s="C# Program";
string s1,s2;
s1=s.Substring(3);       //s1 的值为 Program
s2=s.Substring(0,2);     //s1 的值为 C#
```

(3) 删除字符串 Remove。

Remove()方法可以删除字符串的一部分并保留其他部分,常用形式如下:

```
Remove(int startIndex)
```

删除字符串中从 startIndex 开始直到最后的所有字符串。

```
Remove(int startIndex,int length)
```

删除字符串中 startIndex 开始的长度为 length 的字符串。

例如:

```
string s="C# Program";
string s1,s2;
s1=s.Remove(2);            //s1 的值为 C#
s2=s.Remove(0,3);          //s2 的值为 Program
```

(4) 插入字符串 Insert。

Insert()方法可以在原字符串的任意指定位置插入一个字符串,使插入字符串和原字符串组成一个新串,使用形式如下:

```
Insert(int startIndex,string value),
```

例如:

```
string s3="计算机系";
s3=s3.Insert(3,"科学");
```

将字符串"科学"插入到原字符串的第 3 个位置,组成新串并重新赋给字符串变量 s3,则 s3 中的内容为"计算机科学系"。

(5) 替换字符串 Replace。

Replace()方法可以将字符串中指定的字符或子字符串替换为其他的字符或子字符串。常用的形式如下:

```
Replace(char oldChar,char newChar)
```

将字符串中的由 oldChar 指定的字符替换为 newChar。

```
Replace(string oldValue,string newValue)
```

将字符串中的由 oldValue 指定的子字符串替换为子字符串 newValue。

例如:

```
string s="ThIS IS A book";
string s1,s2;
s1=s.Replace("IS","is");       //s1 的值为 This is A book
s2=s1.Replace('A','a');        //s2 的值为 This is a book
```

(6) 转换大小写 ToLower 和 ToUpper。

ToLower()方法可以将字符串中的所有字母转换为小写字母。

ToUpper()方法可以将字符串中的所有字母转换为大写字母。

例如：

```
string s="This is a book!";
Console.WriteLine("{0}    {1}",s.ToUpper(),s.ToLower());
```

输出结果如下：

THIS IS A BOOK!   this is a book!

(7) 将字符串转换为字符数组 ToCharArray。

ToCharArray()方法可以将字符串中的每个字符提取出来，存储在一个字符数组中返回。例如：

```
string str="Hello!";
char[] Arrch=str.ToCharArray();
```

字符数组 Arrch 中每个元素都是从字符串 str 中分离出来的，即：
Arrch[0]中的内容为'H',Arrch[1]中的内容为'e'……依此类推。

【例 2-12】 常用 String 方法应用举例。

新建一个控制台应用程序，在 Main()方法中输入如下代码：

```
static void Main(string[] args)
{
    string s1="    This is a string    ";   //定义字符串变量 s1 并初始化
    Console.WriteLine("s1:"+s1);             //输出 s1,+为字符串连接运算符
    int k;
    k=s1.IndexOf("string");                  //定位"string"在字符串 s1 中的出现位置
    string s2;
    s2=s1.Substring(0,k);                    //s2 是从 s1 中取得的子串
    Console.WriteLine("s2:"+s2);             //输出 s2
    int len=s2.Length;                       //求出 s2 的长度
    string s3=s1.Insert(len," new ");        //在 s3 的 len 位置处插入新的字符串
    Console.WriteLine("s3:"+s3);
    Console.ReadLine();
}
```

运行程序，程序执行结果如图 2-6 所示。

图 2-6 例 2-12 的运行结果

说明:程序中出现的 Length 是字符串的一个属性,能够返回字符串的长度,请注意,这个长度表示的是字符串中的元素个数,而不是字符串的字节数。

3) StringBuilder 类的常用方法

(1) 声明 StringBuilder 对象。

声明一个 StringBuilder 对象需要使用 StringBuilder 构造函数。例如:

```
StringBuilder strb1=new StringBuilder();
```

(2) 追加操作 Append。

Append()方法实现简单的追加功能。

例如,为上面创建的 StringBuilder 对象 strb1 追加字符串"你好":

```
strb1.Append("你好");
```

(3) 插入操作 Insert。

Insert()方法可以将新的字符串插入到当前字符串的指定位置。

例如,在 strb1 字符串的最前面插入"同学,"字符串:

```
strb1.Insert(0,"同学,");
```

其中,第一个参数"0"表示插入位置为最前面,可以根据需要设置插入位置。

(4) 删除操作 Remove。

和 string 类中的 Remove()方法功能类似,也是删除字符串中一定数量的字符。

例如,将字符串"Welcooooome"修改为"Welcome":

```
StringBuilder strb2=new StringBuilder();
strb2.Append("Welcooooome");
strb2.Remove(5,4);
```

【例 2-13】 StringBuilder 类应用举例。

新建一个控制台应用程序,在 Main()方法中添加如下代码:

```
static void Main(string[] args)
{
    string s1;
    //声明一个 StringBuilder 对象 strb
    StringBuilder strb=new StringBuilder();
    //为 StringBuilder 对象 strb 追加字符串
    strb.Append("练习程序");
    s1=strb.ToString();
    Console.WriteLine("追加后的字符串为:\t\t{0}",s1);
    strb.Insert(0,"这是一个");                    //在第 0 位位置插入字符串
    s1=strb.ToString();
    Console.WriteLine("执行插入操作后,字符串为:\t{0}",s1);
    strb.Insert(4,"C#####");                    //在第 4 位位置插入字符串
    s1=strb.ToString();
```

```
        Console.WriteLine("继续执行插入操作后,字符串为：\t{0}",s1);
        strb.Remove(5,4);                    //删除从第1位开始的3个字符
        s1=strb.ToString();
        Console.WriteLine("执行删除操作后的字符串为：\t{0}",s1);
        Console.ReadLine();
    }
```

单击"启动调试"按钮,运行程序,结果如图2-7所示。

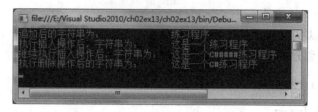

图2-7 例2-13的运行结果

2.5.2 类

类是面向对象程序设计语言编程的基本单位,是包含了数据成员、方法成员、嵌套类型的数据结构。类支持继承机制,通过继承,派生类可以扩展基类的数据成员和方法成员,进而达到代码重用的目的。

C#中的类用关键字class声明,下面是一个student类的定义：

```
public class Student
{
    public int sno;
    public String sname;
    public int score;
    public void Output()
    {
        Console.WriteLine("{0},{1},{2}",sno,sname,score);
    }
}
```

说明：

(1) Student为类名。

(2) sno、sname、score是类Student的字段,分别表示学生的学号、姓名、成绩。

(3) Output是类Student的方法,用来输出学生信息。

2.5.3 接口

接口(interface)是一种特殊的数据结构,C#中的类只支持单继承,但接口可以实现

多重继承的功能。

接口中只能声明抽象对象,而没有具体的实现代码。举个例子,接口类似于一个设备的功能说明书,说明该设备有哪些属性和功能,但这些功能与属性并不能在功能说明书中实现,必须是由具体设备来实现,而类和结构就是这个具体设备。实现接口的类或结构要与接口的定义严格一致。接口声明不包括数据成员,只能包含方法、属性、事件、索引等成员。

接口定义形式如下:

修饰符 interface 接口名称:继承的接口列表
{
    接口内容;
}

2.5.4 委托

委托(delegate)类似 C 语言中的函数指针。C#代码在托管状态下不支持指针操作,为了弥补去掉指针对语言灵活性带来的影响,C#引入了委托类型。委托主要用于C#中的事件处理程序和回调函数。

相对于 C 语言中的函数指针来说,委托是完全面向对象的,它把对象实例和方法进行了封装,因此委托是安全的。

委托可以看做特殊的类,所以委托的定义可以像普通类那样放在同样的位置。委托也必须先定义后使用。类的实例叫做对象,而委托的实例就称为委托实例。

委托的定义形式如下:

delegate 返回值类型 委托名称(方法参数列表)

【例 2-14】 委托的应用。

操作步骤如下:

(1) 新建一个控制台应用程序,并创建一个 ClassA 类,该类中有 3 个方法:Sum、Sub 和 Mul。

(2) 在 Program 类中添加一个委托 mydelegate()。

(3) 在 Main()方法中定义委托实例 d1,使其分别指向 Sum、Sub 和 Mul。

程序代码如下:

```
class Program
{
    class ClassA                    //声明一个名为 ClassA 的类
    {
        public int a;
        public int b;
        public string Sum()
        {
```

```
            int c;
            string str;
            c=a+b;
            str=a.ToString()+"+"+b.ToString()+"="+c.ToString();
            return str;
        }
        public string Sub()
        {
            int c;
            string str;
            c=a-b;
            str=a.ToString()+"-"+b.ToString()+"="+c.ToString();
            return str;
        }
        public string Mul()
        {
            int c;
            string str;
            c=a * b;
            str=a.ToString()+" * "+b.ToString()+"="+c.ToString();
            return str;
        }
    }
    delegate string mydelegate();      //声明委托
    static void Main(string[] args)
    {
        ClassA m=new ClassA();         //声明一个 ClassA 类的对象
        m.a=10; m.b=5;                 //为 m 的两个数据成员赋值
        //定义委托实例 d1,并指向对象的方法 Sum
        mydelegate d1=new mydelegate(m.Sum);
        Console.WriteLine(d1());
        d1=new mydelegate(m.Sub);      //委托实例 d1 指向对象的方法 Sub
        Console.WriteLine(d1());
        d1=new mydelegate(m.Mul);      //委托实例 d1 指向对象的方法 Mul
        Console.WriteLine(d1());
        Console.ReadLine();
    }
}
```

(4) 运行程序,结果如图 2-8 所示。

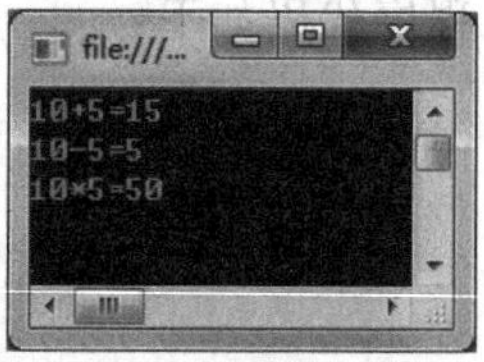

2.5.5 数组

图 2-8 例 2-14 的运行结果

在实际编程中,经常要处理大量相同类型的数据,这些数据可以使用数组来容纳。数组是程序设计语言中常用的数据结构,为存储大量数据提供了便利。那么数组到底是什么呢?

数组是一系列相同类型的数据的集合,数组中的数据称为数组元素,数组中的每个元素都是相同的数据类型,所有元素共用一个名字,用下标来区别数组中的每一个元素。数组下标从 0 开始计数,具有 n 个元素的数组下标范围为 $0 \sim n-1$。

1. 数组的声明

C♯中数组的声明使用 new 运算符实现。一维数组的声明格式如下:

数组类型[] 数组名=new 数组类型[数组长度];

说明:

(1) 数组类型:可以是任何在 C♯中定义的类型,如 int、float、char 等基本数据类型,也可以是结构、枚举类型或类。

(2) 数组名:遵循标识符的命名规则。

(3) 数组长度:数组中元素的个数,只能是一个整型常量表达式。

(4) 数组类型后面的方括号必不可少。

例如:

int[] arr1=new int[10];

声明一个数组 arr1,其中含 10 个元素,元素下标为 0~9。

多维数组的声明和一维数组声明相似。例如,声明一个 3×4 的二维数组:

long[,] arr2=new long[3,4];

声明一个 2×3×4 的三维数组:

double [,,] arr3=new double[2,3,4];

注意:数组类型后面方括号内的逗号个数应与数组长度列表表示的维数是一致的。

2. 数组的初始化

定义一个数组时,数组中所有元素都会被系统默认初始化一个默认值(具体值取决于元素的类型),如果希望将数组元素的初始值修改成自己希望的数值,可以对数组进初始化。数组初始化形式如下:

数组类型[] 数组名=new 数组类型[数组长度]{数组元素初值列表};

例如:

int[] num1=new int[5]{1,2,3,4,5};

注意:C♯中数组初始值的数目必须与数组大小完全匹配,如果写成如下两种形式,会出现编译错误:

int[] num1=new int[5]{1,2,3};   //初始化数据的个数小于数组长度

```
int[] num2=new int[5]{1,2,3,4,5,6};    //初始化数据的个数大于数组长度
```

根据这一特性,可以在定义数组时不指定数组的大小,系统会自动判断初值的数目作为数组的长度,如:

```
int[] num1=new int[]{1,2,3,4,5};
```

多维数组初始化的方式与一维数组相似,例如:

```
int[,] num2=new int[2,3]{{1,2,3},{4,5,6}};
```

3. 访问数组元素

对数组的访问最终要归结到访问数组元素,数组元素的访问形式如下:

数组名[数组下标]

说明:数组下标的取值范围在 0 到数组个数-1 之间,不要出现下标越界错误。例如:

```
int[] num2=new int[5]{1,2,3,4,5};
```

数组 num2 中合法的元素有:num2[0]、num2[1]、num2[2]、num2[3]、num2[4],如果出现 num2[5]是错误的。

其实,每一个数组元素相当于一个普通变量,对数组元素也可以像普通变量一样进行输入、输出、计算等操作。

【例 2-15】 数组元素的使用。

新建一个控制台应用程序,并在 Main()方法中输入如下代码:

```
static void Main(string[] args)
{
    int[] arrays =new int[5]{1,2,3,4,5};      //定义一个数组 a,并对数组进行初始化
    //以下为数组 a 的各个元素赋值
    arrays[0]=20;
    arrays[1]=10;
    arrays[2]=arrays[0]+arrays[1];
    arrays[3]=arrays[0]-arrays[1];
    arrays[4]=arrays[0] * arrays[1];
    Console.WriteLine("数组中的 5 个元素分别为:");
    //输出数组中各个元素
    Console.WriteLine("{0}\t{1}\t{2}\t{3}\t{4}",arrays[0],arrays[1],arrays[2],arrays[3],arrays[4]);
    Console.ReadLine();
}
```

程序运行后,输出结果如图 2-9 所示。

图 2-9　例 2-15 的运行结果

4. 数组的常用操作

C#的数组实际是由抽象基类型 System.Array 类派生的引用类型，所以 Array 类的方法和属性数组都可以使用。下面就一些数组常用的方法和属性进行介绍。

为了方便，提前声明一个数组 arr，下面介绍的方法或属性全部都以数组 arr 为例：

```
int[] arr=new int[5]{4,7,1,6,5};
```

1）Length 属性

Length 属性可以获得数组的长度，即数组中元素的个数，例如：

```
int k=arr.Length;
```

则 k 的值为 5。

2）Sort 方法

Sort()方法实现对一维数组排序，是 Array 类提供的静态方法，使用形式如下：

```
Array.Sort(数组名)
```

例如，对数组 arr 排序：

```
Array.Sort(arr);
Console.WriteLine("{0},{1},{2},{3},{4}",arr[0],arr[1],arr[2],arr[3],arr[4]);
```

输出结果如下：

1,4,5,6,7

3）Reverse 方法

Reverse()方法实现反转一维数组，也是 Array 类提供的静态方法，使用形式如下：

```
Array.Reverse(数组名)
```

例如，对数组 arr 反转：

```
Array.Reverse(arr);
Console.WriteLine("{0},{1},{2},{3},{4}", arr[0],arr[1],arr[2],arr[3],arr[4]);
```

输出结果如下：

5,6,1,7,4

4) Clear 方法

Clear()方法将重新初始化数组中的一系列元素,也就是将数组中的部分元素全部归0。使用形式如下:

Array.Clear(数组名,起始下标,元素个数)

例如:

Array.Clear(arr,1,3);

表示将数组 arr 下标为 1 的元素开始的连续 3 个元素(arr[1],arr[2],arr[3])归 0,执行后输出数组内容,结果如下:

4,0,0,0,5

5) Copy 方法

Copy 方法实现将一个数组的部分(全部)元素复制到另一个数组,使用形式如下:

Array.Copy(源数组名,目的数组名,复制的个数)

例如,将数组 arr 的前 3 个数组元素复制到数组 arr2 中:

```
int[] arr2=new int[5];
Array.Copy(arr,arr2,3);
Console.WriteLine("{0},{1},{2},{3},{4}",arr2[0],arr2[1],arr2[2],arr2[3],arr2[4]);
```

输出结果如下:

4,7,1,0,0

【例 2-16】 数组常用方法综合应用。

新建一个控制台应用程序,并在 Main()方法中添加如下代码:

```
static void Main(string[] args)
{
    int[] array1=new int[5]{82,34,68,22,13};      //定义数组并初始化
    int[] array2=new int[5];
    Array.Copy(array1,array2,5);                   //将数组 array1 中的内容全部复制到 array2 中
    Console.WriteLine("array2 的原始值为:");
    Console.WriteLine("{0},{1},{2},{3},{4}",array2[0],array2[1],array2[2],
    array2[3],array2[4]);
    Array.Sort(array2);                            //对数组 array2 进行排序
    Console.WriteLine("array2 的排序后的值为:");
    Console.WriteLine("{0},{1},{2},{3},{4}",array2[0],array2[1],array2[2],
    array2[3],array2[4]);
    Array.Reverse(array2);                         //将 aarray2 中内容逆序存放
    Console.WriteLine("array2 的逆序后的值为:");
    Console.WriteLine("{0},{1},{2},{3},{4}",array2[0],array2[1],array2[2],
```

```
           array2[3],array2[4]);
           Array.Clear(array2,0,5);                    //将array2中所有元素归0
           Console.WriteLine("array2中清空操作后各元素的值为：");
           Console.WriteLine("{0},{1},{2},{3},{4}",array2[0],array2[1],array2[2],
           array2[3],array2[4]);
           Console.ReadLine();
       }
```

运行程序,结果如图 2-10 所示。

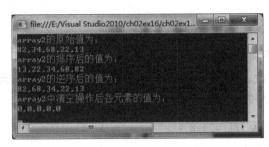

图 2-10　例 2-16 的运行结果

2.5.6　集合

集合是一个特殊的类,通过高度结构化的方式存储任意对象。除了基本的数据处理功能外,集合直接提供了各种数据结构及算法的实现,如队列、链表、栈等,可以使程序员节约大量编程时间,轻易实现复杂的数据操作。

集合分为泛型集合类和非泛型集合类,泛型集合类一般位于 System. Collections. Generic 名称空间,非泛型集合类位于 System. Collections 名称空间。此外,System. Collections. Specialized 名称空间中也包含一些有用的集合类。

前文提到的数组其实也是 C#中的一个集合类,数组是集合类中性能最高的,不过它也有一定的局限性,比如,数组一旦声明,其大小是固定的,这就限制了数组在某些领域的使用,为用户带来不便。本节将为读者再介绍几个集合类,它们和数组一样,也通过索引访问集合成员,但集合的大小是可以动态调整的,即在运行时添加或删除集合元素。

1. 动态数组(ArrayList)

ArrayList 可根据需要灵活地对数组进行操作,包括对数组添加、删除、插入元素等。ArrayList 数组是一维的,且下标的下限始终为 0。

1) 动态数组的创建

动态数组对象的创建形式如下：

```
ArrayList 列表对象名=new ArrayList();
```

例如：

```
ArrayList list=new ArrayList();
```

声明一个名为 list 的动态数组对象。

2) 动态数组的常用方法

(1) Add 方法。Add 方法可以将一个元素添加到动态数组的末尾，以上面定义好的动态数组 list 为例：

```
list.Add("ab");
list.Add("cd");
```

在动态数组 list 末尾添加了两个字符串"ab"、"cd"。

(2) AddRange 方法。AddRange 方法可以将一系列数据添加到动态数组的末尾，并保证这一系列数据仍是按原顺序存放，例如：

```
int[] num=new int[5]{1,2,3,4,5};
list.AddRange(num);
```

将数组 num 中的 5 个元素依次添加到动态数组 list 的末尾。

(3) Remove 方法。Remove 方法可以从动态数组中移除特定对象的第一个匹配项。例如：

```
list.Remove("ab");
```

移除动态数组 list 中值为"ab"的项目，注意：只能移除第一个匹配项。

(4) RemoveAt 方法。RemoveAt 方法可以移动动态数组指定索引处的元素，例如：

```
list.RemoveAt(4);
```

移除动态数组 list 的下标为 4 的项目。

(5) Insert 方法。Insert 方法可以将一个元素插入到动态数组的指定索引处，例如：

```
list.Insert(3,25);
```

表示在动态数组 list 的下标为 3 的位置插入数据 25。

除了以上方法外，ArrayList 还有 Reverse（反转数组元素）、Sort（排序）、Clone（复制一个数组）等，读者如有需要，可以查阅资料，这里不再详述。

2. 队列 Queue

队列是一种先进先出的数据结构，类似日常生活中的排队，如超市排队交款，先排队的先交款，并先离开，这就是队列。

1) 队列的创建

队列对象的创建形式如下：

```
Queue 队列名=new Queue([队列长度][,增长因子]);
```

说明：

（1）队列长度默认为32,增长因子默认为2.0,也就是当队列容量不足时,队列长度调整为原来的2倍。队列长度和增长因子都是可选项,定义时可以不指定。

（2）建议尽量在构造队列时指定队列的长度,因为调整队列的大小需要一定的系统消耗。

例如：

```
Queue MyQ=new Queue();
```

说明：下面的内容中,队列的操作将全部以 MyQ 为例讲解。

2) 队列的操作

（1）Enqueue 方法。用于入队操作,入队操作会在队列的尾部添加数据,整个队列数据个数加1。例如：

```
MyQ.Enqueue("第一名顾客");
MyQ.Enqueue("第二名顾客");
MyQ.Enqueue("第三名顾客");
MyQ.Enqueue("第四名顾客");
```

这样就在队列中添加了 4 个元素,此时可以使用 Count 属性（获取队列中包含的元素个数）来测试一下队列中元素的个数：

```
int k=MyQ.Count;
Console.WriteLine("{0}",k);
```

输出结果为 4。

（2）Dequeue 方法。用于出队操作,出队操作就是取出队列头部的数据后删除该数据,整个队列数据个数减1。例如：

```
Console.WriteLine(MyQ.Dequeue());
```

输出结果如下：

第一名顾客

此时,如果用 Count 属性测试队列中元素的个数,则变为 3。

（3）Clear 方法。用于清除队列中的所有元素,例如：

```
MyQ.Clear();
```

此时队列 MyQ 中的元素个数为 0。

3. 栈 Stack

栈是一种先进后出的数据结构,如在厨房刷碗,先刷好的碗放在下面,后刷好的碗放在上面,如果需要用碗时,用的是上面的碗（后刷好的）,所以是先进后出。

1) 栈的创建

栈的创建形式如下：

```
Stack 栈名=new Stack();
```

例如：

```
Stack sk=new Stack();
```

2) 栈的操作

栈的操作主要包括入栈 Push、出栈 Pop、返回栈顶数据 Peek、清空栈 Clear 等方法。下面以定义好的栈 sk 为例介绍这几种方法。

(1) Push 方法。入栈操作，将元素插入栈的顶部。例如：

```
sk.Push("C");
sk.Push("C++");
sk.Push("C#");
```

依次向栈中压入 3 个元素，分别为"C"、"C++"、"C#"，其中"C#"位于栈顶。

(2) Peek 方法。Peek 方法返回位于栈顶部的对象，但并不将其移除。例如：

```
Console.WriteLine("{0}", sk.Peek());
```

输出栈顶元素，输出结果为"C#"。

(3) Pop 方法。Pop 方法为出栈操作，移除并返回位于栈顶部的对象。例如：

```
Console.WriteLine("{0}", sk.Pop());
```

输出结果仍是"C#"。

(4) Clear 方法。该方法将清除栈中全部元素，例如：

```
sk.Clear();
```

清除栈 sk 中全部元素，执行后，sk 中为空。

2.5.7 装箱和拆箱

C#中值类型之间的相互转换有隐式转换和显式转换。那么值类型与引用类型间是否可以相互转换呢？

其实，C#所有的数据类型都是由基类 System.Object 继承而来的，所以值类型和引用类型的值可以通过显式或隐式的方法相互转换。C#把值类型转换为对象的操作称为装箱；将对象转换为与之类型兼容的值类型的操作称为拆箱。

1. 装箱

装箱是将一个值类型变量转换为引用类型变量。装箱首先需要定义一个引用类型的实例，之后将值类型变量的值赋给引用类型实例。例如：

```
int x=12;              //定义值类型变量 x
object obj=x;          //定义引用类型 obj,并装箱:将 x 的值赋给 obj
Console.WriteLine("{0}", obj);
```

以上程序中,变量 x 是值类型,存储于栈空间中,对象 obj 要获得 x 的值,其实是在堆空间中分配一块内存,并把 x 值的一个副本复制到这块内存中,并让对象 obj 引用这个副本。这也就意味着,如果执行过语句 object obj＝x;后再改变 x 的值,对象 obj 不会跟着改变,因为它引用的只是 x 的一个副本而已。

2. 拆箱

从逻辑上讲,拆箱是装箱的逆过程。拆箱是将一个引用类型显式地转换为一个值类型。

拆箱时系统会进行检查,看引用类型对象是否是某一值类型的装箱,之后再将这个实例的值赋给相应的值类型的变量。例如:

```
int a=100;             //定义值类型变量 x
object obj=a;          //定义引用类型 obj,并装箱:将 x 的值赋给 obj
int b=(int)obj;        //拆箱,将 obj 的值赋给值类型 b
```

说明:
(1) 只有被装过箱的对象才能被拆箱,否则会出现类型不匹配的情况,造成拆箱失败。
(2) 装箱可以隐式进行,但拆箱必须显式进行。
(3) 无论是拆箱还是装箱,都会产生较大的系统开销,因为这两个操作将涉及很多的检查工作,另外还需要分配额外的堆内存,所以不要滥用。

2.6 常用系统定义类

.NET 框架提供了一个可重复使用的、面向对象的类、结构等类型的集合,称为框架类库。框架类库提供了一个统一的、面向对象的、层次化的、可扩展的编程接口,可以被任何一种.NET 语言使用,本节将介绍 System 命名空间中预定义的几个常用类。

2.6.1 数学类(System. Math)

Math 类是一个静态类,它定义了许多基本数学运算所需要的方法和常数,如三角函数方法、指数函数方法、对数函数方法及其他方法,四舍五入、开平方等。

1. Math 类中的常量

Math 类中定义了两个常量:E 和 PI,其定义形式如下:

```
public const double E
```

```
public const double PI
```

这两个常量都是双精度常数,其中 E 的值为 2.718 281 828 459 05;PI 的值为 3.141 592 653 589 79。如有需要可以直接使用。

【例 2-17】 求一个半径为 3 的圆面积。

```
static void Main(string[] args)
{
    int r=3;                        //定义半径并初始化
    double s;                       //定义圆面积变量
    s=Math.PI * r * r;              //计算圆面积
    Console.WriteLine("圆面积为：{0}",s);
    Console.ReadLine();
}
```

程序中不需要程序员自己定义 PI 常量,而是直接引用 PI。

程序输出结果如下:

圆面积为：28.2743338823081

2. 三角函数方法

(1) Math.Sin(x):返回角度 x 的正弦值。例如:

```
Console.WriteLine("Math.sin(0)={0}",Math.Sin(0));
```

输出结果如下:

Math.sin(0)=0

(2) Math.Cos(x):返回角度 x 的余弦值。例如:

```
Console.WriteLine("Math.cos(0)={0}", Math.Cos(0));
```

输出结果如下:

Math.cos(0)=1

(3) Math.Tan(x):返回角度 x 的正切值。例如:

```
Console.WriteLine("Math.tan(0)={0}",Math.Tan(0));
```

输出结果如下:

Math.tan(0)=0

3. 指数或幂函数方法

(1) Math.Exp(x):返回 e 的 x 次幂。例如:

```
Console.WriteLine("Math.Exp(2)={0}",Math.Exp(2));
```

输出结果如下：

```
Math.Exp(2)=7.38905609893065
```

(2) Math.Pow(x,y)：返回 x 的 y 次幂。例如：

```
Console.WriteLine("Math.Pow(2,3)={0}",Math.Pow(2,3));
```

输出结果如下：

```
Math.Pow(2,3)=8
```

(3) Math.Sqrt(x)：返回 x 的平方根。例如：

```
Console.WriteLine("Math.Sqrt(9)={0}",Math.Sqrt(9));
```

输出结果如下：

```
Math.Sqrt(9)=3
```

4. 对数函数方法

(1) Math.Log(x)：返回 x 的自然对数 lnx。例如：

```
Console.WriteLine("Math.Log(10)={0}",Math.Log(10));
```

输出结果如下：

```
Math.Log(10)=2.30358509299405
```

(2) Math.Log(a,b)：返回 a 的以 b 为底的对数。例如：

```
Console.WriteLine("Math.Log(4,2)={0}",Math.Log(4,2));
```

输出结果如下：

```
Math.Log(4,2)=2
```

(3) Math.Log10(x)：返回 x 的以 10 为底的对数。例如：

```
Console.WriteLine("Math.Log10(100)={0}",Math.Log10(100));
```

输出结果如下：

```
Mah.Log10(100)=2
```

5. 其他方法

(1) Math.Abs(x)：返回数字 x 的绝对值。例如：

```
Console.WriteLine("Math.Abs(-10)={0}",Math.Abs(-10));
```

输出结果如下：

```
Math.Abs(-10)=10
```

(2) Math.Round(x)：按照指定的小数位数对数字 x 舍入。

注意：这个函数并不是传统意义上的四舍五入，而是采用银行家舍入算法，其规则是"四舍六入五取偶"，事实上这也是 IEEE(电气和电子工程师协会)的规范，因此所有符合 IEEE 标准的语言都采用这样的算法。

这种算法的规则是：当舍去位的数值小于 5 时，直接舍去该位；当舍去位的数值大于等于 6 时，舍去该位的同时前位进一；当舍去位的数值等于 5 时，如果该位后面还有数，则舍去该位，并前位进一，如果该位后面没有数，看其前位数值，前位为偶，则直接舍去，前位为奇，则舍弃该位，并前位进一。

Math.Round()方法的重载有很多，常用的如下：

```
Math.Round (Double Value,Int32 Digit)
Math.Round (Decimal Value,Int32 Digit)
```

其含义分别是将 double 型或 decimal 型实数舍入到 Digit 指定的精度。

【例 2-18】 Math 类的 Round()方法的使用。

新建一个控制台应用程序，并在 Main()方法中添加如下代码，观察程序运行结果。

```
static void Main(string[] args)
{
    Console.WriteLine("{0}",Math.Round((decimal)1.202,2));
    //舍去小数点第三位
    Console.WriteLine("{0}",Math.Round((decimal)1.2186,2));
    //小数点后第二位进一
    Console.WriteLine("{0}",Math.Round((decimal)1.2251,2));
    //小数点后第三位为5,且其后有数字,故而小数点后第二位进一
    Console.WriteLine("{0}",Math.Round((decimal)1.225,2));
    //小数点后第三位为5,且其后无数字,其前位数字是偶数,故而直接舍去
    Console.WriteLine("{0}",Math.Round((decimal)1.255,2));
    //小数点后第三位为5,且其后无数字,其前位数字是奇数,故而前位进一
    Console.ReadLine();
}
```

输出结果如下：

1.20
1.22
1.23
1.22
1.26

说明：本题中所有数字使用 decimal 型数字，读者可以试着使用其他类型，观察 Round()方法的舍入规律。

(3) Math.Max(x,y)和 Math.Min(x,y)：分别返回两个数字的最大值和最小值。例如：

```
Console.WriteLine("Math.Max(12,23)={0}",Math.Max(12,23));
```

```
Console.WriteLine("Math.Min(12,23)={0}",Math.Min(12,23));
```

输出结果如下：

```
Max(12,23)=23
Math.Min(12,23)=12
```

(4) Math.Floor(x)：将数字 x 向下舍入为最接近的整数。

(5) Math.Ceiling(x)：将数字 x 向上舍入为最接近的整数。例如：

```
Console.WriteLine("Floor(3.23)={0},Floor(7.89)={1}",Math.Floor(3.23),
                  Math.Floor(7.89));
Console.WriteLine("Ceiling(3.2)={0},Ceiling(7.9)={1}",Math.Ceiling(3.2),
                  Math.Ceiling(7.9));
```

输出结果如下：

```
Floor(3.23)=3,Floor(7.89)=7
Ceiling(3.2)=4,Ceiling(7.9)=8
```

2.6.2 日期时间结构（System.DateTime）

DateTime 结构类型可以表示日期数据（年、月、日）和时间值，能表示的范围在公元 0001 年 1 月 1 日 12:00:00 到公元 9999 年 12 月 31 日 11:59:59 之间。

1. 实例化 DateTime 对象

DateTime 是一个结构类型，使用时需要先声明 DateTime 型的对象，再给它赋值。DateTime 的构造函数有很多种，常用的有如下几种形式：

第一种常用构造函数如下：

```
public DateTime(int year,int month,int day)
```

功能：将 DateTime 对象初始化为指定的年、月、日，时间取默认时间（午夜 00:00:00）。
例如：

```
DateTime dt1=new DateTime(2016,6,10);
```

第二种常用构造函数如下：

```
public DateTime(int year,int month,int day,int hour,int minute,int second)
```

功能：将 DateTime 对象初始化为指定的年、月、日、小时、分钟、秒。
例如：

```
DateTime dt2=new DateTime(2016,6,10,11,30,0);
```

第三种常用构造函数如下：

```
public DateTime(int year,int month,int day,int hour,int minute,int second,int
millisecond)
```

功能：将 DateTime 对象初始化为指定的年、月、日、小时、分钟、秒、毫秒。

例如：

```
DateTime dt3=new DateTime(2016,6,10,11,30,0,30);
```

2. DateTime 结构的属性

创建 DateTime 对象后，就可以使用 DateTime 结构中定义的属性，表 2-7 为 DateTime 结构常用属性。

表 2-7　DateTime 结构常用属性

属 性 名	说　　明
Date	获取 DateTime 实例的日期部分
Day	获取 DateTime 实例所表示的日期为该月的第几天
DayOfWeek	获取 DateTime 实例所表示的日期为星期几
DayOfYear	获取 DateTime 实例所表示的日期是该年的第几天
Hour	获取 DateTime 实例的小时部分
Minute	获取 DateTime 实例的月份部分
Month	获取 DateTime 实例的分钟部分
Second	获取 DateTime 实例的秒部分
Year	获取 DateTime 实例的年份部分
Now	获取当前计算机上的日期和时间
Today	获取当前计算机上的日期

说明：Now 和 Today 是 DateTime 的静态属性，静态属性的引用不是用实例引用，而是用 DateTime 结构名引用。例如：

```
Console.WriteLine("{0}",DateTime.Now);
Console.WriteLine("{0}",DateTime.Today);
```

3. DateTime 结构的常用方法

DateTime 结构也提供了很多常用方法，用来获取或设置相关日期型数据，常用方法如表 2-8 所示。

表 2-8　DateTime 结构常用方法

方 法 名	说　　明
ToLongDateString()	将当前 DateTime 对象的值转换为其等效的长日期字符串表示形式
ToShortDateString()	将当前 DateTime 对象的值转换为其等效的短日期字符串表示形式

续表

方 法 名	说 明
ToLongTimeString()	将当前 DateTime 对象的值转换为其等效的长时间字符串表示形式
ToShortTimeString()	将当前 DateTime 对象的值转换为其等效的短时间字符串表示形式
AddYears()	返回一个新的 DateTime,它将指定的年份数加到此实例的值上
AddMonths()	返回一个新的 DateTime,它将指定的月数加到此实例的值上
AddDays()	返回一个新的 DateTime,它将指定的天数加到此实例的值上
AddHours()	返回一个新的 DateTime,它将指定的小时数加到此实例的值上
AddSeconds()	返回一个新的 DateTime,它将指定的秒数加到此实例的值上
AddMinutes()	返回一个新的 DateTime,它将指定的分钟数加到此实例的值上
IsLeapYear()	返回指定的年份是否为闰年的指示

【例 2-19】 DateTime 结构应用举例。

新建一个控制台程序,并在 Main()方法中输入如下代码:

```
static void Main(string[] args)
{
    DateTime dt=DateTime.Now;                      //获取当前系统时间
    Console.WriteLine("当前日期和时间为：{0}",dt);
    Console.WriteLine("今天是：{0}月{1}日,是{2}年的第{3}天",dt.Month,dt.Day,
    dt.Year,dt.DayOfYear);
    Console.WriteLine("今天是：{0}",dt.DayOfWeek);
    Console.WriteLine("明年是：{0}年",dt.AddYears(1).Year);
    Console.WriteLine("三年后的今天是：{0}",dt.AddYears(3).ToLongDateString());
                                                   //长日期格式显示
    Console.ReadLine();
}
```

运行程序,结果如图 2-11 所示。

图 2-11 例 2-19 的运行结果

2.6.3 随机数类(System. Random)

随机数在实际中有很多应用,如随机排座位、从题库中随机抽取试题等。在 C♯中,产生随机数比较简单的方法是使用 Random 类。

Random 类是产生伪随机数字的类。伪随机数字是以相同的概率从一组有限的数字中选取的。因为是用一种确定的数学算法选择的,所以所选数字并不具有完全的随机性。不过,从实用的角度而言,伪随机数已经能够应对大多数需要随机的情况。

1. 定义 Random 对象

要产生随机数,必须定义一个 Random 对象作为随机数发生器,Random 类的构造函数有以下两种。

(1) 不指定随机种子,系统自动选取当前时间作为随机种子,例如:

```
Random rd1=new Random();
```

(2) 指定一个 int 型参数作为随机种子,例如:

```
int seed=10;
Random rd2=new Random(seed);
```

2. 使用 Random.Next 方法

定义了随机数发生器,就可以使用它来产生随机数,此时需要用到 Next 方法。
Next 方法有以下几种使用形式。

(1) Random.Next():返回一个非负的随机数。
(2) Random.Next(MaxValue):返回一个小于 MaxValue 所指定的值的非负随机数,MaxValue 必须大于等于 0。
(3) Random.Next(MinValue,MaxValue):返回范围在 MinValue 和 MaxValue 之间的随机数。

【例 2-20】 随机产生一个 10 以内的加法式子并输出。

新建一个控制台应用程序,并在 Main()方法中添加如下代码:

```
static void Main(string[] args)
{
    Random rd=new Random();
    int a,b;
    a=rd.Next(0,9);              //产生 0~9 之间的随机数
    b=rd.Next(0,9);
    Console.WriteLine("{0}+{1}={2}",a,b,a+b);
    Console.ReadLine();
}
```

运行程序,结果如图 2-12 所示。

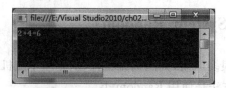

图 2-12 例 2-20 的运行结果

习　　题

1. 选择题

(1) 下面_____是合法的变量名。
　　A. accp5.0　　　B. _CSharp　　C. 99$　　　　D. Main

(2) 下面_____是C#中的文档注释。
　　A. //注释　　　B. /*注释*/　　C. ///注释　　D. /**注释*/

(3) 以下一维数组的初始化，正确的是_____。
　　A. int array[] = new int[5];
　　B. int[] array = new int[5]{0,1,2};
　　C. int[] array = {0,1,2,3,4};
　　D. int array[] = new int[5]{0,1,2,3,4};

(4) 有一个浮点型变量double money=66.6，下面的_____语句可以将它转换为一个整型变量(选两项)。
　　A. int pay = money;
　　B. int pay = (int) money;
　　C. int pay = int.Parse(money);
　　D. int pay = Convert.ToInt32(money);

(5) 若要使用SubString()方法从字符串Superman中截取man这个子字符串，那么方法的两个参数应该分别为_____。
　　A. 5　3　　　B. 5　7　　　C. 6　3　　　D. 6　8

(6) 在C#中，定义一个字符串变量应使用_____语句。
　　A. CString str;　　　　　　B. string str;
　　C. Dim str as string;　　　D. char * str;

(7) 以下数据类型中，不可以使用算术运算的是_____。
　　A. bool　　　B. char　　　C. decimal　　D. sbyte

(8) 设 x 为 int 型变量，写出描述"x 是奇数"的C#表达式_____。
　　A. x/2==0　　B. x/2!=0　　C. x%2==0　　D. x%2!=0

(9) 若有定义语句 int a=3;，在其后执行语句 int b=++a;，则 b 的值为_____。
　　A. 4　　　　B. 3　　　　C. 0　　　　D. 不确定

(10) 为了把字符串"A"和"B"连接到一个新变量中，需要的语句为_____。
　　A. s="A" * "B"　　　　　B. s="A"+"B"
　　C. s="A"."B"　　　　　　D. 字符串不能被连接

2. 思考题

(1) 简述值类型和引用类型的区别。

（2）简述标识符的命名规则。
（3）程序中使用符号常量的好处是什么？
（4）简述接口的功能。
（5）如何使用委托？

3. 实践题

（1）编程求指定半径 r 的圆面积和周长，并输出。

（2）给定三角形的三个边长 a、b、c，根据海伦公式计算三角形的面积（假设能构成三角形）。

（3）定义一个字符串，并在该字符串中检索指定的字符，删除字符串中某一指定字符，将字符串全部转换为大写字母或小写字母。

（4）构建一个图书（Book）结构类型，包括书名、图书编号、出版社、单价等字段，并设计一个方法输出图书的相关信息。

第 3 章 流程控制与算法

虽然 C♯ 采用的是面向对象的编程思想，但并不是和传统的结构化程序设计格格不入。在模块内部的流程控制上，C♯ 仍采用结构化程序设计的思想。

结构化程序设计的基本思想为自顶向下、逐步求精、模块化。每一个结构化程序由 3 种基本结构（顺序结构、选择结果、循环结构）中的一种或多种组成。

本章将介绍关于这 3 种基本结构的使用。

3.1 算法的概念

3.1.1 什么是算法

为了实现程序，首先需要确定程序所需的算法。算法就是解决问题的方法和步骤。算法在程序设计中非常重要，瑞士计算机科学家、Pascal 之父尼克劳斯·威茨提出了关于程序定义的著名公式：

$$算法＋数据结构＝程序$$

这个公式表明了算法和数据结构对程序的重要性。

一个算法应当具有以下几个方面的特点：

1．有穷性

算法的有穷性是指一个算法的执行步骤必须是有限次的。

2．确切性

算法的每一个步骤必须有确切的定义。

3．有 0 个或多个输入

一个完整的程序应该包含数据输入、数据处理、数据输出 3 个部分，要对数据进行处理，必须有原始数据，原始数据可以由用户输入，也可以从程序中获得。

4．有一个或多个输出

数据处理后的结果必须输出，才可以分析该程序是否正确，所以一个正确的算法至少有一个输出。

5. 可行性

算法的每一步都必须是可行的,比如除零操作就是不可执行的。

其实,为解决一个问题所采用的算法不是唯一的。程序员需要设计一个最适合的算法,对算法进行总体规划,之后自顶向下,逐步细化算法的实现,最终把抽象的问题具体化为可以用程序语句表达的算法。

3.1.2 描述算法

描述算法的方法有很多,如自然语言、流程图、伪代码等。但这些只是表述算法的工具,并不能被计算机执行,只有用某种计算机语言在计算机上实现了该算法,这才是程序。本节将介绍常见的算法描述方法。

下面以一个例题介绍两种算法描述方法。

【例 3-1】 给定三角形的三个边长,判断能否构成三角形,如果可以构成三角形,计算三角形面积。

1. 自然语言

自然语言就是人们日常生活中所使用的语言,用自然语言描述算法,通俗易懂,容易掌握,也便于程序员与用户之间的交流。但自然语言的表达往往不太严谨,描述时可能会出现歧义,因此自然语言表述算法往往只限于简单问题。下面用自然语言描述例 3-1 的算法。

Step1:输入一个三角形三边的边长:a、b、c。
Step2:判断能否构成三角形,即满足任意两边之和大于第三边,如果能构成三角形,执行第 3 步,否则转向第 5 步。
Step3:利用海伦公式计算三角形的面积 s。
Step4:输出三角形面积 s。执行第 6 步。
Step5:输出提示信息:不能构成三角形。执行第 6 步。
Step6:程序结束。

从上例可以看出,自然语言描述算法便于理解,但书写过于麻烦。

2. 流程图

流程图兴起于 20 世纪 50～60 年代,它以规定的图形、连线及文字描述算法,较之自然语言,流程图更加形象、直观,容易掌握,因而现在已经成为程序设计及算法描述的必用工具。图 3-1 为绘制流程图中常用的图形及其代表的含义。

图 3-2 是以例 3-1 为例画出的流程图。

相对于自然语言描述算法,流程图更清楚,而且每一步非常确切,不会产生歧义。

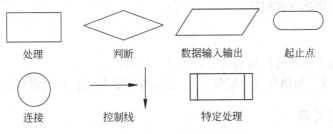

图 3-1 常用的流程图标准化符号

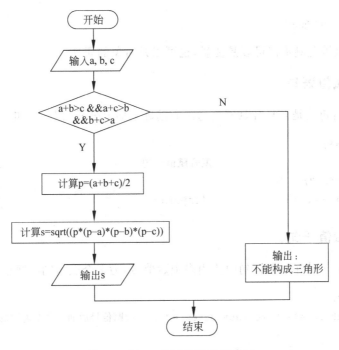

图 3-2 例 3-1 算法的流程图表示

3.2 顺序结构

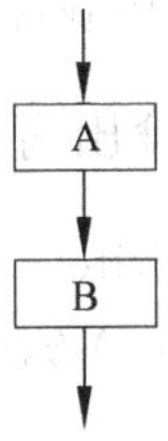

顺序结构是三种结构中最简单的结构,图 3-3 所示为顺序结构的流程图。顺序结构按照语句的书写顺序执行,每一条语句都会被执行到,不存在任何分支。

3.2.1 赋值语句

赋值语句是程序中的基本语句,基本形式为赋值表达式后

图 3-3 顺序结构流程图

第 3 章 流程控制与算法

面加上分号";",表达形式如下:

赋值表达式;

赋值表达式所起到的作用和赋值语句是一样的。
C♯中常见的赋值语句有单赋值语句、复合赋值语句、连续赋值语句等。

1. 单赋值语句

单赋值语句是程序中最常见的形式,例如:

```
k=0;
label1.text="您好!";
```

说明:赋值号左侧不仅可以是变量,也可以是对象的属性。

2. 复合赋值语句

复合赋值语句就是在复合赋值表达式的基础上加上分号";"。例如:

```
int k=2,x=8;
x+=k;                        //复合赋值语句
string s1="hi";
label1.text+=s1;             //复合赋值语句
```

3. 连续赋值语句

连续赋值语句是在一条语句中使用多个赋值号,为多个变量同时赋值。例如:

```
x=y=z=100;
label1.text=label2.text=label3.text="";   //赋值号后面是两个连续的双引号,表示空串
```

3.2.2 输入与输出

一个完整的程序应该包括原始数据输入、数据处理、结果输出三部分内容。其中输入与输出是程序中的重要内容。本节将介绍控制台应用程序中的输入输出操作。

控制台输入输出使用的是标准的输入输出设备:键盘和显示器,所以也称为标准输入输出。控制台输入输出主要通过Console类的静态方法完成。

1. 输出方法

1) Write()方法

Write()方法的一般使用形式如下:

```
Write(格式字符串[,表达式列表])
```

功能:按照格式字符串指定的格式输出表达式的值。

说明:

(1) 格式字符串是由双引号括起来的字符串,其中含有两种字符:普通字符和格式字符。普通字符输出时照原样输出。格式字符输出时会被指定的表达式的值所取代。例如,假设有定义:

```
int i=3,j=5;
```

若按以下形式输出:

```
Console.Write("i={0},j={1}",i,j);
```

其中 {0}、{1} 为格式字符,i,j 为表达式列表。

输出时,普通字符照原样输出,如上述语句中的"i="及",j="都是普通字符,而格式字符(大括号括起来的部分{0}、{1})输出时被对应的表达式的值(i,j)所取代。所以输出结果如下:

```
i=3,j=5
```

(2) 格式字符必须按照顺序{0}、{1}、{2}……显示,而且格式字符的个数应和表达式列表中的表达式数对应。

(3) 表达式列表可以省略,例如:

```
Console.Write("Hello");
```

(4) Write()方法调用后不能换行,例如:

```
int i=3,j=5;
Console.Write("i={0}",i);
Console.Write("j={0}",j);
```

输出结果如下:

```
i=3j=5
```

可以看到,虽然使用了两个 Write 方法,但输出项仍显示在一行。如果想换行输出,可以添加换行符"\n",程序改为:

```
Console.Write("i={0}\n",i);
Console.Write("j={0}",j);
```

2) WriteLine()方法

WriteLine()方法的使用形式与 Write()方法完全相同,区别只在于 WriteLine()方法调用后会换行。例如:

```
int i=3,j=5;
Console.WriteLine("i={0}",i);
Console.WriteLine("j={0}",j);
```

第 3 章 流程控制与算法

输出结果如下:

```
i=3
j=5
```

3) 输出格式

输出各种数据时,有时希望按照指定的格式输出各种数据,格式字符串的使用形式可以不单单只出现索引占位符。具体格式字符串的使用形式如下:

```
{Index[,alignment][:formatString]}
```

说明:

(1) Index:指索引占位符,如上文出现的{0}、{1}等。

(2) alignment:是一个带符号的整数,指示输出项的宽度及对齐方式,如果为负数,则左对齐,如果为正数,则右对齐。例如:

```
double x=3.1415;
Console.WriteLine("{0,-7},{1,9},{2,3}",x,x,x);
```

输出如下:

3.1415□,□□□3.1415,3.1415

其中,□代表空格。

第一个输出项占 7 位,左对齐;第二个输出项占 9 位,右对齐;第三个输出项指定占 3 位宽度,但数据本身大于指定宽度,所以忽略宽度指示,直接输出。

(3) formatString:格式限定字符串。具体使用如表 3-1 所示。

表 3-1 常用的输出格式限定字符串

字符	说明	示例	示例运行结果	说明
C	本地货币格式	Console.WriteLine("{0:C}",12.3); Console.WriteLine("{0:C1}",12.3);	¥12.30 ¥12.3	货币格式默认保留两位小数,如需要保留一位小数,可以设定成 C1 的形式
D	十进制格式	Console.WriteLine("{0:D4}",78); Console.WriteLine("{0:D3}", 178);	0078 178	字符 D 后面的数字表示所占宽度,不足的前面补 0
E	科学计数法格式	Console.WriteLine("{0:E2}", 12454);	1.25E+004	字符 E 后面的数字表示尾数的小数位数
G	常规格式	Console.WriteLine("{0:G}", 124);	124	
N	以千位分隔符隔开的数字格式	Console.WriteLine("{0:N3}", 12454);	12 454.000	字符 N 后面的数字表示保留的小数位数
X	十六进制	Console.WriteLine("{0:X4}", 254);	00FE	字符 X 后面的数字表示所占宽度,不足的前面补 0

除了以上格式限定字符串外,也可以使用 0 和♯等组合来限定数值型数据的输出格式,例如:

```
Console.WriteLine ("{0:000.00},{1:###.##}",12.3456,12.3456);
```

输出为：012.35 , 12.35。

其中,小数点前的格式字符限定输出的整数位数,小数点后的格式字符个数限定小数位数。其中,以 0 组合的格式字符串,位数不足的,整数前补 0,小数后补 0;实际输出的整数位数多于限定位数的,以实际位数输出,小数位数多于限定位数的,多出部分四舍五入。以♯组合的格式字符串,位数不足的,按实际位数显示,小数则按照指定的位数进行四舍五入。

也可将 0 和♯结合使用,例如:

```
Console.WriteLine("{0:###.000}", 12.3);
```

输出结果为：12.300

2. 输入方法

在控制台应用程序中,使用的输入方法有 Read()方法和 ReadLine()方法。

1) Read()方法

Read()方法的使用格式如下:

```
Console.Read()
```

功能：从标准输入流(键盘)读取一个字符,并作为函数值返回,如果没有可用字符,返回−1。

说明：Read()方法调用一次只能接受一个字符,返回值为 int 型,如果返回的字符不是数字,将返回该字符的 ASCII 码值,例如:

```
int i,j;
i=Console.Read();
j=Console.Read();
```

输入 ab,则 i 的值为 97,j 的值为 98。

2) ReadLine()方法

ReadLine()方法的使用格式如下:

```
Console.ReadLine()
```

功能：从标准输入流(键盘)读取一行字符串(回车代表输入结束),返回值为 string 型。例如:

```
string s1=Console.ReadLine();
```

输入 Hello,则 s1 的值为 Hello。

注意,ReadLine()方法得到的是一个字符串,如果需要输入其他类型的数据,需要将字符串转换为对应类型。例如：

```
int i=Convert.ToInt32(Console.ReadLine());
```

假设输入 123，首先需要把字符串"123"转换为整型 123，然后将其赋给整型变量 i。

3.2.3 顺序结构典型例题

【例 3-2】 输入两个变量 a、b 的值，并将其交换后输出。

算法分析：变量交换是在很多程序中需要用到的基本算法。要想理解变量交换的过程，可以把变量想象成两个具体的容器 a、b，两个容器的内容要交换，需要引入另一个容器 t，具体步骤如下：

① 将 a 的值赋给临时变量 t，t=a。
② 将 b 的值赋给 a，a=b。
③ 将 t 的值赋给 b，b=t。

交换过程如图 3-4 所示。

新建一个控制台应用程序，并在 Main()方法中输入如下代码：

```
static void Main(string[] args)
{
    int a,b,t;
    a=Convert.ToInt32(Console.ReadLine());     //输入变量 a 和 b 的值
    b=Convert.ToInt32(Console.ReadLine());
    Console.WriteLine("交换前变量的值为：");
    Console.WriteLine("a={0},b={1}",a,b);
    t=a;
    a=b;
    b=t;
    Console.WriteLine("交换后变量的值为：");
    Console.WriteLine("a={0},b={1}",a,b);
    Console.ReadLine();
}
```

程序运行后，输入 23 和 45，输出结果如图 3-5 所示。

图 3-4 变量交换过程

图 3-5 例 3-2 的运行结果

【例 3-3】 输入任意两个整数，计算其和、差、商、积。

算法分析：一个完整的程序应该包括数据输入、数据处理和结果输出三部分。在本题中，需要输入的数据是两个任意整数，假设定义为 a 和 b；数据处理过程为计算 a 和 b 加、减、乘、除的结果，可以将结果存储于四个变量中，以备之后可能之用。将这 4 个变量分别定义为 s1、s2、s3、s4。最后输出这 4 个变量的值即可。

新建一个控制台应用程序，并在 Main() 方法中输入如下代码：

```
static void Main(string[] args)
{
    int a,b;
    int s1,s2,s3,s4;              //加减乘除的结果将存放在这 4 个变量中
    Console.WriteLine("请输入两个整数：");
    a=Convert.ToInt32(Console.ReadLine());
    b=Convert.ToInt32(Console.ReadLine());
    s1=a+b;
    s2=a-b;
    s3=a*b;
    s4=a/b;
    Console.WriteLine("输出结果");
    Console.WriteLine("{0,2}+{1,2}={2,-4}",a,b,s1);
    Console.WriteLine("{0,2}-{1,2}={2,-4}",a,b,s2);
    Console.WriteLine("{0,2}*{1,2}={2,-4}",a,b,s3);
    Console.WriteLine("{0,2}/{1,2}={2,-4}",a,b,s4);
    Console.ReadLine();
}
```

运行程序，分别输入 a 和 b 的值，输出结果如图 3-6 所示。

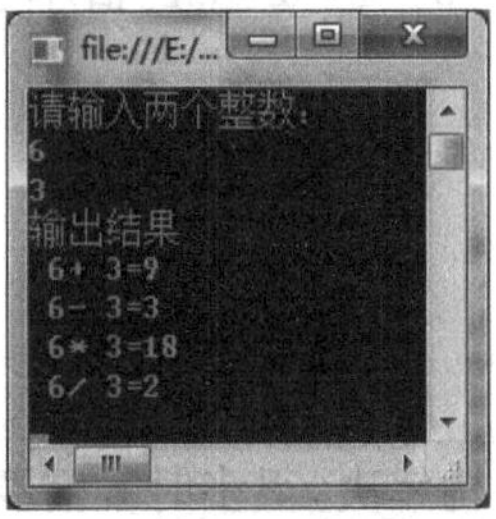

图 3-6　例 3-3 的运行结果

【例 3-4】　求一元二次方程 $ax^2+bx+c=0$ 的两个根，其中 a、b、c 由键盘输入，设 $b^2-4ac \geq 0$。

算法分析：

求一元二次方程根的公式为：

$$x_{1,2} = \frac{-b \pm \sqrt{b^2-4ac}}{2a}$$

从键盘输入 a、b、c 的值（输入时要保证 $b^2-4ac \geq 0$），之后利用求根公式计算 x_1 和 x_2 的值，并输出即可。

新建一个控制台应用程序，在 Main() 方法中添加如下代码：

```
static void Main(string[] args)
{
    int a,b,c;
    double x1,x2;
    Console.WriteLine("请输入 a、b、c 的值：");
    a=Convert.ToInt32(Console.ReadLine());
    b=Convert.ToInt32(Console.ReadLine());
```

```
c=Convert.ToInt32(Console.ReadLine());
x1=(-b+Math.Sqrt(b*b-4*a*c))/(2*a);
x2=(-b-Math.Sqrt(b*b-4*a*c))/(2*a);
Console.WriteLine("一元二次方程的两个根分别为：\nx1={0}\nx2={1}", x1,x2);
Console.ReadLine();
}
```

运行程序，分别输入 a、b、c 的值，程序的运行结果如图 3-7 所示。

图 3-7 例 3-4 的运行结果

提示：请读者考虑，在例 3-3 中，如果变量 b 的值为 0，程序如何执行？在例 3-4 中，b*b－4*a*c 的值小于 0，又如何往下执行呢？

3.3 选择结构

顺序结构非常简单，从上到下依次执行，但是生活中大部分问题并不能用单一的顺序结构解决，很多时候需要根据某一（或某些）条件的判断结果执行不同的程序分支。例如，上一节中例 3-3 的求 a 和 b 的商，如果 b 的值为 0，不能直接输出 a/b 的结果。例 3-4 中，如果 b*b－4*a*c 的值小于 0，应该存在两个虚根。这些问题都可以使用选择结构解决。

C#中的使用选择结构的语句有 if 语句、switch 语句。

3.3.1 if 语句

C#中 if 语句分为单分支 if 语句、双分支 if 语句和多分支 if 语句。使用 if 语句可以实现所有的选择结构。

1. 单分支 if 语句

单分支 if 语句的语法形式如下：

```
if(条件表达式)
{
    语句块;
}
```

说明：

(1) if 语句的执行过程为：首先计算条件表达式的值，如果表达式值为 true，则执行语句块，否则执行 if 结构后面的语句。执行过程如图 3-8 所示。

(2) 条件表达式可以是关系表达式、逻辑表达式，也可以是逻辑常量(true、false)。

(3) 语句块可以是一条或多条，如果是多条语句，必须用大括号{ }括起来；只有一条语句时，大括号可以省略。

注意：if 语句中的条件表达式必须放在一对圆括号中，不可省略。

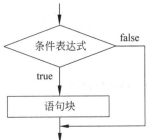

图 3-8　单分支 if 语句执行过程

【例 3-5】　输入 3 个整数 a、b、c，将其按从大到小的顺序输出。

算法分析：原始输入的数据 a、b、c 是无序的，要将其排序输出，可以考虑使用上一节讲到的变量交换算法。即将最大值交换到变量 a 中存放，最小值交换到变量 c 中存放。具体步骤如下：

① 如果 a＜b，那么交换 a 和 b 的值，这样 a 就是(a, b)中最大的。

② 如果 a＜c，那么交换 a 和 c 的值，这样 a 就是(a, c)中最大的，这样求出三个数中的最大值。

③ 如果 b＜c，那么交换 b 和 c 的值，则 c 是三个数中最小的。

算法流程图如图 3-9 所示。

程序代码如下：

```
static void Main(string[] args)
{
    int a,b,c,t;    //t作为中间变量,在变量交换时使用
    Console.WriteLine("请输入三个整数：");
    a=Convert.ToInt32(Console.ReadLine());
    b=Convert.ToInt32(Console.ReadLine());
    c=Convert.ToInt32(Console.ReadLine());
    Console.WriteLine("三个数原始值为：\n{0},{1},{2}",a,b,c);
    if(a<b)          //如果 a<b,交换
    {
        t=a; a=b; b=t;
    }
    if(a<c)          //如果 a<c,交换
```

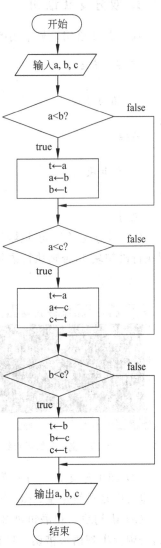

图 3-9　例 3-5 的程序流程图

```
        {
            t=a; a=c; c=t;
        }
        if(b<c)           //如果 b<c,交换
        {
            t=b; b=c; c=t;
        }
        Console.WriteLine("按从大到小排序后的结果为：\n{0},{1},{2}",a,b,c);
        Console.ReadLine();
    }
```

运行程序,按照提示输入 3 个整数,输出结果如图 3-10 所示。

2. 双分支 if 语句

双分支 if 语句是最常用的选择结构,语法形式如下:

```
if(条件表达式)
{
    语句块 1;
}
else
{
    语句块 2;
}
```

说明:

(1) 双分支 if 语句的执行过程为:首先计算条件表达式的值,如果表达式值为 true,则执行语句块 1,否则执行语句块 2。执行过程如图 3-11 所示。

图 3-10 例 3-5 的运行结果

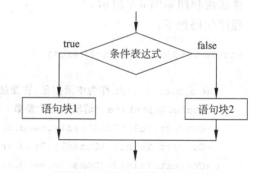

图 3-11 双分支 if 语句执行过程

(2) 和单分支 if 语句一样,双分支 if 语句的条件表达式可以是关系表达式、逻辑表达式,也可以是逻辑常量(true、false)。

(3) 语句块 1 和语句块 2 可以是一条或多条,如果是多条语句,必须用大括号括起来,否则会出现语法错误。只有语句块是一条语句时,大括号可以省略。例如,下列语句中,假设所有变量都已经定义并赋值。

```
if(b>0)
{
    s=a/b;
    Console.WriteLine("{0}/{1}={2}",a,b,s);
}
else
{
    Console.WriteLine("0 不能做除数!");
}
```

如果省略 if 分支后面的大括号,则认为当 b>0 成立时,只执行 s=a/b,编译系统会认为这是一个单分支 if 语句,那么后面的 else 子句就没有可匹配的 if,因而会报"无效的表达式项'else'"的错误。

(4) 在双分支 if 语句中,else 子句(可选)是 if 语句的一部分,必须与 if 配对使用,不能单独出现。

【例 3-6】 实现本章例 3-1,输入三角形三边边长,求三角形面积。

算法分析:根据图 3-2 的流程图,首先需要判断输入的三角形三个边长能否构成三角形,如果能构成三角形,根据海伦公式计算输出三角形面积,否则给出提示"不能构成三角形!"。

代码如下:

```
static void Main(string[] args)
{
    int a,b,c;
    double s,p;
    Console.WriteLine("请输入三角形的三个边长:");
    a=Convert.ToInt32(Console.ReadLine());
    b=Convert.ToInt32(Console.ReadLine());
    c=Convert.ToInt32(Console.ReadLine());
    if(a+b>c &&a+c>b &&b+c>a)
    {
        p=(a+b+c)/2.0;
        s=Math.Sqrt(p*(p-a)*(p-b)*(p-c));
        Console.WriteLine("三角形面积为:{0:##.00}",s);
    }
    else
    {
        Console.WriteLine("不能构成三角形!");
    }
    Console.ReadLine();
}
```

运行程序,根据提示输入三边边长,例如,输入 3、4、5,则输出结果如下:

三角形面积为 6.00

如果输入 1、2、3,则输出结果如下:

不能构成三角形!

3. 多分支 If 语句

对于超过 2 种情况(3 种或以上)的判断,使用多分支 if 语句,多分支 if 语句的语法形式如下:

```
if(条件表达式 1)
{
    语句块 1;
}
else if(条件表达式 2)
{
    语句块 2;
}
…
else if(条件表达式 n)
{
    语句块 n;
}
else
{
    语句块 n+1;
}
```

说明:

(1) 多分支 if 语句的执行过程为:首先计算条件表达式 1 的值,如果为 true 时,执行语句块 1;否则计算条件表达式 2 的值,如表达式 2 的值为 true 时,执行语句块 2,否则计算条件表达式 3 的值……,如果所有条件表达式的值都不为 true,则执行 else 后面的语句块 n+1。执行过程如图 3-12 所示。

(2) 条件表达式 1 和条件表达式 2 是必要的参数,其他参数可选。

(3) 注意 else 和 if 之间有空格,不要连在一起写成 elseif 的形式。

(4) 语句块 1、语句块 2……可以是一条语句或多条语句。如果是多条语句,必须用大括号括起来。

(5) 不管有几个分支,程序执行了其中一个分支后,其余分支不再执行,如果有多个条件表达式都满足要求,也只执行第一个与之匹配的语句块。

【例 3-7】 输入一个字符,如果该字符是小写字母,将其转换为对应的大写字母输出;如果是大写字母,将其转换为对应的小写字母输出;如果是其他字符,则原样输出。

算法分析:该问题涉及 3 种情况,所以可以使用多分支 if 语句实现:第一个分支可

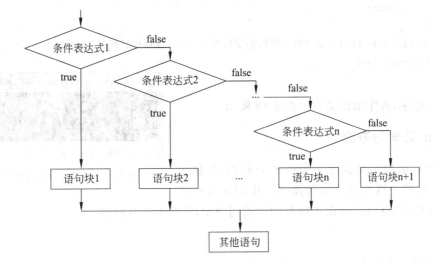

图 3-12 多分支 if 语句的流程图

用来判定输入的字符 ch 是否是小写字母,其逻辑表达式如下:

ch>='a' && ch<='z'

如果不符合该逻辑表达式,可进入第二个分支的判定,判定它是否大写字母,逻辑表达式如下:

ch>='A' && ch<='Z'

如果以上两个分支都不符合,那么就是其他字符,直接执行 else 部分。

代码如下:

```
static void Main(string[] args)
{
    char ch,c2;
    Console.WriteLine("请输入一个字符:");
    ch=Convert.ToChar(Console.ReadLine());
    if(ch>='a' && ch<='z')
    {
        //将小写字母转换为大写字母
        c2=Convert.ToChar(Convert.ToInt32(ch)-32);
    }
    else if(ch>='A' && ch<='Z')
    {
        //将大写字母转换为小写字母
        c2=Convert.ToChar(Convert.ToInt32(ch)+32);
    }
    else
    {
        //其他字符不做转换
```

```
        c2=ch;
    }
    Console.WriteLine("输入的原始字符为：{0}\n按规则转换后为：{1}",ch,c2);
    Console.ReadLine();
}
```

运行程序,程序输出结果如图 3-13 所示。

4. if 语句的嵌套

一个 if 语句中又包含一个或多个 if 语句,称为
if 语句的嵌套。嵌套的 if 语句既可以出现在 if 后面
的语句块中,也可以出现在 else 后面的语句块中,常见形式有两种。

图 3-13 例 3-7 的运行结果

格式 1：

```
if(条件表达式 1)
{
    if(条件表达式 2)
    {
        语句块 1;
    }
    else
    {
        语句块 2;
    }
}
else
{
    语句块 3;
}
```

格式 2：

```
if(条件表达式 1)
{
    语句块 1;
}
else
{
    if(条件表达式 2)
    {
        语句块 2;
    }
    else
    {
        语句块 3;
```

		}
	}

说明：

（1）在if语句的嵌套结构中，一定要注意else与if的匹配关系。在嵌套结构中，else子句总是与在它上面、距它最近且尚未匹配的if配对。

（2）为明确匹配关系，避免匹配错误，建议一律用大括号将内嵌的if语句括起来。

（3）不管是格式1还是格式2出现的嵌套语句，其本质并无差别，对一个算法来说，往往既可以使用格式1的形式实现，也可以使用格式2的形式实现。

（4）if语句允许嵌套，但嵌套的层数不宜太多。实际编程时，应尽量控制嵌套层数在2～3层之内。

其实多分支if语句可以认为是if嵌套的一个特例。

【例3-8】 给定三个边长，判断能否构成三角形。如果构成三角形，判断是等腰三角形、等边三角形还是普通三角形。

算法分析：为了实现本算法，需要进行两次判断。

第一次判断：根据三个边长的值判断能否构成三角形，可以构成一个三角形时，进入第二次判断。

第二次判断：该三角形是什么类型的三角形。

第二次判断是在第一次判断条件成立的基础上进行的，所以程序使用if语句的嵌套结构实现。

程序代码如下：

```
static void Main(string[] args)
{
    int a,b,c;
    Console.WriteLine("请输入三角形的三个边：");
    a=Convert.ToInt32(Console.ReadLine());
    b=Convert.ToInt32(Console.ReadLine());
    c=Convert.ToInt32(Console.ReadLine());
    if(a+b>c && b+c>a && a+c>b)
    {
        if(a==b && b==c && a==c)
            Console.WriteLine("边长是{0}、{1}、{2}的三角形是一个等边三角形!",a,b,c);
        else if(a==b || b==c || a==c)
            Console.WriteLine("边长是{0}、{1}、{2}的三角形是一个等腰三角形!",a,b,c);
        else
            Console.WriteLine("边长是{0}、{1}、{2}的三角形是一个普通三角形!",a,b,c);
    }
    else
    {
        Console.WriteLine("您输入的三个数不能构成三角形!");
    }
```

```
        Console.ReadLine();
}
```

运行程序,输入三边边长分别为6、6、6,则程序输出结果如图3-14所示。

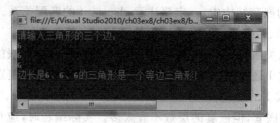

图 3-14　例 3-8 的运行结果

3.3.2　switch 语句

switch 语句又可称为开关语句,专门用于多分支的选择结构。和多分支 if 语句比较起来,switch 语句更加直观。它的执行流程和多分支 if 语句类似,可以参考图 3-12 的执行过程。

1. switch 的语法格式

```
switch(控制表达式)
{
    case 常量表达式 1:
        语句块 1;
        break;
    case 常量表达式 2:
        语句块 2;
        break;
    ⋮
    case 常量表达式 n:
        语句块 n;
        break;
    default:
        语句块 n+1;
        break;
}
```

2. switch 语句的执行过程

计算控制表达式的值,然后用控制表达式的值和 case 后面的"常量表达式"进行比较,当表达式的值与某个 case 后面的常量表达式的值匹配时,就执行该 case 后面的语句块,直到遇到 break 语句时跳出 switch 语句,转向执行 switch 语句后面的语句块。如果任何一个 case 后面的常量表达式的值与控制表达式的值都不匹配,则执行 default 后面的语句块,然后再执行 switch 语句后面的语句。

3. switch 语句的说明

控制表达式的值只计算一次,当遇到一个和控制表达式相匹配的 case 分支时,执行这一分支,直到遇到 break 语句,就跳出 switch 语句。使用 switch 语句时,需要注意以下几点。

(1) 假设控制表达式的值和任何一个 case 后面的常量表达式都不匹配,同时 switch 语句中并未提供 default 分支,程序将跳过整个 switch 语句,执行后面的语句。

(2) case 后面的常量表达式必须是唯一的,也就是说,不允许两个 case 后面的常量值相同。

(3) switch 后面的"表达式",只能是基本数据类型,如 sbyte、short、int、char 等和枚举型,特别指出的是,常量表达式可以是 string 型常量,在所有这些类型中使用较多的是 int 和 string 类型。除了以上列举的类型可以作为 switch 的常量表达式外,其他所有类型(包括 double 和 float)只能使用 if 语句。

(4) case 后面必须是常量表达式,如 1 或"1",如果需要计算,例如 x+2,必须使用 if 语句。

(5) 各 case 及 default 子句的先后次序不影响程序执行结果。

(6) C♯ 不支持从一个 case 标签贯穿执行到另一个 case 标签,因此每个 case 语句块后面都必须跟一个 break 语句。但是当该 case 块中没有任何代码时,空的 case 标签可以贯穿到另一个。在这种情况下,多个 case 语句可以共享一段语句块。

【例 3-9】 输入一个年份和月份,打印出该月份有多少天。

算法分析:一年 12 个月中的天数共有 4 种情况:

月份 1、3、5、7、8、10、12:31 天。

月份 4、6、9、11:30 天。

月份 2:又分为两种情况,一是闰年的 2 月为 29 天,二是平年的 2 月为 28 天。

本案例可以使用 switch 结构实现,分为 12 种情况,其中测试表达式分别为 1、3、5、7、8、10、12 的分支对应同一个操作,即天数为 31 天;测试表达式分别为 4、6、9、11 的分支对应的天数为 30 天。而测试表达式为 2 的情况则复杂一些,要根据给定的年份判断天数是 28 天还是 29 天,所以其内部需要嵌入一个 if 语句,判断给定的年份是平年还是闰年,判断是否是闰年的条件是该年份能被 4 整除但不能被 100 整除,或者该年份能被 400 整除,其对应的逻辑表达式如下:

```
year%4==0 && year%100!=0 || year%400==0
```

(1) 新建一个控制台应用程序,并在 Main() 方法中添加如下代码:

```
static void Main(string[] args)
{
    int y,m,n=0;              //y 代表年份,m 代表月份,n 代表天数
```

```
Console.WriteLine("请输入一个年份：");
y=Convert.ToInt32(Console.ReadLine());
Console.WriteLine("请输入一个月份：");
m=Convert.ToInt32(Console.ReadLine());
switch(m)
{
    case 1:
    case 3:
    case 5:
    case 7:
    case 8:
    case 10:
    case 12: n=31; break;
    case 2:
        if (y%4==0&&y%100!=0||y%400==0)   //判断是否闰年
        {
            n=29;
        }
        else
        {
            n=28;
        }
        break;
    case 4:
    case 6:
    case 9:
    case 11: n=30; break;
    default:
        Console.WriteLine("您输入的月份有误！"); break;
}
Console.WriteLine("{0}年{1}月的天数为{2}天!",y,m,n);
Console.ReadLine();
}
```

（2）运行程序，程序运行结果如图 3-15 所示。

图 3-15　例 3-9 的运行结果

3.3.3 选择结构典型例题

选择结构在实际中有很多应用,设计选择结构程序的关键在于条件表达式的设定。本节介绍几个选择结构典型的例题,以使读者对选择结构程序有更加深刻的认识。

【例 3-10】 某服装厂生产一种服装,每件服装成本为 40 元,出厂单价为 60 元。为鼓励销售商订购,一次订购超过 100 件时,每多订购一件,超出部分的出厂单价就会降低 0.02 元(据市场调查,每个销售商每次订购不会超过 500 件)。请根据销售商的订购数量计算工厂利润。

算法分析:假设服装厂的服装成本为 pcost,服装单价为 price,销售商订购的服装数量为 count,则:

当 count>0 且 count<=100 时,price=60;利润 profit=price * count-pcost * count。

当 count>100 时,利润由以下两部分组成:

前 100 件的利润:100 * (60-pcost)。

超出 100 件的利润:(count-100) * (price-Count),其中 price=60-(count-100) * 0.02。

经过分析,这是一个双分支的 if 结构,所以编写代码如下:

```
static void Main(string[] args)
{
    int count;                                  //订货数量
    float price=60;                             //将单价初始化为 60
    const float pcost=40f;                      //将成本定义为常量
    float profit;                               //利润
    Console.WriteLine("请输入订货数量:");
    count=Convert.ToInt32(Console.ReadLine());
    if (count>100)
    {
        price=60- (count-100) * 0.02f;         //超出 100 件后的单价
        profit=100 * (60-pcost)+(count-100) * (price-count);
        Console.WriteLine("\n 订货数量:\t\t{0}\n100 件以内单价是 :\t60 \n 超出 100 件的单价为\t{1:c}\n 总利润是: \t\t{2:c}",count,price,profit);
    }
    else
    {
        profit=count * price-count * pcost;
        Console.WriteLine("订货数量\t{0}\n 单价:\t\t{1:c}\n 利润是: \t{2:c}",
        count,price, profit);
    }
    Console.ReadLine();
}
```

执行程序,运行结果如图 3-16 所示。

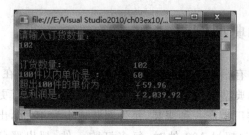

图 3-16 例 3-10 的运行结果

【例 3-11】 设计一个个人所得税计算器。个人所得税的计算方法为：收入 3500 元以内的不收个人所得税。收入超过 3500 元的，超出部分缴纳个人所得税，应缴纳税额的计算公式如下：

应纳税额＝应纳税所得金额×适用税率－速算扣除数

其中，应纳税所得金额为：个人收入－3500，具体的每个收入层次应纳税的税率如表 3-2 所示。

表 3-2 个人收入税率表

级数	应纳税金额	适用税率(%)	速算扣除数
1	不超过 1500 元	3	0
2	超过 1500 元至 4500 元的部分	10	105
3	超过 4500 元至 9000 元的部分	20	555
4	超过 9000 元至 35 000 元的部分	25	1005
5	超过 35 000 元至 55 000 元的部分	30	2755
6	超过 55 000 元至 80 000 元的部分	35	5505
7	超过 80 000 元的部分	45	13 505

算法分析：这是一个典型的多分支结构，但是不能用 switch 语句实现，因为数据过于分散，使用 if-else if 最合适。

具体代码如下：

```
static void Main(string[] args)
{
    float income;              //个人收入
    float pay;                 //应纳税金额
    float p_tax=0;             //个人所得税
    Console.WriteLine("请输入个人收入：");
    income=Convert.ToSingle(Console.ReadLine());
    pay=income-3500;
    if(pay<=0)
        p_tax=0;
    else if(pay>0&&pay<=1500)
        p_tax=pay * 0.03f;
    else if(pay>1500&&pay<=4500)
```

```
        p_tax=pay*0.1f-105f;
    else if(pay>4500&&pay<=9000)
        p_tax=pay*0.2f-555f;
    else if(pay>9000&&pay<=35000)
        p_tax=pay*0.25f-1005f;
    else if(pay>35000&&pay<=55000)
        p_tax=pay*0.3f-2755f;
    else if(pay>55000&&pay<=80000)
        p_tax=pay*0.35f-5505;
    else
        p_tax=pay*0.45f-13505f;
    Console.WriteLine("个人收入为：\t\t{0:c}\n应缴纳税额为：\t\t{1:c}",income,
    p_tax);
    Console.WriteLine("缴税后的实际收入为：\t{0:c}",income-p_tax);
    Console.ReadLine();
}
```

程序运行结果如图 3-17 所示。

图 3-17 例 3-11 的运行结果

【例 3-12】 实现计算机随机出题：随机出一道小学四则运算题目，要求操作数为 10 以内，运算加、减、乘、除，并可以根据用户的答案给出"正确"或"错误"的提示信息。

算法分析：本例涉及随机数，C#中的随机数采用 Random 类来实现，具体实现过程如下：

```
Random rd=new Random();          //定义一个随机数对象 rd
```

之后采用 Random 类的 Next()方法生成位于一定范围内的随机数，例如：

```
int x=rd.Next(0,100);
```

这样就生成了一个范围在 0～100 之间的随机数。

考虑到本例中所有的操作数（假设为 a 和 b）是随机生成的，而加、减、乘、除等操作也不固定，所以操作符也由随机数来设定，用取得的随机数对 4 取余数，如果余数为 0，计算加法；如果余数为 1，计算减法……以此类推。

程序主体使用 switch 结构实现，具体代码如下：

```
static void Main(string[] args)
{
```

```
int a,b,opr;                        //a 和 b 代表两个操作数,c 代表操作符
int result;                         //result 代表用户输入的结果
int answer=0;                       //答案
Random rd=new Random();             //定义一个随机数对象 rd
a=rd.Next(1,10);                    //生成 1~10 之间的随机数
b=rd.Next(1,10);
opr=rd.Next(0,50);                  //生成 0~50 之间的随机数
//将 opr 对 4 取余数,之后 opr 可能得到 4 个取值,这 4 个取值决定操作符是加、减、乘或除
opr=opr%4;
switch(opr)
{
    case 0:
        Console.WriteLine("请计算:{0}+{1}=?", a,b);
        answer=a+b;
        break;
    case 1:
        if(a<b)                     //如果 a<b,则交换以保证大数减小数
        {
            int t=a; a=b; b=t;
        }
        Console.WriteLine("请计算:{0}-{1}=?",a,b);
        answer=a-b;
        break;
    case 2:
        Console.WriteLine("请计算:{0} * {1}=?",a,b);
        answer=a * b;
        break;
    case 3:
        Console.WriteLine("请计算:{0}/{1}=?",a,b);
        answer=a/b;
        break;
}
result=Convert.ToInt32(Console.ReadLine());
if(answer==result)
{
    Console.WriteLine("回答正确!");
}
else
{
    Console.WriteLine("答错了,加油啊!");
}
Console.ReadLine();
}
```

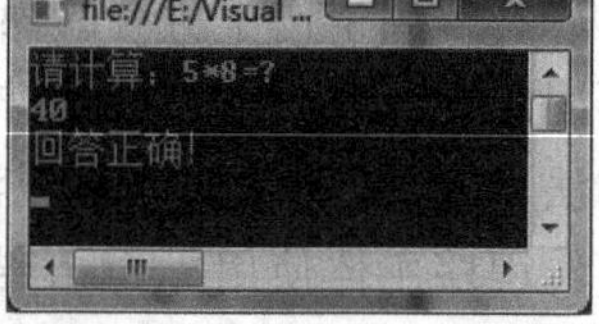

运行程序,结果如图 3-18 所示。

图 3-18 例 3-12 的运行结果

3.4 循环结构

解决某些问题时,往往需要反复做一些相似的代码,在结构化程序设计中,用循环来实现这样的程序。循环可以重复执行一些语句达到某一目的。循环结构是三种结构(顺序、选择、循环)中最复杂也是最重要的结构,常常用来实现一些复杂的算法。

C♯中可以实现的循环语句有 for 语句、while 语句、do-while 语句和 for each 语句。

3.4.1 for 语句

for 语句适合循环次数可知的循环结构。

1. for 语句的格式

```
for(表达式 1; 表达式 2; 表达式 3)
{
    循环体
}
```

说明:

表达式 1:一般为赋值表达式,通常用来给循环变量赋初值。

表达式 2:循环条件,用来判断循环是否继续执行,一般是关系表达式或逻辑表达式。循环条件表达式通常和循环变量有关,随着循环变量的变化,循环条件的值也不断变化。最终当循环条件表达式的值变为 false 时,循环体不再执行,从而退出循环。

表达式 3:一般用来修改循环变量的值,是赋值语句,表达式 3 可称为循环步长。

循环体:循环体可以是一条语句,也可以是多条语句,如果是多条语句,必须用大括号括起来。

2. for 语句的执行过程

(1) 计算表达式 1 的值(为循环变量设置初值)。

(2) 计算表达式 2 的值,如果表达式 2 的值为 true,执行第(3)步,否则执行第(4)步。

(3) 执行循环体。

(4) 计算表达式 3,返回第(2)步。

for 语句的执行流程如图 3-19 所示。

例如,有如下程序的执行过程:

```
for(int i=1;i<=10;i++)
{
    Console.WriteLine("{0}",i);
```

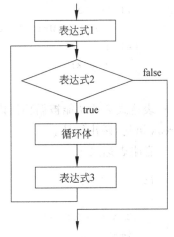

图 3-19 for 语句的执行过程

}

首先执行表达式1(i=1),之后判断表达式2(i<=10)的值是否为真,因为i<=10为真,执行循环体,之后执行表达式3(i++),i的值变为2;再次执行表达式2,执行循环体,执行表达式3……不断执行,直到i的值超过10时,i<=10不再成立,跳出循环。

从上述程序可以看出以下几点:

(1) 表达式1只执行1次。

(2) 如果从一开始表达式2的值就为false,则循环体一次也不执行。例如:

for(int i=15;i<=10;i++)

(3) 表达式3是使循环趋近于结束的语句。

在某些情况下,表达式1、表达式2、表达式3可以省略,例如,如下循环程序:

```
for(int i=1;i<=10;i++)
{
    Console.WriteLine("{0}",i);
}
```

省略表达式1:

```
int i=1;
for( ;i<=10;i++)
{
    Console.WriteLine("{0}",i);
}
```

注意:虽然在for语句中省略表达式1,但必须在合适的位置将循环变量初始化。

省略表达式2:

```
for(int i=1;;i++)
{
    if(i<=10)
        Console.WriteLine("{0}",i);
    else
        break;
}
```

表达式2的功能被循环体内的if语句取代,如果i<=10不再成立,执行else后面的break语句,跳出循环。

省略表达式3:

```
for(int i=1;i<=10;)
{
    Console.WriteLine("{0}",i);
    i++;
}
```

注意：省略表达式 3 并不代表 i 的值保持不变,如果这样,循环将进入死循环,因此需要在循环体内部改变循环变量的值。

省略表达式 1、2、3：

```
int i=1;
for(;;)
{
    if(i<=10)
        Console.WriteLine("{0}",i);
    else
        break;
    i++;
}
```

虽然 for 循环中可以省略表达式 1、2、3,但这些表达式(或能够代替表达式功能的语句)会在程序的其他位置出现。还需要注意：表达式可以省略,但 for 语句中的分号不可以省略。

3. for 循环举例

【例 3-13】 编程计算并输出 1~10 的平方。

算法分析：设计循环程序的算法,重要的是要考虑以下三点：

第一,何时进入循环。

第二,循环中做什么。

第三,何时退出循环。

第一个问题其实是考虑循环变量的初始值是多少,本例中要计算 1~10 的平方,所以循环将在 1~10 之间进行,循环变量的初值为 1。

第二个问题解决循环体中需要实现哪些功能,也就是循环体的内容。本例将计算循环变量的平方,并输出。

第三个问题解决的是循环条件的设置,本例中,循环变量的值大于 10 时跳出循环,所以循环退出的条件是当逻辑表达式 i<=10 不再成立。

根据以上分析,写出如下程序代码：

```
static void Main(string[] args)
{
    int i;
    for(i=1;i<=10;i++)
    {
        Console.WriteLine("{0,2}的平方为：{1,3}",i,i*i);
    }
    Console.ReadLine();
}
```

运行程序,结果如图 3-20 所示。

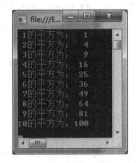

图 3-20 例 3-13 的运行结果

3.4.2 foreach 语句

foreach 语句是用于遍历数组、集合中每一个元素的循环语句。

1. foreach 语句的格式

foreach 语句的一般格式如下：

foreach(数据类型 变量名 in 集合或数组名称)
{
    循环体
}

说明：

(1) 变量名：循环变量，每执行一次循环体，循环变量就会依次取集合中的一个元素代入其中。循环变量是一个只读型的局部变量，如果试图修改它的值，会引发编译错误。

(2) 数据类型：循环变量的类型，可以是基本数据类型，如 int、char 等，也可以是控件对象，需注意循环变量的类型必须和要遍历的集合或数组的类型兼容。

(3) in：固定用法，表示变量在数组或集合中遍历。

(4) 循环体：可以是一条语句，也可以是多条语句，如果是多条语句，大括号不能省略。

2. foreach 语句的执行过程

下面结合一个实例讲解 foreach 语句的执行过程。

【例 3-14】 用 foreach 语句求 10 个学生成绩的最高分及平均分。

程序代码如下：

```
static void Main(string[] args)
{
    int[] score=new int[10]{68,67,84, 89,93,96,56,78,88,93};
    double sum=0;                  //定义成绩总和变量
    int max=score[0];              //定义最高分变量
    foreach (int k in score)       //数组遍历求平均分及最高分
    {
        sum=sum+k;
        if(max<k)
            max=k;
    }
    Console.WriteLine("10 个学生的成绩分别是：");
    foreach (int k in score )      //遍历输出所有数组元素
    {
        Console.Write ("{0,-5}",k);
```

```
        }
        Console.WriteLine("\n平均分为：\t{0:##.00}",sum/10);
        Console.WriteLine("最高分为：\t{0}",max);
        Console.ReadLine ();
    }
```

程序分析：

程序中出现的第一个 foreach 语句用来遍历数组中的所有元素，以便求成绩总和及最大值。第一次执行循环时，循环变量 k 指向数组的第 1 个元素 score[0]，取得 score[0] 的值并将其累加到变量 sum 中，然后判断当前 k 的值是否比 max 大，如果大于 max，则 max 更新得到新的值。之后执行第二次循环，循环变量 k 指向数组的第 2 个元素 score[1]，取得 score[1] 的值，参与循环体中的所有操作……直到遍历完所有的数组元素，循环结束。

本程序运行后，输出结果如图 3-21 所示。

图 3-21　例 3-14 的运行结果

3. foreach 语句和 for 语句的比较

（1）foreach 语句中的循环变量是只读型变量，在每一次循环指向数组元素的过程中，是不可以对其所指向的内容进行修改的，这样可以阻止一些误操作的发生。但如果需要对数组元素进行修改，必须采用 for 语句来实现。

（2）如果需要对多维数组的元素进行遍历，使用 for 循环需要写很多层 for 语句（多重循环的方式），而使用 foreach 语句直接一层就可以了。

（3）如果定义的数组或集合结构发生变化，例如从数组变为 ArrayList，那么对于 foreach 语句来说，是不需要修改代码的，但是对于 for 循环来说，需要修改调用代码。

（4）用 foreach 语句能完成的循环用 for 语句也都可以完成，但建议程序员还是优先选择 foreach 语句，因为 foreach 语句的执行效率最高。

3.4.3　while 语句

while 语句属于当型循环，一般用于循环次数未知的循环结构。其含义为：当条件满足时，执行循环体。

1. while 语句的格式

while 语句的语法格式如下：

```
while(条件表达式)
{
    循环体
}
```

说明:

(1) 条件表达式可以是逻辑表达式、关系表达式,也可以是逻辑常量。

(2) 和for循环一样,循环体也可以是一条或多条语句,当使用多条语句时,必须用大括号将循环体括起来。

2. while语句的执行过程

while语句的功能为:先计算条件表达式的值,如果表达式的值为true,执行循环体中的语句;循环体中的语句执行完毕后,再次计算条件表达式的值,如果仍为true,则继续执行循环体,不断重复这个过程,直到条件表达式的值为false时退出循环。

具体执行流程如图3-22所示。

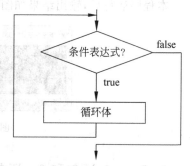

图3-22 while语句的执行过程

说明:

(1) 从图3-22中可以看出,如果一开始条件表达式的值就为假,则循环体一次也不执行,例如:

```
int i=10;
while(i<=5)
{
    Console.WriteLine("{0}",i);
    i++;
}
```

在该程序中,条件表达式为i<=5,而i的初值为10,从一开始就不符合进入循环的条件,所以循环体一次也不执行。

(2) 为避免出现无限循环(死循环),程序中应有使条件表达式趋近于假的语句,如:

```
int i=1;
while(i<=5)
{
    Console.WriteLine("{0}",i);
}
```

在该程序中,循环体内只有一个输出语句,则i的值永远为1,所以条件表达式i<=5永远为真,循环永远不会结束。为避免出现这种情况,应在循环体内加入一条语句,使i的值不断增大,最终超过5,使循环结束,如:

```
i++;
```

3. while 语句举例

【例 3-15】 输入一个任意的自然数,把它反序输出,例如,输入 12345,输出为 54321。

算法分析:这是一个典型的拆数问题,一般来说,在考虑拆数问题时,因为无法确定原始数值的大小(位数),所以总是从最低位(个位)开始拆起。求出最低位数值的表达式如下:

```
t=s%10;      //s 代表这个自然数,t 代表最低位。
```

例如,s 为 123,则 t 为 3。

之后,用 s 除 10,即:

```
s=s/10;
```

这样,s 的值就变为 12,再重复前面取出最低位的过程,直到 s>0 的条件不再成立为止。

具体算法描述如下:

(1) 定义整型变量 s,用于存储输入的自然数,定义整型变量 n,存放 s 的反序数,n 的初值为 0,定义 t 表示每次从 s 中取出的最低位上的数字。

(2) 输入一个自然数,赋值给变量 s。

(3) 若 s>0,执行第(4)步,否则执行第(7)步。

(4) t=a%10。

(5) n=n*10+t。

(6) s=s/10,并返回第(3)步。

(7) 输出 n。

具体代码如下:

```csharp
static void Main(string[] args)
{
    int s,n=0,t,s1;
    Console.WriteLine("请输入一个自然数:");
    s=Convert.ToInt32(Console.ReadLine());
    s1=s;               //将 s 的原始值用 s1 保存
    while(s>0)
    {
        t=s%10;
        n=n*10+t;
        s=s/10;
    }
    Console.WriteLine("您输入的自然数:\t{0}\n 其反序数字为:\t{1}",s1,n);
    Console.ReadLine();
}
```

运行程序,结果如图 3-23 所示。

图 3-23 例 3-15 的运行结果

3.4.4 do-while 语句

do-while 语句与 while 语句的执行过程相似,差别只在于 while 语句是先测试循环条件,之后执行循环体,而 do-while 语句则是先执行循环体,之后测试循环条件是否成立。

1. do-while 语句的语法格式

do-while 语句的语法格式如下：

do
{
　　循环体
}while(条件表达式);

说明：

(1) 条件表达式的要求和 while 语句一样,这里不再赘述。

(2) 在 do-while 语句中,当循环体是一条语句时,可以不加大括号,但建议无论是单条语句还是多条语句,尽量加上大括号,以保证程序的结构清晰。

(3) do-while 语句中 while 后面的";"不可以省略。

2. do-while 语句的执行过程

do-while 语句的执行过程为：首先执行一次循环体,计算 while 后面的条件表达式,如果条件表达式的值为 true,继续执行循环体,否则结束循环。

do-while 语句的执行流程如图 3-24 所示。

说明：

(1) 从流程图中看出,在 do-while 语句中,哪怕从最开始时循环表达式就不成立,循环体也至少被执行一次,例如：

```
int i=10;
do
{
    Console.WriteLine("{0}",i);
    i++;
} while (i<=5);
```

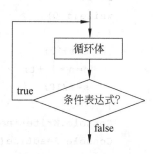

图 3-24 do-while 语句的执行过程

在该程序中,变量 i 的初值为 10,因为 do-while 循环是先执行循环体的,则输出 i,并使 i 增 1。之后判断循环条件 i≤=5 是否成立,i 的当前值是 11,循环条件不成立,退出循环。虽然最开始循环条件表达式的值就为 false,但还是执行了一次循环体。

(2) 为避免程序中出现死循环,循环体中应该有使循环趋近于结束的语句,或者设置能够结束循环的循环条件。

3. do-while 语句应用举例

【例 3-16】 用 do-while 语句改写例 3-15 的程序。

程序代码如下:

```
static void Main(string[] args)
{
    int s,n=0,t;
    int s1;
    Console.WriteLine("请输入一个自然数:");
    s=Convert.ToInt32(Console.ReadLine());
    s1=s;
    do
    {
        t=s%10;
        n=n*10+t;
        s=s/10;
    } while(s>0);
    Console.WriteLine("您输入的数字是:\t{0}",s1);
    Console.WriteLine("其反序数字是:\t\t{0}",n);
    Console.ReadLine();
}
```

3.4.5 循环的嵌套

如果一个循环的循环体是一个或多个循环语句,称为循环嵌套。

通常将循环体中不包含循环语句的循环称为单层循环,而将循环体中包含循环语句的循环称为多重循环。

嵌套可以是两层或多层。while、do-while、for 三种循环都可以互相嵌套。

下面介绍循环嵌套的工作过程。

【例 3-17】 输出图 3-25 所示的九九乘法表。

算法分析:

从图 3-25 中可看出,九九乘法表为 9 行,可以设计一个 for 循环控制行数:

```
for(i=1;i<=9;i++)
```

在控制行数的 for 循环的循环体内嵌入一个循环,控制每行中输出的列数。由

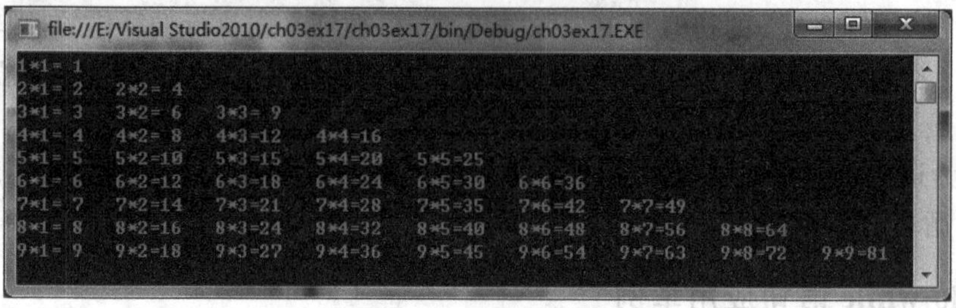

图 3-25 九九乘法表

从图 3-25 可以看出,第 1 行中 1 列,第 2 行中 2 列,第 i 行中 i 列,则控制每行列数的 for 循环语句如下:

```
for(j=1;j<=i;j++)
```

这样就形成了一个双重循环结构,具体代码如下:

```
static void Main(string[] args)
{
    int i,j;
    for(i=1;i<=9;i++)
    {
        for(j=1;j<=i;j++)
        {
            Console.Write("{0} * {1}={2,2}  ", i,j,i*j);
        }
        Console.Write("\n");
    }
    Console.ReadLine();
}
```

这个程序的具体流程如图 3-26 所示。

【例 3-18】 百钱买百鸡问题:我国古代数学家张丘建在《算经》一书中曾提出著名的"百钱买百鸡"问题,该问题是这样叙述的:鸡翁一,值钱五;鸡母一,值钱三;鸡雏三,值钱一;百钱买百鸡,则翁、母、雏各几何?

算法分析:假设公鸡、母鸡、小鸡的个数分别用 x、y、z 表示,则根据已知条件可以列出以下两个方程:

$$\begin{cases} x+y+z=100 \\ 5x+3y+z/3=100 \end{cases}$$

3 个未知量,2 个方程,用传统的方法

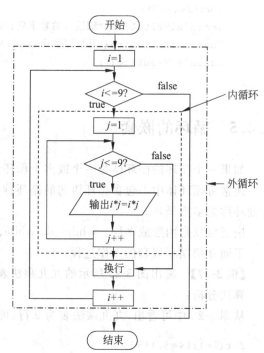

图 3-26 九九乘法表的流程图

肯定是无法解决的。可以采用穷举法解决。

穷举法：又叫枚举法或列举法，就是在考虑一个问题时，由于该问题没有快速解决的方法或找不到解决问题的规律，把该问题的所有可能一一列举出来，再对这些可能进行测试，看是否符合要求。穷举法是一种以计算时间来换取结果的正确性算法。随着计算机运算速度的飞速发展，穷举法不再显得原始和缓慢。

本题可以设置三重 for 循环：

第一层循环（外层）：将公鸡的所有可能个数遍历一遍。
第二层循环（中层）：将母鸡的所有可能个数遍历一遍。
第三层循环（内层）：将小鸡的所有可能个数遍历一遍。

程序代码如下：

```
static void Main(string[] args)
{
    int x,y,z;              //x、y、z分别代表公鸡、母鸡、小鸡的个数
    for(x=0;x<=100;x++)
        for(y=0;y<=100;y++)
            for(z=0;z<=100;z++)
            {
                if(x+y+z==100 && 5*x+3*y+z/3.0==100)
                    Console.WriteLine("公鸡个数为：{0,3},母鸡个数为：{1,3},小鸡个数
                              为{2,3}", x,y,z);
            }
    Console.ReadLine();
}
```

运行程序，结果如图 3-27 所示。

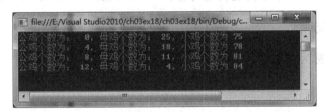

图 3-27 例 3-18 的运行结果

从程序中可以看出：三重循环共执行了 1 030 301 次（101 * 101 * 101）。执行次数非常多，执行次数越多越耗费 CPU 时间，那么是否可以减少执行次数呢？

其实，经过分析可知：公鸡最多可以买 20 只，那么循环范围就缩小到 0～20；母鸡最多买 33 只，所以循环范围为 0～33。程序可改为：

```
⋮
for(x=0;x<=20;x++)
    for(y=0;y<=33;y++)
        for(z=0;z<=100;z++)
```

⋮

这样一改,可算出程序执行次数为 72 114 次(21 * 34 * 101),比上一个程序减少了很多次。那么还有没有次数更少的方法呢?

由于公鸡、母鸡、小鸡的总数要满足 100 只,根据这个条件,如果已知 x、y,则可以计算出 z 的值：z=100-x-y。这样一来,循环由三重改为双重,循环次数也变为 714 次(21 * 34)。具体程序如下：

```
for(x=0;x<=20;x++)
    for(y=0;y<=33;y++)
    {
        z=100-x-y;
        if(5*x+3*y+z/3.0==100)
            Console.WriteLine("公鸡个数为：{0,3},母鸡个数为：{1,3},小鸡个数为{2,3}",x,y,z);
    }
```

由例 3-18 的程序可知,多重循环执行的规则是"外走一,内走遍"。即外层循环执行一次,而内层循环要全部执行一遍,因而多重循环的执行次数一般是外层循环次数×内层循环次数。大多数多重循环的执行次数较多,程序设计人员可以合理安排算法,对程序进行优化,以减少运行次数,提高程序运行速度。

3.4.6 跳转语句

除以上介绍的 4 种循环语句外,循环中还常出现一些语句能改变程序的执行流向,这种语句称为跳转语句,C#中的跳转语句有 goto、break、continue 和 return。

1. goto 语句

goto 语句被称为无条件跳转语句,一般使用形式如下：

goto 行标签

说明：

goto 语句的执行过程为：当程序执行到 goto 语句时,无条件转向 goto 语句后面所跟的行标签所在行,并从该行继续执行。

行标签：遵循标识符的命名规则。

使用 goto 语句使程序控制变得简单,但是由于 goto 语句会改变程序的正常流程,从而使程序的结构性和可读性都变差,要求编程中尽量避免使用。

【例 3-19】 用 goto 语句编写程序,统计一个班若干学生的成绩平均分,注意,成绩为百分制,凡是输入的成绩在 0~100 之外的,视为输入结束。

算法分析如下：

① 输入一个成绩 score。

② 判断成绩 score 是否合法，如果合法(0～100)，执行第③步，如果 score 不合法，执行第④步。

③ 将 score 累加到 sum 变量中，并使统计人数的变量 number＋1；转去执行第①步。

④ 输出 sum/number，即为这 number 个学生的平均成绩。

从上述分析中可以看出，第②步使用 if 语句判断成绩的合法性，如果合法，执行第③步，并且使用 goto 语句，强制将程序流向转向第①步，这样就使用 if 语句和 goto 语句形成了一个循环。

程序代码如下：

```
static void Main(string[] args)
{
    int number=0;
    float sum=0;
    float score;
    input:                              //input 是行标签
    Console.WriteLine("请输入第{0}个学生的成绩：",number+1);
    score=Convert.ToSingle(Console.ReadLine());
    if (score>=0 && score<=100)
    {
        sum=sum+score;
        number++;
        goto input;                     //转向 input 所标识的行
    }
    Console.WriteLine("共输入{0}个学生的成绩,其平均分是：{1:##.00}",number,
    sum/number);Console.ReadLine();
}
```

程序执行的结果如图 3-28 所示。

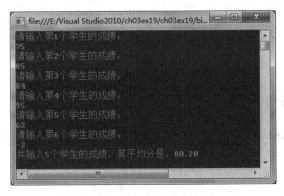

图 3-28 例 3-19 的执行结果

2. break 语句

break 语句可用于循环语句和 switch 语句，用于终止它所在的循环语句或 switch 语句块,转去执行后续语句。

使用形式如下:

```
break;
```

【例 3-20】 输入一个数,并判断它是否素数。

算法分析:素数又称为质数,指一个大于 1 的自然数,这个自然数除了 1 和此自然数本身外,不能被其他自然数整除。

根据定义,如果要判断 n 是否素数,可用 n 去除 2~n−1,如果发现有能整除的数字,那么 n 必然不是素数,可以直接跳出循环,而如果循环正常退出,也就是循环变量的值必然大于 n−1,那么可以肯定,整个循环中没有一个数字能被 n 除尽,n 就是一个素数。

程序代码如下:

```
static void Main(string[] args)
{
    int n,i;
    Console.WriteLine("输入任意一个自然数:");
    n=Convert.ToInt32(Console.ReadLine());
    for(i=2;i<=n-1;i++)
    {
        if(n%i==0)
            break;
    }
    if(n==i)
        Console.WriteLine("{0}是素数!",n);
    else
        Console.WriteLine("{0}不是素数!",n);
    Console.ReadLine();
}
```

运行程序,输入 17,输出结果如下:

17 是素数!

3. continue 语句

continue 语句只能用于循环语句,终止本次循环,提前进入下一次循环。

使用形式如下:

```
continue;
```

功能为:使本次循环提前结束,即跳过循环体中 continue 语句下面的尚未执行的循环体语句,但不结束整个循环,继续进行下一次循环的条件判别,条件为真,继续进行执行循环语句。

【例 3-21】 计算 1~20 之间不能被 5 整除的所有数字之和。

程序代码如下：

```
static void Main(string[] args)
{
    int i,sum=0;
    for(i=1;i<=20;i++)
    {
        if(i%5==0)
        {
            continue;          //如果是能被5整除的数字,将提前进入下一次循环
        }
        sum+=i;
    }
    Console.WriteLine("1~20之间不能被5整除的数字之和为{0}!",sum);
    Console.ReadLine();
}
```

运行程序,输出结果如下：

1~20之间不能被5整除的数字之和为160!

4. return 语句

return 语句用于终止它所在的方法的执行,返回方法调用处。

return 的使用形式如下：

return 表达式；

其中表达式是该方法的返回值,如果该方法没有返回值,也可是直接使用如下形式：

return；

注意：方法遇到 return 语句将终止执行,即便后面还有其他语句。

3.4.7 循环结构典型例题

【例 3-22】 输出 100～200 之间能同时被 5 和 7 整除的数。

算法分析：这是一个穷举算法的题目,对 100～200 之间的所有数字逐一进行测试,看其是否能同时被 5 和 7 整除,如果符合条件,输出即可。

程序代码如下：

```
static void Main(string[] args)
{
    int k;
    Console.WriteLine("100~200之间能同时被5和7整除的数字有：");
    for (k=100;k<=200;k++)
```

```
        {
            if(k%5==0 && k%7==0)
                Console.WriteLine("{0}",k);
        }
        Console.ReadLine ();
    }
```

图 3-29　例 3-22 的执行结果

运行程序,结果如图 3-29 所示。

【例 3-23】　编程计算 $1-\dfrac{1}{2}+\dfrac{1}{3}-\dfrac{1}{4}\cdots-\dfrac{1}{m}$ 的值。

算法分析：这是一个典型的累加算法,对于累加问题,可以使用一个通用表达式：

s=s+t;

其中,s 代表累加和,t 为累加项。在累加算法中,累加项 t 有时是一个简单变量,有时是一个复杂表达式。当 t 为一个复杂表达式时,首先要考虑的就是找出规律,写出 t 的通用表达式。在本题中,t 的表达式比较容易判断,即：

$$t=\dfrac{1}{i}$$

其中,i 为计数器。

本题中还需要注意每一个累加项前面的符号变换,为了实现符号变换,可以定义一个变量 flag,令其初值为-1,之后每累加一项,使用如下表达式变换 flag 的值：

flag=flag*-1

而 t 的表达式则应该是：

t=flag*(1/i)

程序使用 for 循环实现,具体代码如下：

```
static void Main(string[] args)
{
    int i,m,flag=-1;
    double s=1, t;
    Console.WriteLine("请输入 m 的值：");
    m=Convert.ToInt32(Console.ReadLine());
    for(i=2;i<=m;i++)
    {
        t=flag*1.0/i;
        s=s+t;
        flag=flag*-1;
    }
    Console.WriteLine("累加和为：{0:0.000}",s);
    Console.ReadLine();
}
```

执行程序,如果输入 m 的值为 3,则程序输出结果如下:

累加和为:0.833

【例 3-24】 利用递推法输出求 Fibonacci 数列的前 20 项。Fibonacci 数列是由 13 世纪意大利数学家斐波那契在他的《算盘书》中提出的关于兔子的问题:已知一对兔子每一个月可以生一对小兔子,而一对兔子出生后,第三个月开始生小兔子。假如没有发生死亡,20 个月后共有多少兔子?该数列的形式如下:1,1,2,3,5,8,13……

递推法是一种通过已知条件,利用特定关系得出中间推论,直到得到最终结果的算法。其中已知条件或者是题目本身给定的,或者是通过对问题的分析确定的。

根据不同的问题,使用递推算法求解,可分为顺推和逆推两种情况。顺推算法是利用已知条件,逐步推算出要解决的问题的方法。例如,求 Fibonacci 数列就可采用顺推算法。逆推算法是从已知问题的结果出发,逐步推算出问题的开始条件,是顺推的逆过程。

本题算法分析:从给出的数列中可以很容易判断,从第三个数开始,每个数都是前两个数之和,把第 1 个数定义为 f1,第 2 个数定义为 f2,第 3 个数为 f3,则有表达式:f3=f1+f2。

要想把这个表达式变成通用表达式,还需要一个迭代过程。

每次计算出 f3 后,把 f2 的值赋给 f1,f3 的值赋给 f2,那么下次循环继续计算 f3=f1+f2 的值即可。

程序代码如下:

```
static void Main(string[] args)
{
    int f1,f2,f3;
    f1=f2=1;
    Console.WriteLine("斐波那契数列的前 20 项为:");
    Console.Write("{0,-6}{1,-6}",f1,f2);        //输出前两项,每项占 6 个字符宽度
    for(int i=3;i<=20;i++)
    {
        f3=f1+f2;
        Console.Write("{0,-6}",f3);
        if (i%5==0)                              //每行输出 5 项
            Console.Write("\n");
        f1=f2;                                   //迭代,为计算下一项做准备
        f2=f3;
    }
    Console.ReadLine();
}
```

运行程序,结果如图 3-30 所示。

【例 3-25】 猴子吃桃子问题:小猴子摘了一大堆桃子,第 1 天吃了一半,还嫌不过瘾,又吃了 1 个,第 2 天又吃了剩下的一半还多 1 个……以

图 3-30 例 3-24 的运行结果

后每天如此,到了第 10 天,小猴子一看只剩下 1 只桃子了,它想知道最初它摘了多少个桃子。

算法分析:这个问题用到的算法是递推算法中的逆推法。

已知条件是第 10 天剩下 1 只桃子,假设第 9 天剩下了 x 个,那么有如下表达式成立:$x-(x/2+1)=1$。

假设第 k 天的桃子个数为 n 个,则第 k-1 天的桃子个数 x 为:$x=2(n+1)$。

这是该递推算法中的通用表达式,知道第 9 天的,用第 9 天的去推到第 8 天的……直至算出第 1 天的桃子个数。

程序代码如下:

```
static void Main(string[] args)
{
    int x;
    int n=1;
    for(int i=9;i>=1;i--)
    {
        x=2*(n+1);
        Console.WriteLine("第{0}天剩下的桃子个数为:{1}",i,x);
        n=x;
    }
    Console.ReadLine();
}
```

运行程序,结果如图 3-31 所示。

图 3-31 例 3-25 的运行结果

【例 3-26】 编程计算:aaaaa…a+…+aaaa+aaa+aa+a,其中第 1 个数为 n 个 a,之后依次递减 1 个,a 的值和 n 的值由键盘输入,例如,n 的值为 5,a 的值为 2,则表达式如下:

$$22222+2222+222+22+2$$

算法分析:本题是一个累加算法,但是对于累加项 t,并不能直接得到通用表达式,可以使用一个 for 循环构造 t,例如,构造 22222,使用 for 语句循环 5 次,代码如下:

```
t=0;
for(j=1;j<=5;j++)
```

```
        {
            t=t*10+a;
        }
```

这样程序的主体将由双重循环实现,内层循环计算 t 的值,外层循环实现 s=s+t。具体代码如下:

```
static void Main(string[] args)
{
    int a,n;
    int i,j;
    int t=0,s=0;
    Console.WriteLine("请输入 a 和 n 的值: ");
    a=Convert.ToInt32(Console.ReadLine());
    n=Convert.ToInt32(Console.ReadLine());
    for(i=n;i>=1;i--)          //外循环实现累加
    {
        t=0;
        for(j=1;j<=i;j++)      //内循环实现 t
        {
            t=t*10+a;
        }
        s=s+t;
    }
    Console.WriteLine("累加和为: {0}",s);
    Console.ReadLine();
}
```

当输入 a 和 n 的值分别为 2 和 4 时,输出结果如下:

累加和为: 2468

习　　题

1. 选择题

(1) 运行下面一段代码,将输出_____。

```
int r=3;
float pie=3.14f;
Console.WriteLine("圆的周长为{0}",2*pie*r);
Console.ReadLine();
```

　　A. 圆的周长为 2　　　　　　　　　B. 圆的周长为 3.14
　　C. 圆的周长为 18.84　　　　　　　D. 运行出错

(2) 在 C# 中，if 语句后面的表达式不能是_____。
    A. 逻辑表达式   B. 算术表达式
    C. 关系表达式   D. 布尔类型的表达式
(3) 下列有关 switch 语句的描述中，正确的有_____。
    A. 至少应包含一个 case 分支
    B. 每个 case 语句块后面必须跟一个 break 语句
    C. 必须包含 default 语句
    D. default 语句之后的 case 分支无效
(4) 为了避免嵌套的条件分支语句 if-else 的二义性，C# 规定：程序中的 else 总是与_____组成配对关系。
    A. 缩排位置相同的 if   B. 在其之前未配对的 if
    C. 在其之前未配对的最近的 if   D. 同一行上的 if
(5) 运行下面这段代码的结果为_____。

```
string day ="星期一";
switch (day)
{
    case "星期一":
    case "星期三":
    case "星期五":
        Console.WriteLine("去上课");
    case "星期六":
        Console.WriteLine("聚餐");
    case "星期日":
        Console.WriteLine("逛街");
    default:
        Console.WriteLine("睡觉");
}
Console.ReadLine();
```

    A. 去上课   B. 去上课   C. 什么都不输出   D. 编译出错
                          聚餐
                          逛街
                          睡觉

(6) while 语句和 do-while 语句的区别是_____。
    A. while 语句容易导致死循环
    B. while 语句的执行效率更高
    C. 无论条件是否成立，do-while 语句都要先执行一次循环体
    D. do-while 语句可以写出结构更复杂的循环结构
(7) 下面有关 break、continue 和 goto 语句，描述正确的是_____。
    A. break 语句和 continue 语句都是用于终止当前整个循环

B. 使用 break 语句可以一次跳出多重循环

C. 使用 goto 语句可以方便地跳出多重循环，因而编程时应尽可能多地使用 goto 语句

D. goto 语句必须和标识符配合使用，break 和 continue 语句则不然

(8) 下面的循环将被执行_____次。

```
for(int i=5; i>1; i--)
```

A. 3　　　　　　　B. 4　　　　　　　C. 9　　　　　　　D. 10

(9) 分析下面这段代码，执行后 count 的值为_____。

```
int i,j;
int count = 0;
for (i = 4; i > 0; i--)
{
    for (j = 0; j < 6; j++)
    {
        count++;
    }
}
```

A. 15　　　　　　B. 24　　　　　　C. 20　　　　　　D. 21

(10) 在 C#语言中，运行下面这段代码的结果为_____。

```
for(int i = 0; i < 20; i++)
{
    if(i ==10)
        break;
    if(i %2 ==0)
        continue;
    Console.Write("{0} ",i);
}
```

A. 1 3 5 7　　　B. 2 4 6 8　　　C. 1 3 5 7 9　　　D. 2 4 6 8 10

2. 思考题

(1) C#提供的循环语句 while、do-while、for 在使用时有什么区别？

(2) 简述 switch 结构的执行过程。

(3) 归纳一下，设计一个循环程序需要考虑哪些问题？

3. 实践题

(1) 写一段程序，输出 a、b、c 三个变量中的最小值。

(2) 输入一个数字，输出对应的星期几的英文单词，使用 switch 结构实现。

(3) 输入一个年份，判断这一年是否是闰年。

(4) 对百分制成绩划分等级，划分原则如下：大于等于 90 分，等级为 A；80～90 分，等级为 B；70～80 分，等级为 C；60～70 分，等级为 D；小于 60 分，等级为 E。

(5) 采用阶梯水费收费方式：按每户每月用水量 $4m^3$ 以内（含 $4m^3$）部分执行基础水价，基础水价 1.5 元/m^3；用水量超出 $4m^3$（不含 $4m^3$）低于 $9m^3$（含 $9m^3$）的，执行第二阶梯水价，在基础水价上每立方米提高 0.40 元，每立方米 1.90 元；用水量超过 9m3 以上的部分，执行第三级阶梯水价，在基础水价上每立方米提高 0.60 元，每立方米 2.10 元。要求输入一户家庭的用水量，计算应交水费。

(6) 求 1＋4＋7＋…＋100 之和。

(7) 输出 100 以内能被 5 或 7 整除的数字，每行输出 5 个数字。

(8) 计算 1!＋2!＋3!＋…7!。

(9) 求两个正整数的最大公约数和最小公倍数。

(10) 一个球从 100 米高空自由落体，每次落地后反弹回原来高度的一半，再落下，求它从开始落地直到 10 次反弹后落地时共经过了多少米，每一次反弹多高？

第 4 章 程序调试与异常处理

在应用程序开发过程中,错误总是不可避免的。Visual Studio 2010 提供了完善的程序错误调试功能,可以帮助编程人员快速地发现和定位程序中的错误,并进行改正。

本章主要介绍程序的调试和异常处理的基本知识。

4.1 程序错误

C#中常见的错误可以分为三大类:语法错误、运行时错误和逻辑错误。其中,语法错误是一种低级错误,比较容易排除;运行时错误和逻辑错误需要靠经验和调试工具来排除。

1. 语法错误

语法错误是指代码编写时出现的错误,是所有错误中最容易发现和解决的一类错误。语法错误通常是由于编程人员对 C#语言本身不熟悉,在程序设计过程中出现不符合语法规则的程序代码导致的,如关键字拼写错误、漏写标点、括号不匹配等。

在代码编辑器中,每输入一条语句,Visual Studio 2010 编辑器都能够自动指出语法错误,并用波浪线在错误代码的下方标记出来,当鼠标指针移到带波浪线的错误代码上时,指针附近就会出现一条简短的错误描述提示,如图 4-1 所示。

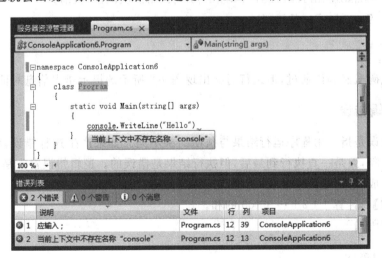

图 4-1 语法错误

"错误列表"窗口也可以提示错误信息。选择"视图→错误列表"选项,可以显示"错误列表"窗口,其中包含错误描述、发生错误的文件以及错误所在的位置等,如图 4-1 所示。在"错误列表"窗口中双击对应的条目,插入点将精确定位到发生错误的文件中相应的错误代码上,然后就可以修改代码了。修改完并把光标从修改行移开后,"错误列表"窗口将会更新。

2. 运行时错误

运行时错误是指应用程序运行时产生的错误。这种错误通常涉及那些看起来没有语法错误却不能运行的代码,多数可以通过重新编写和编译代码解决。运行时错误是编译器无法检查出来的,通常需要对相关的代码进行人工检查并改正。

运行时错误多数发生在不可预期的异常。例如,打开某个文件时文件不存在;向硬盘上写文件时硬盘空间不足;访问数组时超出了可访问下标的范围;调用方法时传递的参数错误等。

运行程序时,如果产生异常,就会出现提示错误信息的对话框。

【例 4-1】 下标越界异常。

程序代码如下:

```
class Program
{
    static void Main(string[] args)
    {
        int sum=0;
        int[] score =new int[]{76,85,90,92,68,75,87,82};
        for (int i=0; i<=score.Length; i++)
            sum +=score[i];
        Console.WriteLine("平均分: {0}",sum/score.Length);
        Console.ReadLine();
    }
}
```

上述代码虽然编译通过,但运行时会出现图 4-2 所示的提示错误信息对话框。

3. 逻辑错误

逻辑错误是指应用程序运行结果与预期结果不同。如果产生这种错误,程序运行时不会发生中断,而是一直执行到最后,但执行结果是错误的。逻辑错误常常是由于算法本身的错误造成的,也是最难修改的一种错误,因为发生的位置不明确。

【例 4-2】 计算 1+2+…+100 的和。

程序代码如下:

```
class Program
{
    static void Main(string[] args)
```

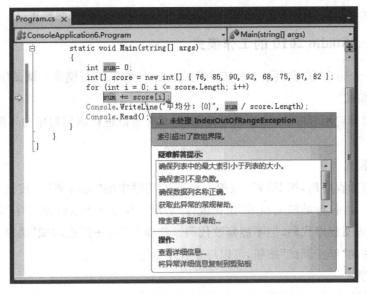

图 4-2 运行时错误

```
{
    int sum=0,i=0;
    do
    {
        i++;
        sum+=i;
    }
    while (i<=100);
    Console.WriteLine("1+2+...+100={0}",sum);
    Console.ReadLine();
}
}
```

编译并运行程序,结果如图 4-3 所示。

显然,上述程序算法有问题,循环条件应该是 i<100,而不是 i<=100,因此执行结果多了 101。这种错误的调试是比较困难的,因为编程人员认为它是对的,因此只能依靠细心的测试以及调试工具的运用,甚至还要适当地添加一些专门的调试代码来查找错误的原因和位置。

图 4-3 运行时错误

4.2 程序调试

为了帮助编程人员在程序开发过程中检查程序的语法、逻辑等是否正确,并且根据情况进行相应修改,Visual Stduio 2010 提供了一个功能强大的调试器。在调试模式下,编程人员可以仔细观察程序运行的具体情况,从而对错误进行分析和修正。

1. Visual Studio 2010 的工作模式

Visual Studio 2010 提供了 3 种工作模式:设计模式、运行模式和调试模式。

1) 设计模式

新建或打开应用程序,自动进入设计模式,此时可以进行应用程序的界面设计和代码编写工作。

2) 运行模式

设计完应用程序后,按 F5 键,或单击标准工具栏中的"启动调试"按钮,系统就进入了运行模式。此时,标题栏上显示"正在运行"字样。程序处于运行模式时,编程人员可以与程序交互,查阅程序代码,但不能修改代码。选择"调试→停止调试"菜单命令,或单击标准工具栏中的"停止调试"按钮,可以终止程序运行。

3) 调试模式

如果系统运行时出现错误,将自动进入调试模式。当系统处于运行模式时,单击标准工具栏上的"全部中断"按钮,或选择"调试→全部中断"命令,也将暂停程序的运行,进入调试模式。此时标题栏上显示"正在调试"字样。程序处于调试模式时,编程人员可以检查程序代码,也可以修改代码。检查或修改结束后,单击"继续"按钮,将从中断处继续执行程序。

2. 调试工具

调试工具可以帮助编程人员查看代码执行过程中变量、属性或表达式的值以及代码流程是否正确地执行。

按 F5 键,或单击标准工具栏中的"启动调试"按钮,或选择"调试→启动调试"选项,即可编译并运行程序。Visual Studio 2010 会将当前项目编译为 .exe 或 .dll 文件,并将其存放在项目路径下的 bin\Debug 目录下。不管程序编译出错还是成功运行,都可以对程序进行调试。在调试应用程序时,可以使用"调试"菜单或"调试"工具栏以及相关调试窗口。

1) 调试工具栏

选择"视图→工具栏→调试"选项,打开图 4-4 所示调试工具栏。

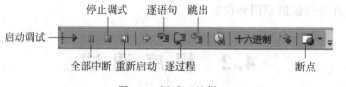

图 4-4 调试工具栏

调试工具栏中常用按钮的功能如表 4-1 所示。

表 4-1　常用调试按钮的功能

按　　钮	功　　能
启动调试	设计模式下是"启动调试",单击该按钮开始运行程序,程序进入运行模式;调试模式下该按钮变成"继续"
全部中断	强迫进入调试模式
停止调试	停止运行状态,进入设计模式
重新启动	退出调试模式或运行模式,重新编译并运行程序
逐语句	在调试模式下单击该按钮,执行下一行代码,如果遇到函数,则进入函数内部逐语句执行
逐过程	在调试模式下单击该按钮,执行下一行代码,如果遇到函数,不进入函数,直接获取函数结果
跳出	在调试模式下单击该按钮,执行下一行代码,如果在函数内部,将一次性执行完函数的剩余代码,并返回到调用函数的代码
断点	打开断点窗口

逐语句和逐过程是 Visual Studio 2010 调试器提供的两种单步调试的方法,即每执行一行代码,程序就暂停。这样就可以在每行代码的暂停期间,通过查看变量值、对象状态等来判断该行代码是否出错。

逐语句和逐过程都是逐行执行代码,所不同的是,当遇到函数时,逐语句方式是进入函数体内继续逐行执行,而逐过程方式只跟踪调用函数的代码,不会进入函数体内跟踪函数本身的代码。

当使用逐语句方式进入函数体时,单击工具栏中的"跳出"按钮,可以连续执行当前函数的剩余代码并回到调用函数的代码处。

2) 调试窗口

在程序调试过程中,最重要的是监视和查看变量的值及其变化情况,Visual Studio 2010 中提供了多种监视手段,其中最简单的方法是在调试过程中将鼠标指针停留在待查看的变量上,其信息将显示在变量的下方,如图 4-5 所示。

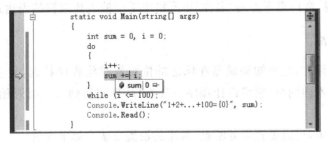

图 4-5　变量信息提示

为了更好地观察运行时变量和对象的值,Visual Studio 2010 调试器还提供了"局部变量"窗口和"监视"窗口等调试窗口,以帮助编程人员在程序执行过程中更快地发现错误。

在运行或调试模式下,选择"调试→窗口→局部变量"选项,即可显示"局部变量"窗口。"局部变量"窗口中包含了当前范围内的所有局部变量,每个变量都列出了名称、值和类型,如图4-6所示。

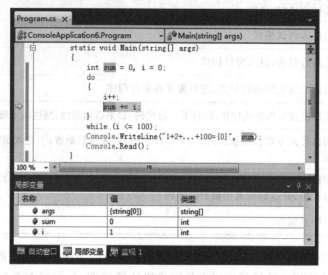

图 4-6 "局部变量"窗口

在运行或调试模式下,选择"调试→窗口→监视"选项,即可显示"监视"窗口。根据编程人员的定制,"监视"窗口在调试过程中监控感兴趣的变量或表达式。图4-7所示的"监视"窗口中列出了 sum 变量的名称、值和类型。

向"监视"窗口添加新对象的方法有如下两种:

(1) 在调试模式下的代码编辑窗口中选择需要监视的对象,右击,从弹出的快捷菜单中选择"添加监视",该对象就加入到被监视的列表中。

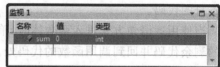

图 4-7 监视窗口

(2) 在"监视"窗口最下方的"名称"单元格中手动输入要监视的表达式。

3. 设置断点

断点是一个标志,它通知调试器在标志的位置暂时将程序挂起,使程序进入调试模式。与单步执行不同的是,它可以让程序一直执行,直到遇到断点时开始调试,这样可以加速调试过程。

在同一程序中,可以设置多处断点,常用的设置方法有以下3种。

(1) 单击代码编辑器左侧的灰色部分,即可在当前行设置一个断点。断点以红色圆点表示,且该行代码高亮度显示,再次单击该断点,则删除断点。

(2) 将光标指向要设置断点的代码行,右击,从弹出的快捷菜单中选择"断点→插入断点"选项。

(3) 将光标指向要设置断点的代码行，按 F9 键便可在当前行设置一个断点，再次按 F9 键可删除断点。

4.3 异常处理

程序在运行过程中可能会遇到各种各样的异常情况，为此，C♯提供了结构化的异常处理机制。对这些情况进行处理，从而使程序能够有效地运行。

图 4-1 指出例 4-1 中的程序在运行过程中出现了一个下标越界的错误，与在编译时发生的错误不同，这种错误是在运行阶段发生的，通常称之为异常。异常又称例外，是指程序运行过程中出现的非正常事件，是程序错误的一种。为保证程序安全运行，程序中需要对可能出现的异常进行相应的处理。

.NET 提供了一种结构化异常处理技术来处理异常错误情况。当出现异常时，创建一个异常对象，然后由一段代码抛出异常对象，由另一段代码捕获并处理。

4.3.1 异常类

1. Exception 类

.NET 框架类库中预定义了大量的异常类，每个异常类代表了一种异常错误。Exception 是所有异常类的基类，位于 System 命名空间。

Exception 的属性成员描述了该类对应异常的详细信息，通过它们可以获取异常对象的基本信息。Exception 类的常用属性如表 4-2 所示。

表 4-2 Exception 类的常用属性

属　性	说　明
HelpLink	获取或设置指向此异常所关联帮助文件的链接
InnerException	获取导致当前异常的 Exception 实例
Message	获取描述当前异常的消息
Source	获取或设置导致错误的应用程序或对象的名称
StackTrace	获取调用堆栈上的帧的字符串表示形式
TargetSite	获取引发当前异常的方法

SystemException 和 ApplicationException 是直接继承自 Exception 的异常类型，系统引发的异常都继承自 SystemException，应用程序引发的异常应当继承自 ApplicationException。

2. 常见的系统异常类

System.Exception 是所有框架类库中预定义的异常类的基类，表 4-3 列出了几个常用的系统异常类。

表 4-3　常用系统异常类

异 常 类	说　　明
ArithmeticException	因算术运算、类型转换或转换操作中的错误而引发的异常
DivideByZeroException	试图用零除整数值或十进制数值时引发的异常
FieldAccessException	当试图非法访问类中的私有字段或受保护字段时引发的异常
FormatException	当参数格式不符合调用的方法的参数规范时引发的异常
IndexOutOfRangeException	试图访问索引超出数组界限的数组元素时引发的异常
InvalidCastException	因无效类型转换或显式转换引发的异常
NullReferenceException	尝试取消引用空对象引用时引发的异常
OutOfMemoryException	没有足够的内存继续执行程序时引发的异常
OverflowException	在选中的上下文中所进行的算术运算、类型转换或转换操作导致溢出时引发的异常

3. 自定义异常类

编写 C#程序的过程中,除了使用框架类库中定义的异常类外,还可能需要定义自己的异常类,以便指出程序中可能存在的特定异常。自定义异常类时,应该使之派生于 ApplicationException。例如：

```
class MyException : System.ApplicationException          //自定义异常类
{
    public MyException() {}
    public MyException(string msg) : base(msg) {}
}
```

4.3.2　引发异常

C#程序运行时,如果出现了一个可以识别的异常错误(定义有相应的异常类),就应该引发一个异常。

标准框架库定义的系统异常,一般由系统自动引发,通知运行环境异常的发生。而自定义异常则必须在程序中利用关键字 throw 显式引发。当然,标准框架库中定义的系统异常也可以利用关键字 throw 在程序中引发。

throw 语句的语法格式如下：

throw [异常对象]

例如：

```
int method(int x,int y)
{
```

```
    if (x<0)
        throw new MyException("除数不能小于 0");              //抛出自定义异常
    if (y==0)
        throw new DivideByZeroException("除数不能等于 0");    //抛出系统异常
    return x/y;
}
```

4.3.3 异常的捕捉及处理

异常引发后,如果程序中没有定义相应的处理代码,系统将按图 4-2 所示的默认方式进行处理,这样会导致程序强制中断,并由系统报错。为了避免程序因出现异常而被系统中断或退出,通常需要在程序中加入相应的异常处理程序代码。

C#提供了以下三种形式的异常处理结构。

1. try-catch 结构

try-catch 结构的语法格式如下:

```
try
{
    //可能引发异常的程序代码
}
catch (异常类型 1 变量 1)
{
    //对类型 1 异常进行处理的程序代码
}
catch (异常类型 2 变量 2)
{
    //对类型 2 异常进行处理的程序代码
}
⋮
catch (异常类型 n 变量 n)
{
    //对类型 n 异常进行处理的程序代码
}
```

程序运行时,如果引发了异常,就抛出一个异常对象,此时程序中断正常运行,系统会检查引发异常的语句,以确定它是否在 try 块中。如果是,则按照 catch 块出现的先后顺序进行扫描,根据 catch 块中的异常参数类型找出最先与之匹配的 catch 块,然后执行该 catch 块中的异常处理程序,之后不再执行其他 catch 块,而是从最后一个 catch 块之后的第一条语句处恢复执行。

在寻找与异常匹配的 catch 块时,是按照 catch 块代码的先后顺序来扫描处理的,因此,以异常子类作为异常参数的 catch 块必须放在以异常基类作为异常参数的 catch 块之前,以保证以异常子类作为异常参数的 catch 块能被执行到。

【例 4-3】 try-catch 结构示例。

```
class Program
{
    static void Main(string[] args)
    {
        Console.WriteLine("请输入 x,y 的值: ");
        int x=int.Parse(Console.ReadLine());
        int y=int.Parse(Console.ReadLine());
        try
        {
            Console.WriteLine("x/y={0:f2}",(float)x/(float)y);
        }
        catch (FormatException)
        {
            Console.WriteLine("输入格式错误,请输入一个整数");
        }
        catch (DivideByZeroException)
        {
            Console.WriteLine("除数不能为 0");
        }
        catch (Exception e)
        {
            Console.WriteLine("程序出错: "+e.Message);
        }
        Console.ReadLine();
    }
}
```

2. try-catch-finally 结构

异常发生时,程序的正常运行被中断。但是,程序中经常希望某些语句不管是否发生异常都被执行,例如关闭数据库、关闭文件、释放系统资源等。为此,C#提供了 finally 关键字,在 try-catch 结构之后再加上一个 finally 代码段,就形成了 try-catch-finally 结构。

try-catch-finally 结构对异常的捕捉和处理方式与 try-catch 结构相同,区别在于,不管程序在执行过程中是否发生异常,finally 语句块总是被执行,即使 try 块中出现了 return、continue、break 等转移语句,finally 语句块也会被执行。

3. try-finally 结构

finally 语句块也可以直接跟在 try 语句块之后,两者之间不包括 catch 块,这就是 try-finally 结构。

try-finally 结构只捕捉而不处理异常,如果 try 语句块的执行过程中引发了异常,不进行处理,但仍执行 finally 语句块中的代码。

习 题

1. 选择题

(1) C#程序中的错误可以划分为以下 3 类,除了_____。
    A. 逻辑错误   B. 运行时错误   C. 语法错误   D. 自定义错误

(2) 关于异常,下列说法正确的是_____。
    A. 异常是指错误的代码
    B. 异常是指 try-finally 语句块保护的遭破坏的资源
    C. 异常是指 try-catch-finally 语句块处理的程序错误
    D. 异常是指程序运行时出现的错误

(3) 下列关于异常处理的说法,错误的是_____。
    A. try 块必须跟 catch 块或 finally 块组合使用,不能单独使用
    B. 一个 try 块可以跟随多个 catch 块
    C. 不能使用 throw 语句引发系统异常
    D. 在 try-catch-finally 块中,即使开发人员编写强制逻辑代码,也不能跳出 finally 块的执行

(4) 用户自定义的异常类应该从_____类中继承。
    A. System.ArgumentException
    B. System.IO.IOexception
    C. System.SystemException
    D. System.ApplicationException

(5) 一个 try 代码块可以由多个 catch 块与之对应,在多个 catch 块中,下面的_____异常应该最后捕获。
    A. System.Exception
    B. System.SystemException
    C. System.ApplicationException
    D. System.StackOverflowException

(6) 分析下列程序代码:

```
int a;
try
{
    a=Convert.ToInt32(Console.ReadLine());
}
catch
{
```

```
            //捕捉异常
    }
```

输入 abc 时,会抛出_____异常。

  A. FormatException   B. IndexOutOfRangeException
  C. OverflowException   D. DivideByZeroException

2. 思考题

(1) 程序错误有哪几类?

(2) 什么是异常?所有异常类型都派生于什么类?

3. 实践题

(1) 编写一个计算阶乘的程序,当结果超出指定类型的表示范围时引发异常。

(2) 编写一个程序,输入三角形的三条边,计算其面积。如果输入的值不能构成三角形,则进行异常处理。

提示:三角形面积公式如下:

$$s = \frac{1}{2}(a+b+c)$$

$$area = \sqrt{s \cdot (s-a) \cdot (s-b) \cdot (s-c)}$$

第 5 章 面向对象程序设计基础

前4章介绍了C#语法和编程的所有基础知识，现在已经可以编写和调试控制台应用程序了。但是，要了解C#语言和.NET Framework 的强大功能，还需要使用面向对象编程技术。

本章主要介绍面向对象技术、类和对象的创建、类的成员、静态类和静态成员的基本知识以及 Visual Studio 2010 中的面向对象编程工具。

5.1 面向对象的概念

5.1.1 面向对象编程

面向对象程序设计（Object Oriented Programming，OOP）是创建计算机应用程序的一种新的方法，它解决了传统编程技术带来的许多问题。

传统的面向过程程序设计求解问题的基本策略是功能分解，它将整个系统看做一个大的处理过程，然后将其分解为若干个易于处理的子过程。在分析过程中，用数据描述各子过程之间的联系，整理各个子过程的执行顺序。这种方法缺乏对问题的基本组成对象的分析，不够完备，尤其是当功能需求发生变化时，将导致大量修改，不易维护。

面向对象程序设计的基本思想是从要解决的问题本身出发，尽可能运用人类的思维方式，以现实世界中的事物为中心思考问题、认识问题，使得软件开发的方法与过程尽可能接近人类认识世界、解决问题的方法与过程。面向对象技术以对象为基本单位，将数据和操作封装在对象内部，不受外界干扰。它使得一个复杂的软件系统可以通过定义一组相对独立的模块来实现，这些独立模块彼此之间只需交换那些为了完成系统功能所必须交换的信息。当模块内部实现发生变化而导致代码修改时，只要对外接口操作的功能不变，就不会给软件系统带来影响，因此提高了软件的可维护性，也增加了重用代码的机会。

举例来说，假定计算机上的一个高性能应用程序是一辆赛车。如果使用传统的编程方法，这辆赛车就是一个单元。如果要改进该车，就必须把它送回厂商那里，让汽车专家升级它，或者购买一辆新车。如果使用 OOP 技术，就只需从厂商处购买新的引擎，自己按照说明替换它。

5.1.2 类和对象

在客观世界中,每一个有明确意义和边界的事物都可以看做一个对象,它是一个可以辨识的实体。对象充满着整个世界,任何具体的事物都是一个对象。例如,日常生活中人们要与不同的对象打交道,人们坐的公交车是对象,用的计算机是对象,看的电视是对象。每个对象都有其状态和行为,以区别于其他对象。例如,一台电视有型号、尺寸、生产厂家等状态,也有开机、换台等行为。可以把具有相似特征的事物归为一类,例如,所有的电视机可以归为"电视机类"。

在面向对象的程序设计中,对象的概念就是对现实世界中对象的模型化,它同样有自己的状态和行为,对象的状态用数据来表示,称为属性;对象的行为用代码来表示,称为方法。而类则是对具有相同属性和方法的一组相似对象的描述。从另一个角度来看,对象就是类的一个实例。

5.1.3 面向对象的特点

面向对象的最基本特征是封装性、继承性和多态性。

1. 封装性

封装性来源于黑盒的概念。根据黑盒的概念,人们无需懂得对象的工作原理和内部结构,就可以使用日常生活中的许多对象。例如,电视机的内部结构很复杂,使用它时,只需知道如何操作几个基本按钮即可。

在 OOP 中,把对象的数据和代码组合在同一个结构中,就是对象的封装性。将对象的数据封装在对象内部,外部程序必须而且只能使用正确的方法才能访问要读写的数据。封装的目的在于将对象的使用者与设计者分开,使用者不必了解对象方法的具体实现,只需要用设计者提供的消息接口来访问该对象。

2. 继承性

继承性是指特殊类的对象拥有一般类的属性和方法。其中,一般类称为基类或父类,特殊类称为派生类或子类。继承的好处是共享代码,继承后,父类的所有属性和方法都将存在于子类中。

如图 5-1 所示,汽车类包含轿车类、客车类和卡车类,那么汽车类就是一般类,具有的属性包括重量、车轮、车门等,具有的行为包括启动、行驶和鸣笛等。客车类作为特殊的汽车类,除了继承汽车类的所有属性和行为外,还具有一些特殊的行为,例如载客。

3. 多态性

同一操作作用于同一类型的不同对象时,可以有不同的解释,产生不同的执行结果,这就是多态性。换句话说,同一个类型的实例调用"相同"的方法,产生的结果是不同的。

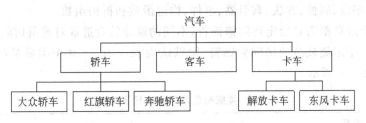

图 5-1 汽车类的继承关系

在 C♯语言中,多态是通过基类引用指向派生类对象,调用其虚方法实现的。

5.2 类 的 声 明

在面向对象程序设计中,所使用的每一个对象都是通过类来创建的,因此创建对象之前必须先创建类。在 C♯语言中,类是一种数据类型,使用前必须先声明,格式如下:

[访问修饰符] class 类名[:基类]
{
　　类的成员
}

说明:

(1) 访问修饰符用来限制类的作用范围或访问级别,可省略。

默认情况下,类声明为内部的,即只能在当前项目中访问,也可以用 internal 访问修饰符显式指定。如果在其他项目中要访问某个类,必须用 public 访问修饰符,将其指定为公共类。

(2) 类名表示所定义的类的名称,必须符合 C♯标识符的命名规则。

(3) ":基类"表示所定义的类是一个派生类,可省略,默认继承于 System.Object。

(4) 类的成员是构成类的主体,用来定义类的数据和行为。

【例 5-1】 声明 Circle 类。

class Circle
{
　　//类成员
}

5.3 类 的 成 员

例 5-1 中的类定义中只给出了一个空的框架,没有定义其成员。

类的成员可以分为两大类:一是类本身所声明的,二是从基类中继承来的。类的成员包含常量、字段、属性、方法、索引器、事件、构造函数和析构函数。

类的每个成员都需要指定访问修饰符,不同的修饰符会造成对成员访问能力不一样。如果没有显式指定类成员的访问修饰符,则默认为 private。C#中类成员的访问修饰符及其含义如表 5-1 所示。

表 5-1 类成员的访问修饰符及其含义

访问修饰符	含 义
public	表示公共成员,访问不受限制
private	表示私有成员,访问仅限于该类
internal	表示内部成员,访问仅限于当前项目
protected	表示受保护的成员,访问仅限于该类及其派生类
protected internal	表示受保护的内部成员,访问仅限于该类或当前项目的派生类

【例 5-2】 成员访问修饰符。

如图 5-2 所示,i、j、k、l、m 是类 A 的成员,均能被类 A 访问。除此之外,成员 j 用 public 修饰,是一公共成员,类 B、C、D、E 都可以访问;成员 k 用 internal 修饰,是一内部成员,能被当前项目中的类 B、C 访问;成员 l 用 protected 修饰,是一受保护成员,能被类 A 的派生类 C、D 访问;成员 m 用 protected internal 修饰,是一受保护的内部成员,能被类 A 的派生类 C、D 及当前项目中的类 B 访问。

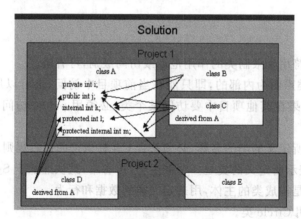

图 5-2 成员访问修饰符

5.3.1 常量

类的常量成员是一种符号常量,这种符号常量在声明时必须进行初始化,而程序运行时不能再对它的值进行更改。其声明方法与第 2 章介绍的符号常量的声明方法基本相同,格式如下:

[访问修饰符] const 数据类型 常量名=常量的值

【例 5-3】 完善 Circle 类,增加常量成员 pi,表示圆周率 π。

```
class Circle
{
    const float pi=3.14f;
}
```

5.3.2 字段

字段是在类范围声明的变量,用于保存类或对象的状态数据。声明字段的方法与声明普通变量的方法基本相同,格式如下:

[访问修饰符] 数据类型 字段名

【例 5-4】 完善 Circle 类,增加字段成员 radius,表示圆的半径。

```
class Circle
{
    const float pi=3.14f;
    private float radius;
}
```

声明字段时,可以使用赋值运算符为字段指定一个初始值,字段的初始化恰好在调用对象实例的构造函数(详见 5.3.5 节)之前。如果构造函数为字段分配了值,则该值将覆盖字段声明期间给出的任何值。

另外,可以使用 readonly 关键字声明只读字段,其值可以在定义时设定,也可以在构造函数中设定,但不能在其他地方给只读字段赋值。只读字段类似于常量,但比常量灵活得多,二者的区别如表 5-2 所示。

表 5-2 常量与只读字段的区别

	常 量	只读字段
类型限制	必须为基元类型(object 除外),如 int、string	没有限制,可以是任意类型
赋值	声明时必须为常量赋值	可以在声明时赋值,也可以在类的构造函数中赋值,但不允许在其他地方赋值
内存消耗	直接被编译到目标代码的元数据中,不占内存	占用内存
对象的值	对于所有对象,常量的值是一样的	对于不同的对象,只读字段的值可以不同
调用方式	类.常量	对象.只读字段(如果没有显式声明为静态字段)

5.3.3 属性

字段一般定义为私有或受保护的,不允许外界访问。如果外界需要访问,可以使用类的另一个成员——属性。属性是对类的字段提供特定访问的类成员。由于属性是类的成员,因此可以访问私有变量。同时,因为属性在类中是按一种与方法类似的方式执行的,因此它不会危害类中私有变量保护和隐藏的数据。

在类中定义属性的格式如下:

```
[访问修饰符] 数据类型 属性名
{
    get
    {
        return 字段名;
    }
    set
    {
        字段名=value;
    }
}
```

其中,get 语句与 set 语句称为属性的访问器。get 访问器用于获取属性值,而 set 访问器用于修改属性值,它们可以有不同的访问级别。set 访问器有一个隐式参数 value,系统通过它将外界的数据传递进来,然后通过赋值运算更新字段值。

在声明属性之前,通常先声明一个私有变量。微软推荐属性和私有变量使用相同的名称,只是该变量名称和属性名称的第一个字母大小写不同。

【例 5-5】 完善 Circle 类,增加属性成员 Radius。

```
class Circle
{
    const float pi=3.14f;
    private float radius;
    public float Radius          //声明公共属性 Radius 以访问私有字段 radius
    {
        get
        {
            return radius;
        }
        set
        {
            if(value<0)
                radius=0;
            else
                radius=value;
        }
    }
}
```

此例中的 Radius 属性同时包含 get 和 set 访问器,是读/写属性。而只包含 get 访问器的是只读属性,只包含 set 访问器的是只写属性。

【例 5-6】 银行软件系统为一般柜台操作员声明了一个类 Account。在该类中,操作员可以读取银行规定的利率,而对于客户的每笔新存款,操作员只有写入的权限。

```
class Account
{
    private float rate;              //利率
    private float deposit;           //存款
    public float Rate                //只读属性
    {
        get {return rate;}
    }
    public float Deposit             //只写属性
    {
        set {deposit=deposit+value;}
    }
}
```

说明:get 访问器返回某个字段的值时,可以先对这个字段进行计算,再返回结果,但注意不要修改字段的值。

```
public string Sex
{
    //如果不对 sex 属性赋值则返回默认值"Male"
    get {return sex!=null? sex:"Male";}
}
public int Number
{
    //改变了字段的值,错误的编程方式
    get {return number++;}
}
```

5.3.4 方法

方法是对象对外提供的服务,是类中执行数据计算或进行其他操作的重要成员。

1. 方法的定义

在类中定义方法的格式如下:

[访问修饰符] 返回值类型 方法名 ([参数列表])
{
    方法体
}

说明:

(1) 访问修饰符控制方法的访问级别,常见的成员访问修饰符如表 5-1 所示。

(2) 返回值类型可以是任何合法的数据类型,当无返回值时,返回值类型使用 void 关键字表示。

(3) 方法名必须符合 C# 的命名规范。

(4) 参数列表是方法可以接受的输入数据,当方法不需要参数时,可省略,但不能省略圆括号;当参数不止 1 个时,需要使用逗号分隔,同时每一个参数都必须声明参数类型,即使这些参数的数据类型相同也不例外。

(5) 方法体由若干条语句组成,每条语句都必须以";"结束。如果方法需要返回值,则使用 return 语句返回,并且返回值的类型必须与方法头中的返回值类型相同;使用 void 标记为无返回值的方法,可省略 return 语句。

【例 5-7】 完善 Circle 类,增加两个方法成员,分别计算圆的面积和周长。

```
class Circle
{
    const float pi=3.14f;
    private float radius;
    public float Radius
    {
        get
        {
            return radius;
        }
        set
        {
            if(value<0)
                radius=0;
            else
                radius=value;
        }
    }
    public float Area()                    //返回圆的面积
    {
        return pi * radius * radius;
    }
    public void Circum()                   //输出圆的周长
    {
        Console.WriteLine("圆的周长: {0}",2 * pi * radius);
    }
}
```

2. 方法的调用

一个方法一旦在某个类中声明,就可由其他方法调用。调用者可以是同一个类中的方法,也可以是其他类中的方法。如果调用者是同一个类中的方法,则可以直接调用;如果调用者是其他类中的方法,则需要通过类的实例来引用(静态方法除外)。

定义类的方法后,有以下几种调用方法。

(1) 作为一条独立的语句,例如:

```
Circle c1=new Circle();         //创建 Circle 类的实例
c1.Circum();                    //调用 c1 对象的 Circum 方法
```

(2) 作为表达式的一部分,参与算术运算、赋值运算等,例如:

```
float s=c1.Area();              //调用 c1 对象的 Area 方法,将返回值赋给变量 s
```

(3) 作为另一个方法的参数来使用,例如:

```
//将 c1 对象的 Area 方法作为 Console 类的 WriteLine 方法的参数
Console.WriteLine("圆的面积:{0}",c1.Area());
```

【例 5-8】 利用例 5-7 定义的 Circle 类计算圆的面积和周长,并输出,半径由用户输入。

```
class Program
{
    static void Main(string[] args)
    {
        Circle c1=new Circle();                              //创建 Circle 类的实例
        Console.WriteLine("请输入圆的半径: ");
        c1.Radius=Convert.ToSingle(Console.ReadLine());      //通过 Radius 属性设置半径
        Console.WriteLine("圆的面积为: {0}",c1.Area());      //调用 Area 方法计算面积并输出
        c1.Circum();                                         //调用 Circle 方法输出周长
        Console.ReadLine();
    }
}
```

3. 方法的参数传递

参数是方法的调用者和方法之间传递信息的一种机制。声明方法时,所定义的参数是形式参数(简称形参),这些参数的值由调用者为其传递,调用者传递的是实际数据,称为实际参数(简称实参),调用者必须严格按照被调用的方法定义的参数类型和顺序指定实参。

方法的参数有四种类型:一是值参数,不带任何修饰符;二是引用参数,用 ref 修饰符声明;三是输出参数,用 out 修饰符声明;四是参量参数,用 params 修饰符声明。

1) 值参数

调用者向方法传递值参数时,将实参的值赋给相应的形参,即被调用的方法接收到的只是实参数据值的一个副本。若在方法内部修改了形参的值,不会影响实参,即实参和形参是两个不同的变量,它们具有各自的内存地址和数据值。

【例5-9】 值参数传递。

```
namespace Ch05Ex09
{
    class Program
    {
        static void Main(string[] args)
        {
            Swaper s1=new Swaper();
            Console.Write("请输入第一个整数：");
            int a=Convert.ToInt32(Console.ReadLine());
            Console.Write("请输入第二个整数：");
            int b=Convert.ToInt32(Console.ReadLine());
            s1.Swap(a,b);
            Console.WriteLine("交换后,实参的值：{0},{1}",a,b);
            Console.ReadLine();
        }
    }
    class Swaper
    {
        public void Swap(int x,int y)
        {
            int temp;
            temp=x;
            x=y;
            y=temp;
            Console.WriteLine("交换后,形参的值：{0},{1}",x,y);
        }
    }
}
```

上述代码编译后,运行结果如图 5-3 所示。由图中可以看出,虽然在方法中改变了形参的值,但是没有影响到实参。

2) 引用参数

调用者向方法传递引用参数时,将实参的引用赋给相应的形参。实参的引用代表数据值的内存地

图 5-3 例 5-9 的运行结果

址,因此形参和实参将指向同一个引用。若在方法内部修改了形参变量所引用的数据值,则同时也修改了实参变量所引用的数据值。C#通过 ref 关键字声明引用参数,如果希望传递数据的引用,必须在方法声明和方法调用中都明确地指定 ref 关键字。

【例5-10】 引用参数传递。

对例 5-9 中的代码作如下修改：

namespace Ch05Ex09

```
{
    class Program
    {
        static void Main(string[] args)
        {
            ⋮
            s1.Swap(ref a,ref b);
            ⋮
        }
    }
    class Swaper
    {
        public void Swap(ref int x,ref int y)
        {
            ⋮
        }
    }
}
```

编译运行修改后的代码,结果如图 5-4 所示。从图中可以看出,方法中改变了形参的值,实参的值也跟着发生了变化。

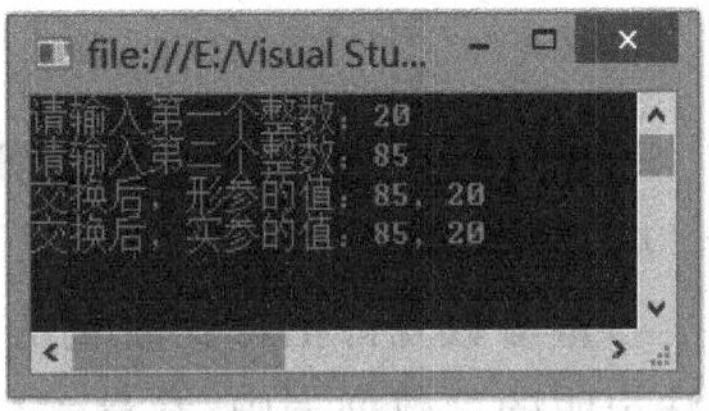

图 5-4 例 5-10 的运行结果

3) 输出参数

值参数和引用参数传递前必须赋值,而输出参数不需要赋值,但返回前一定要赋值。如果变量在调用前已经赋过值,也可以作为输出参数传递,只是在调用方法的内部仍然把它当做没有赋过值。在某种程度上来说,输出参数有点像 return 的功能,就是把方法的结果返回到调用它的主方法中。

C♯通过 out 关键字声明输出参数,与 ref 关键字一样,无论是形参还是实参,只要是输出参数,都必须添加 out 关键字。

【例 5-11】 定义 Rectangle 类,包含一个计算长方形面积和周长的方法,使用输出参数返回计算结果。

```
namespace Ch05Ex11
{
    class Program
    {
        static void Main(string[] args)
        {
            Rectangle r1=new Rectangle();
            Console.Write("请输入长方形的长:");
            float l=Convert.ToSingle(Console.ReadLine());
            Console.Write("请输入长方形的宽:");
            float w=Convert.ToSingle(Console.ReadLine());
```

```
            float s,c;
            r1.Calc(l,w,out s,out c);
            Console.WriteLine("长方形的面积：{0}",s);
            Console.WriteLine("长方形的周长：{0}",c);
            Console.ReadLine();
        }
    }
    class Rectangle
    {
        public void Calc(float length,float width,out float area,out float
        circum)
        {
            area=length * width;
            circum=2 * (length+width);
        }
    }
}
```

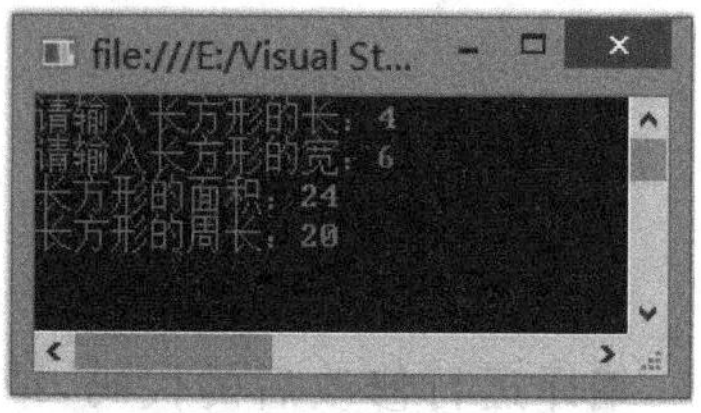

上述代码编译后,运行结果如图5-5所示。

4) 参量参数

参量参数允许把可变数量的参数传递给方法。在方法声明的参数列表中,参量参数以 params 关键字声明,必须位于参数列表的最后位置,并且在方法声明中只允许一个 params 关键字。参量参数只能是一维数组,但类型不限,例如,int[]可以作为参量参数,但是 int[,]不能。

图 5-5 例 5-11 的运行结果

【例 5-12】 定义 Sumer 类,包含一个成员方法 Sum,用于接收一组整数,并返回它们的和。

```
namespace Ch05Ex12
{
    class Program
    {
        static void Main(string[] args)
        {
            Sumer s=new Sumer();
            int[] a=new int[]{60,8,42,15,10};
            Console.WriteLine("整型数 32,15,81,它们的和为{0}",s.Sum(32,15,
            81));
            Console.Write("整型数");
            foreach (int i in a)
                Console.Write("{0},",i);
            Console.Write("它们的和为{0}",s.Sum(a));
            Console.ReadLine();
        }
    }
```

```
class Sumer
{
    public int Sum(params int[] a)
    {
        int s=0;
        foreach (int i in a)
            s+=i;
        return s;
    }
}
```

上述代码编译后,运行结果如图 5-6 所示。

使用 params 关键字声明的形参,调用时实参可以是数组元素值的列表,例如:

图 5-6 例 5-12 的运行结果

```
s.Sum(32,15,81);
```

也可以像没有加 params 关键字的数组形参那样,用数组名做实参,例如:

```
int[] a=new int[]{60,8,42,15,10};
s.Sum(a);
```

还可以省略实参,或者把 null 作为实参传递给形参,例如:

```
s.Sum();      //若省略则返回 0
```

4. 方法的重载

方法的重载(overload)是指在同一个类中声明两个以上名称相同,但参数类型或参数个数不同(即签名不同)的方法,以实现对不同数据类型的相同处理。例如,在前面的很多例子中用到的 Console 类的 WriteLine 方法,不管传递给方法的参数是整型、浮点型还是字符串型,都能正确地输出结果,就是因为在 Console 类中实现了 WriteLine 方法的重载,使得它能够输出各种类型的数据。

【例 5-13】修改例 5-12 中的 Sum 方法,使其还能处理浮点数的求和运算和字符串的连接运算。

```
namespace Ch05Ex12
{
    class Program
    {
        static void Main(string[] args)
        {
            Sumer s=new Sumer();
            Double[] a=new Double[]{6.7,8.5,42.6,15.3,10.2};
            string[] c=new string[]{"C#","Programming"};
```

```csharp
            Console.WriteLine("整型数 32,15,81,它们的和为{0}",s.Sum(32,15,81));
            Console.Write("浮点数");
            foreach (Double i in a)
                Console.Write("{0},",i);
            Console.Write("它们的和为{0}\n",s.Sum(a));
            Console.Write("字符串");
            foreach (string i in c)
                Console.Write("\"{0}\",",i);
            Console.Write("连接后形成的新字符串为\"{0}\"",s.Sum(c));
            Console.ReadLine();
        }
    }
    class Sumer
    {
        public int Sum(params int[] a)
        {
            int s=0;
            foreach (int i in a)
                s+=i;
            return s;
        }
        public Double Sum(params Double[] a)
        {
            Double s=0;
            foreach (Double i in a)
                s+=i;
            return s;
        }
        public string Sum(params string[] a)
        {
            string s="";
            foreach (string i in a)
                s+=i;
            return s;
        }
    }
}
```

上述程序的 Sumer 类中共声明了 3 个重载方法,当 Program 类的 Main 方法调用 Sum 方法时,编译器会根据实参类型决定调用哪个重载方法。该程序的运行结果如图 5-7 所示。

实际上,可以删除本程序中的第一个方法块 public int Sum(params int[] a),而 Main 方法中的所有调用同样有效,这是因为,int 和 Double 类型之间存在单向的隐式转换,所以对于整数类型的调用没有完全匹配的方法时,编译器会自动进行类型转换,寻找转换后

图 5-7　例 5-13 的运行结果

合适的方法。

5.3.5 构造函数和析构函数

类的方法中有两个特殊的方法,即构造函数和析构函数。

1. 构造函数

构造函数是一种特殊的成员方法,主要作用是在创建对象时初始化对象。每个类都有构造函数,即使没有声明,编译器也会自动提供一个默认的构造函数(没有参数和函数体)。如果声明了构造函数,系统将不再提供默认的构造函数。

声明构造函数的格式如下:

public 构造函数名([参数列表])
{
　　函数体
}

说明:

(1) 构造函数与类同名。

(2) 构造函数没有返回值类型。

(3) 一般来说,构造函数总是 public 类型的。如果是 private 类型,表明该类不能被实例化。

(4) 构造函数可以带参数也可以不带参数。

【例 5-14】 为例 5-5 中的 Circle 类声明构造函数。

```
namespace Ch05Ex14
{
    class Circle
    {
        const float pi=3.14f;
        private float radius;
        public float Radius
        {
            get
```

```csharp
        {
            return radius;
        }
        set
        {
            if (value<0)
                radius=0;
            else
                radius=value;
        }
    }
    public Circle()                   //无参的构造函数
    {
    }
    public Circle(float r)            //有参的构造函数
    {
        radius=r;
    }
}
class Program
{
    static void Main(string[] args)
    {
        Circle c1=new Circle();        //调用无参的构造函数
        Circle c2=new Circle(5);       //调用有参的构造函数
        Console.WriteLine("c1 的半径：{0}",c1.Radius);
        Console.WriteLine("c2 的半径：{0}",c2.Radius);
        Console.ReadLine();
    }
}
```

构造函数可以重载，创建对象时可以根据参数的不同来确定调用哪个构造函数。如果不传参数，则调用无参的构造函数，系统根据不同数据成员的类型，将其初始化为相应的默认值。例如，数值类型被初始化为 0，字符串类型被初始化为 null，布尔类型被初始化为 false。上述代码编译后，运行结果如图 5-8 所示。

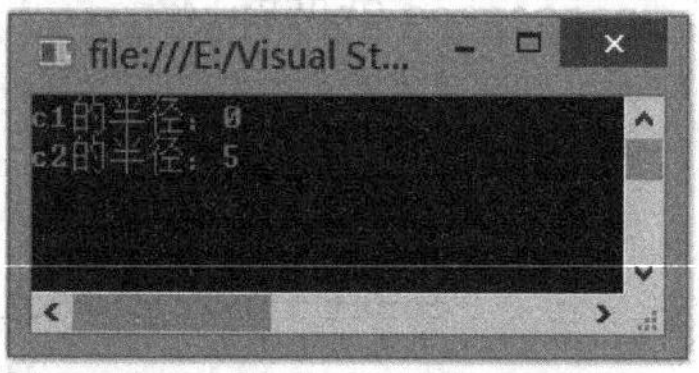

2. 析构函数

构造函数用于创建类的实例时完成初始化工作。而析构函数是在删除实例时执行的，用于回收类的实例所占用的资源。析构函数的名字与类名相同，同时在前面加符号"~"。

图 5-8　例 5-14 的运行结果

一个类只能有一个析构函数，无法继承或重载，也不能显式地调用。析构函数的调用是由垃圾回收器决定的。垃圾回收器检查是否存在应用程序不再使用的对象,如果存在,则调用析构函数并回收用来存储此对象的内存,另外程序退出时也会调用析构函数。

5.3.6 索引器

索引器是一种特殊的类成员,它能够让对象以类似数组的方式来存取,使程序看起来更直观、更容易编写。

定义索引器的格式如下:

```
[修饰符] 索引类型 this[类型 index]
{
    get {//获得属性的代码}
    set {//设置属性的代码}
}
```

说明:

(1) 索引器的索引参数不受类型限制。常规数组只允许索引参数为 uint、int、long、ulong,或者是可以隐式地转换为这几种类型的数值,而索引器的索引参数可以是其他类型,如 string 类型。

(2) 索引器允许重载,一个类可以有多个索引器。

(3) 索引器的签名由其形参的数量和类型组成。如果在同一类中声明 1 个以上的索引器,则它们必须具有不同的签名。使用索引签名的概念时,应注意以下两点:

① 索引签名中不包括索引类型。

例如:下面两个索引,尽管一个是 int 类型的索引,另一个是 string 类型的索引,但对于 C#编译器而言,索引签名相同。

```
public int this[uint a,uint b]
public string this[uint a,uint b]
```

② 索引签名中也不包括形参的名字。因此,下面两个索引也具有相同的签名。

```
public int this[int a,int b]
public string this[int indexA,int indexB]
```

(4) 索引器与属性类似,不同之处在于索引器的访问器采用参数。

【例 5-15】 索引器的使用。

```
namespace Ch05Ex15
{
    class Program
    {
        static void Main(string[] args)
        {
            StudentList class1=new StudentList("张华","李明","韩梅","王艳","王刚");
```

```csharp
            class1[0]=78;                                      //使用索引1写入
            class1[1]=85;
            class1[2]=64;
            class1["王艳"]=91;                                 //使用索引2写入
            class1["王刚"]=82;
            Console.Write("请输入待查询成绩的学生学号(1-5): ");
            int ID=int.Parse(Console.ReadLine());
            if (ID>=1 && ID<=5)
                Console.WriteLine("成绩：{0}",class1[ID-1]);   //使用索引1读取
            else
                Console.WriteLine("该学号不存在！");
            Console.Write("请输入待查询成绩的学生姓名：");
            string name=Console.ReadLine();
            int cj=class1[name];                               //使用索引2读取
            if (cj==-1)
                Console.WriteLine("该学生不存在");
            else
                Console.WriteLine("成绩：{0}",cj);
            Console.ReadLine();
        }
    }
    class StudentList
    {
        private int[] score;
        private string[] studentnames;
        public StudentList(params string[] names)
        {
            studentnames=names;
            score=new int[names.Length];
            for (int i=0;i<names.Length;i++)
                score[i]=0;
        }
        public int this[int ID]                                //索引1的声明
        {
            get
            {
                if (ID<0)
                    return -1;
                else
                    return score[ID];
            }
            set
            {
                if (value<0 || value>100)
                    Console.WriteLine("学生成绩应在0-100之间！");
                else
```

```
            score[ID]=value;
        }
    }
    public int this[string name]                      //索引 2 的声明
    {
        get
        {
            return this[NameToID(name)];
        }
        set
        {
            this[NameToID(name)]=value;
        }
    }
    private int NameToID(string name)
    {
        for (int i=0;i<studentnames.Length;i++)
            if (studentnames[i]==name)
                return i;
        return -1;
    }
}
```

上述代码中定义了两个索引器，实现了两种成绩查询方式：按学号查询和按姓名查询。运行结果如图 5-9 所示。

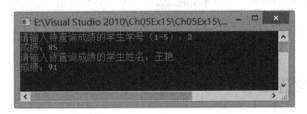

图 5-9　例 5-15 的运行结果

5.4　静态类与静态成员

5.4.1　静态类

静态类使用 static 关键字来声明。静态类中仅包含静态成员，不需要实例构造函数，因为按照定义，它根本不能实例化，但静态类可以有一个静态构造函数，以初始化类中的静态成员。在实际应用中，当类中的成员不与特定对象关联时，就可以把它声明为静态类。

5.4.2 静态成员

静态成员通过 static 关键字来标识,位置在访问修饰符之后。静态成员可以是静态字段、方法或属性,它们属于类所有,使用时通过类名来调用,即类名.成员名,而非静态成员(即实例成员)是属于对象的,通过对象名来调用,即对象名.成员名。静态类中只包含静态成员,非静态类中的成员可以是静态成员,也可以是非静态成员。

在实际应用中,当类的成员所引用或操作的信息是关于类而不是类的实例时,就应该设置为静态成员。例如,定义一个客车类,不管从这个类生成什么样的对象,它的最大时速都是固定的,这个值属于类,而不是某个对象,因此,可以定义一个静态的字段来保存最大时速值。

```
class Passbus
{
    static float max_speed=100;
}
```

静态字段只能通过类名访问,例如:

```
class Program
{
    static void Main(string[] args)
    {
        Console.WriteLine("客车的最大时速为:{0}",Passbus.max_speed);
    }
}
```

5.4.3 静态构造函数

使用类中的静态成员时,需要预先初始化成员。在声明时,可以给静态成员提供一个初始值,但有时需要执行更复杂的初始化。

静态构造函数可以完成静态类的初始化任务。一个类只能有一个静态构造函数,该构造函数不能有访问修饰符,也不能带任何参数。静态构造函数是自动调用的,只能在下述情况下执行。

(1) 创建包含静态构造函数的类实例时。
(2) 访问包含静态构造函数的类的静态成员时。

在这两种情况下,会先调用静态构造函数,之后实例化类或访问静态成员。无论创建了多少个类实例,其静态构造函数都只调用一次。

5.5 对象的创建和存储

5.5.1 对象的创建

类是抽象的,要使用类定义的功能,就必须实例化,即创建类的对象。C#使用 new 运算符来创建类的对象,格式如下:

类名 对象名=new 类名([参数表]);

也可以使用如下两步创建类的对象:

类名 对象名;
对象名=new 类名([参数表]);

其中,参数表是可选的,根据类提供的构造函数来确定。

【例 5-16】 创建客车类及其对象。

```
namespace Ch05Ex16
{
    class Passbus
    {
        static float max_speed=100;    //最大时速
        static int object_count;       //对象个数
        int weight;                    //重量
        private int passengers;        //载客量
        public int wheels;             //车轮数
        private string plate;          //车牌号
        public int Weight              //声明公共属性 Weight 以访问私有成员 weight
        {
            get {return weight;}
            set {weight=value;}
        }
        public int Passengers     //声明公共属性 Passengers 以访问私有成员 passengers
        {
            get {return passengers;}
        }
        public Passbus()              //声明无参的构造函数
        {
            weight=100;
            passengers=24;
            wheels=4;
            plate="000000";
            object_count++;
```

```
        }
        //声明有参的构造函数
        public Passbus(int weight,int passengers,int wheels,string plate)
        {
            this.weight=weight;
            this.passengers=passengers;
            this.wheels=wheels;
            this.plate=plate;
            object_count++;
        }
        public void Showinfo()            //声明公共方法,输出客车信息
        {
            Console.WriteLine("客车{0},重量:{1},载客量:{2},车牌号:{3}",
            object_count,weight,passengers,plate);
        }
    }
    class Program
    {
        static void Main(string[] args)
        {
            string str=new string('=',41);
            Passbus b1=new Passbus();          //调用无参的构造函数实例化对象
            b1.Showinfo();
            Passbus b2=new Passbus(120,40,4,"123456"); //调用有参的构造函数实例化对象
            Console.WriteLine(str);
            b2.Showinfo();
            Console.ReadLine();
        }
    }
}
```

上述代码编译后,运行结果如图 5-10 所示。

图 5-10 例 5-16 的运行结果

说明:可以使用 this 关键字引用类的当前实例。

this 关键字仅限于在类的构造函数、实例方法和实例属性访问器中使用。在类的构造函数中出现的 this 作为一个值类型,它表示对正在构造的对象本身的引用,在类的方法中出现的 this 也作为一个值类型,表示对调用该方法的对象的引用。由于 this 引用的

是当前的对象实例,因此不能在静态成员中使用。

this 关键字常用于指定本地类型的成员,例如:

```
public Passbus()
{
    this.weight=100;        //this 可以省略
    this.passengers=24;
    this.wheels=4;
    this.plate="000000";
    object_count++;         //不能在静态成员中使用 this
}
public Passbus(int weight,int passengers,int wheels,string plate)
{
    this.weight=weight;    //this 用于区分类的成员变量和成员函数中的局部变量,不能省略
    this.passengers=passengers;
    this.wheels=wheels;
    this.plate=plate;
    object_count++;
}
```

this 关键字的另一个功能是把当前实例的引用传递给一个方法,例如:

```
class Passbus
{
    ⋮
    public void Showspeed()
    {
        Console.WriteLine("当前速度:{0}",Speed.calcspeed(this));
    }
    class Speed
    {
        public static int calcspeed(Passbus p)
        {
            int speed;
            ⋮
            return speed;
        }
    }
}
```

5.5.2 对象的存储

一个类可以创建多个对象实例,每个对象实例都独自占有一定的资源。但是,并非所有的对象都完全按照类的成员组成来创建,例如,静态字段就不在对象实例中。

在例 5-16 中,使用 new 运算符生成了 2 个对象实例,运行程序时,实际上按照图 5-11 所示的方式分配空间。

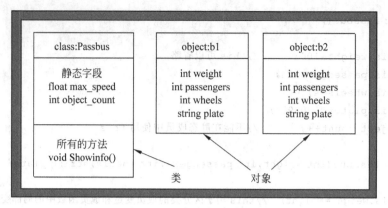

图 5-11　对象实例空间分配

从图 5-11 中可以看出,静态字段只存放在类中,而对于非静态字段,每个对象实例中都有一个备份。但是,方法与字段的存储方式不同,所有的方法(静态方法和非静态方法)都只存储一次,并与类相关联。这是因为,方法的代码对于所有的对象实例都是一样的,如果每个对象都存储方法的代码副本,只会消耗大量的内存。

5.5.3　对象成员的引用

创建类的对象以后,就可以通过对象名及其提供的公有访问权限的成员来操作对象了。对象使用"."运算符来引用类的成员,格式如下:

对象.成员

例如:

```
b1.wheels=4;                          //正确
b1.Weight=150;                        //正确
b1.Showinfo();                        //正确
Console.WriteLine(b1.Passengers);     //正确
b1.Passengers=40;                     //错误,Passengers 属性不具有写权限
Console.WriteLine(b1.max_speed);      //错误,静态字段通过类名调用
```

5.6　Visual Studio 2010 中的 OOP 工具

5.6.1　类视图

打开"视图"菜单,选择"类视图"命令,显示图 5-12 所示的"类视图"窗口。窗口的上

半部分显示应用程序中的类层次结构,单击某个类,窗口的下半部分将显示其成员。为了显示一些隐藏项,可以在"类视图"窗口勾选"类视图设置"下拉列表中的项,如图 5-13 所示。

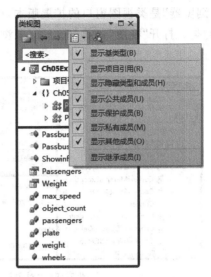

图 5-12 "类视图"窗口　　　　　　　图 5-13 类视图设置

"类视图"窗口中使用了许多符号,其含义如表 5-3 所示。

表 5-3 类视图窗口中的符号及其含义

图标	含义	图标	含义	表示访问级别的图标	含义
	项目		委托		私有的
	程序集		事件		受保护的
	命名空间		方法		内部的
	类		属性		
	接口		字段		

"类视图"窗口除了可以查看信息外,还可以访问相关代码。双击某项,或右击选择"转到该项"选项,就可以查看用于定义该项的代码。也可以查找代码中的类型或成员,具体方法是,右击某一项,选择"查找所有引用"命令,就会在"查找符号结果"窗口中显示搜索结果列表,如图 5-14 所示。

图 5-14 查找符号结果

5.6.2 对象浏览器

"对象浏览器"是类视图窗口的扩展版本,可以查看项目中能使用的其他类,甚至可以查看外部的类。打开"视图"菜单,选择"对象浏览器"选项,显示图 5-15 所示的"对象浏览器"对话框。

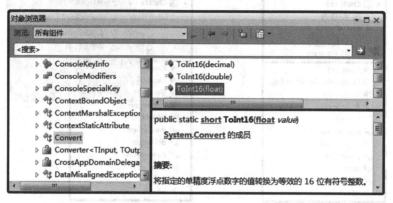

图 5-15 "对象浏览器"对话框

图 5-15 中选中了 Convert 类的 ToInt16(float)方法,右下角的信息窗口显示了方法签名、方法所属的类和方法函数的小结。

5.6.3 添加类文件

打开"项目"菜单,选择"添加新项"选项,或在"解决方案资源管理器"窗口中右击项目,选择"添加"→"新建项"选项,显示图 5-16 所示的"添加新项"对话框,在对话框中选择要添加的项,例如类,在"名称"框中输入文件名,再单击"添加"按钮,即在项目中添加了一个类,类名和文件名相同。

新添加的类定义在 Program 类所在的命名空间中,因此在代码中使用它时,就像它们在相同的文件中定义一样。

5.6.4 类图

Visual Studio 2010 的一个强大功能是从代码中生成类图,并使用类图修改项目。

【例 5-17】 为例 5-16 中的 Ch05Ex16 项目生成类图。

第一步 打开例 5-16 中创建的 Ch05Ex16 项目。

第二步 在"解决方案资源管理器"窗口中单击工具栏中的"查看类图"按钮,如图 5-17 所示,显示该项目的类图 ClassDiagram1.cd,如图 5-18 所示。

在类图中可以完成以下操作。

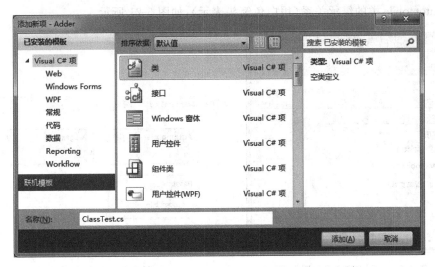

图 5-16 "添加新项"对话框

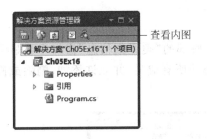

图 5-17 "查看类图"按钮

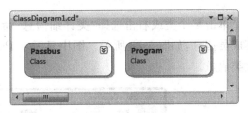

图 5-18 类图

1. 展开或折叠某个类型

单击右上角的 ⮟ 或 ⮝ 按钮,或右击选择"展开"或"折叠",可以展开或折叠某个类型,如图 5-19 所示。

2. 添加新项

在类图中可以给项目添加新项,如类、接口和枚举等。

例如,添加一个新类。操作方法为:在空白处右击,选择"添加"→"类"选项,打开图 5-20 所示的对话框,输入类名,设置访问级别,选择类所在的文件,然后单击"确定"按钮,则在项目中添加一个新类,类的代码会自动生成。

修改代码中 Passbus 类的定义为 class Passbus:Automobile,则在类图中显示出 Passbus

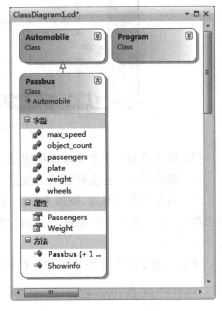

图 5-19 展开类视图

第 5 章 面向对象程序设计基础

类和 Automobile 类的继承关系(用白色箭头表示),如图 5-21 所示。

图 5-20　添加"新类"对话框

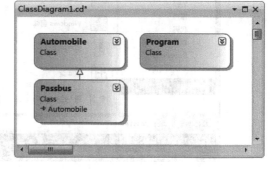

图 5-21　类的继承关系

3. 添加修改类成员

单击某个类或右击选择"类详细信息"命令,屏幕底部的"类详细信息"窗口中会显示其成员信息,如图 5-22 所示。图中显示了 Passbus 类的所有成员,并允许添加、删除或修改类成员。

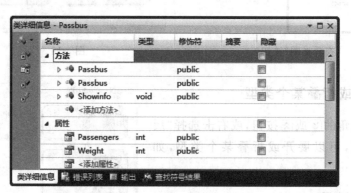

图 5-22　类的成员信息

(1) 修改成员:单击要修改的成员,然后进行编辑。

(2) 删除成员:右击要删除的成员,然后选择"删除"命令。

(3) 添加成员:例如,添加方法。在"添加方法"框中输入方法名称,然后设置方法的返回类型、修饰符等。添加好方法后,单击其右侧的 ▷ 标志,将其展开,添加参数项,如图 5-23 所示。

这个新方法在类中添加了如下代码:

```
public int Calcspeed(double rpm,double wheelwidth)
{
```

```
        throw new System.NotImplementedException();
}
```

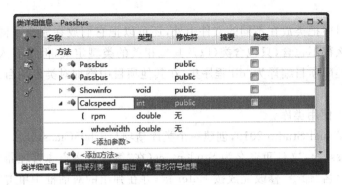

图 5-23　添加方法

显然,这种方式只提供了方法的基本结构,不能提供方法的实现代码。

采用同样的方法,可以为类添加字段和属性,也可以从字段中生成属性。例如从 wheels 字段生成属性。在类图或代码窗口中右击 wheels 成员,选择"重构"→"封装字段"选项,打开图 5-24 所示的对话框,进行相应设置,然后单击"确定"按钮。代码如下:

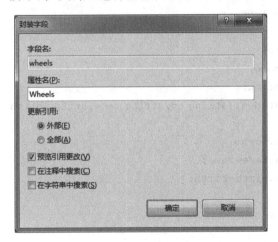

图 5-24　封装字段

```
private int wheels;
public int Wheels
{
    get {return wheels;}
    set {wheels=value;}
}
```

wheels 字段的访问级别由原来的 public 变成了 private,同时创建了一个公共属性 Wheels。

5.6.5 类库项目

除了在项目中把类放在不同的文件中外,还可以把它们放在完全不同的项目中。如果一个项目什么都不包含,只包含类(以及其他相关的类型定义,但没有入口点),该项目就称为类库。类库项目编译为.dll 程序集,在其他项目中添加对类库项目的引用,就可以访问它的内容。

【例 5-18】 使用类库。

(1) 启动 Visual Studio 2010,创建一个类库新项目 Ch05ClassLib。

(2) 将 Class1.cs 文件重命名为 Student.cs(在"解决方案资源管理器"窗口中右击该文件,选择"重命名"命令,修改完成按 Enter 键,并在弹出的对话框中单击"是"按钮,代码中的类名会随之自动改变),然后将其访问级别修改为 Public。

(3) 在项目中添加一个新类 Age,访问级别为 internal。

具体代码如下:

```
namespace Ch05ClassLib
{
    public class Student
    {
        string no;
        string name;
        string birth;
        public Student(string no,string name,string birth)
        {
            this.no=no;
            this.name=name;
            this.birth=birth;
        }
        public void Showinfo()
        {
            Console.WriteLine("学号:{0},姓名:{1},年龄:{2}",no,name,
            Age.calcage(birth));
        }
    }
    internal class Age
    {
        public static int calcage(string birth)
        {
            int age;
            DateTime today=DateTime.Now;
            DateTime birthday=new DateTime();
            birthday=Convert.ToDateTime(birth);
```

```
            age=today.Year-birthday.Year;
            return age;
        }
    }
}
```

(4) 选择"生成"→"生成 Ch05ClassLib"选项,或在"解决方案资源管理器"窗口中右击项目,选择"生成"选项,编译项目,生成 dll 文件。

(5) 创建一个新的控制台应用程序项目 Ch05Ex18。

(6) 选择"项目"→"添加引用"选项,或在"解决方案资源管理器"窗口中右击项目或引用,选择"添加引用"选项。

(7) 在"添加引用"对话框中单击"浏览"选项卡,找到 Ch05ClassLib.dll 文件后双击该文件,即可将引用添加到"解决方案资源管理器"窗口中,如图 5-25 所示。

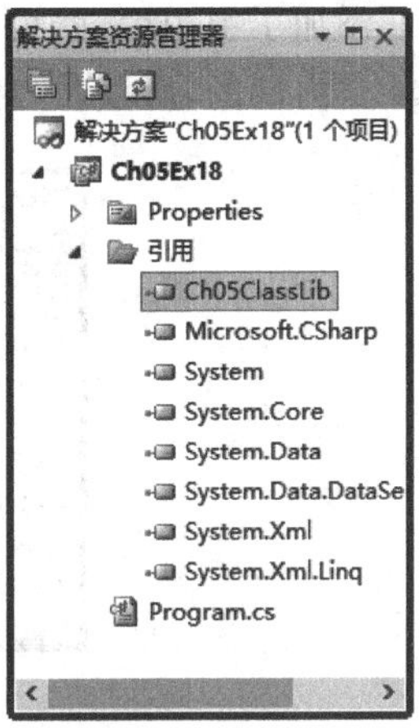

(8) 修改 Program.cs 中的代码,如下所示:

```
using System;
using System.Collections.Generic;
using System.Linq;
using System.Text;
using Ch05ClassLib;                    //导入命名空间
namespace Ch05Ex16
{
    class Program
    {
        static void Main(string[] args)
        {
            Student s1=new Student("0001","王小菌","1995-10-2");
            s1.Showinfo();
            Console.ReadLine();
        }
    }
}
```

图 5-25 添加引用

(9) 运行应用程序,结果如图 5-26 所示。

图 5-26 例 5-18 的运行结果

示例说明:

示例中创建了两个项目,一个是类库项目,另一个是控制台应用程序项目。类库项目

Ch05ClassLib 包含两个类 Student(可公开访问)和 Age(只能在内部访问)。控制台应用程序项目 Ch05Ex18 包含利用类库项目的简单代码。

为了使用 Ch05ClassLib 中的类,在控制台应用程序中添加了对 Ch05ClassLib.dll 的引用。对于这个示例,该引用是指向类库的输出文件,也可以把这个文件复制到 Ch05Ex18 的本地位置上,以便继续开发类库,而不影响控制台应用程序。为了用新类库项目替换旧版本的程序集,只需用新生成的 DLL 文件覆盖旧文件即可。

添加了引用后,就可以使用"对象浏览器"查看可用的类,如图 5-27 所示。因为类 Age 是内部的,所以在"对象浏览器"对话框中看不到这个类,它不能由外部的项目访问。

图 5-27 添加引用后的对象浏览器

习 题

1. 选择题

(1) 面向对象的特点主要概括为_____。
　　A. 可分解性、可组合性和可分类性
　　B. 继承性、封装性和多态性
　　C. 抽象性、继承性、封装性和多态性
　　D. 封装性、易维护性、可扩展性和可重用性

(2) C#中最基本的类是_____。
　　A. Control　　　B. Component　　C. Object　　D. Class

(3) 以下论述不正确的是_____。
　　A. 对象变量是对象的一个引用
　　B. 对象是类的一个实例
　　C. 一个对象可以作为另一个对象的数据成员
　　D. 对象不可以作为函数的参数传递

(4) 下列关于属性的描述,正确的是_____。
　　A. 属性是以 public 关键字修饰的字段,以 public 关键字修饰的字段也可称为属性
　　B. 属性是访问字段值的一种灵活机制,更好地实现了数据的封装和隐藏

C. 要定义只读属性,只需在属性名前加上 readonly 关键字

D. 在 C# 的类中不能自定义属性

(5) 类的字段和方法的默认访问修饰符是_____。

　　A. public　　　B. private　　　C. internal　　　D. protected

(6) 下列关于构造函数的描述中,_____选项是正确的。

　　A. 构造函数名必须与类名相同　　B. 构造函数不可以重载

　　C. 构造函数不能带参数　　　　　D. 构造函数可以声明返回值类型

(7) 下面_____关键字不是用来修饰方法的参数。

　　A. ref　　　　B. params　　　C. out　　　　D. in

(8) 在 C# 语言中,方法重载的主要方式有两种,包括_____和参数类型不同的重载。

　　A. 参数名称不同的重载　　　　B. 返回类型不同的重载

　　C. 方法名不同的重载　　　　　D. 参数个数不同的重载

(9) C# 中的索引器类型应该是_____类型。

　　A. 整型　　　　B. 字符型　　　C. 任意　　　　D. 数组

(10) 下面有关析构函数的说法,不正确的是_____。

　　A. 析构函数是在删除实例时执行的

　　B. 析构函数不能显式调用

　　C. 析构函数的调用是由垃圾回收器决定

　　D. 析构函数可以重载

2. 思考题

(1) 面向对象的主要特点有哪些?

(2) 类可以使用哪些修饰符?各有什么含义?

(3) 类包括哪些成员?

(4) 静态成员与实例成员的区别是什么?

(5) 简述构造函数和析构函数的作用。

3. 实践题

(1) 定义 Student 类,包含以下成员:

静态成员字段 numbers,用于统计人数;

成员属性 name,sex,age;

3 种形式的重载构造函数:

public Student()

public Student(string name)

public Student(string name,string sex,int age)

静态成员方法 NumberofStudent,用于返回学生人数;

实例成员方法 Show,用于输出学生的姓名、性别和年龄信息;
在 Main 方法中创建 Student 类的实例,并显示每个学生的信息和总人数。

(2) 利用方法重载求最大值。

说明:定义一个 Maxer 类,其成员方法 Max 有 3 种重载形式,分别计算最大整数、最大浮点数和最长字符串。在 Program 类的 Main 方法中编写代码,测试 3 种重载形式的方法,并输出结果。

第 6 章 面向对象的高级程序设计

通过第 5 章,我们初步了解了面向对象编程的知识,学习了有关类和对象的概念,对类中的成员也有了一定认识。本章进一步介绍 OOP,着重讨论面向对象的核心机制——继承,并以此为基础介绍多态、抽象类和接口。

6.1 继 承

6.1.1 继承的定义

继承是面向对象程序设计中实现代码重用的重要原理。通过继承可以在类之间建立一种关系,使得新定义的派生类的实例可以继承已有的基类的特征和能力,同时可以加入新的特性或修改已有的特性。

从一个基类派生一个子类的语法如下:

[访问修饰符] class 派生类名称:基类名称
{
    类的成员
}

关于继承,需要注意以下几点:

(1) 继承是传递的。如果 B 派生于 A,C 派生于 B,那么 C 不仅继承了 B 中声明的成员,同样也继承了 A 中的成员。

(2) 派生类能够扩展它的基类。派生类可以添加新成员,但不能除去已经继承的成员的定义。

(3) 构造函数和析构函数不能被继承。除此以外的其他成员,不论对它们定义了怎样的访问方式,都能被继承。基类中成员的访问方式只能决定派生类能否访问它们。

(4) 派生类可以通过用相同的名称和签名声明一个新的成员方法来隐藏继承的成员,即覆盖。

(5) 类可以声明虚拟方法、属性以及索引,并且派生类可以覆盖这些功能成员的执行,这使得类可以展示多态性。

【例 6-1】 以例 5-16 中的客车类 Passbus 为基类,派生出子类出租车类 Taxi。

```
class Taxi:Passbus
```

```
    {
        float freelength;              //起步距离
        float base_fare;               //起步价
        private float price;           //每公里价格
        public float Price
        {
            get
            {
                return price;
            }
            set
            {
                price=value;
            }
        }
        public float Money(float d)
        {
            if (d<=freelength)
                return base_fare;
            else
                return (d-freelength) * price+base_fare;
        }
    }
```

在 Taxi 类的定义中,虽然只声明了起步距离等 4 个成员,但由于 Taxi 类继承自 Passbus 类,所以 Taxi 类自动拥有了 Passbus 类的所有成员。

Taxi 类的所有成员及每个成员的访问权限如表 6-1 所示。

表 6-1 Taxi 类成员及其访问属性

成 员	访 问 属 性	来 源
max_speed 字段	private	
object_count 字段	private	
wheels 字段	private	
plate 字段	private	从父类 Passbus 继承而来
Weight 属性	public	
Passengers 属性	public	
Showinfo 方法	public	
freelength 字段	private	
base_fare 字段	private	
price 字段	private	Taxi 类自己定义的
Price 属性	public	
Money 方法	public	

在派生类的构造函数、实例方法或实例属性访问器中访问基类的成员,可使用 base 关键字。例如:

```
class Passbus
{
    public void Printplate()        //声明公有方法,输出客车信息
    {
        Console.WriteLine("我的车牌号是:{0}",plate);
    }
}
class Taxi:Passbus
{
    public void Show()
    {
        Console.WriteLine("我是出租车");
        base.Printplate();          //调用基类的方法
    }
}
```

6.1.2 构造函数的执行顺序

为了实例化派生类,就必须实例化它的基类。而要实例化这个基类,又必须实例化这个基类的基类,这样一直到实例化 System.Object(所有类的根)为止。也就是说,无论使用什么构造函数实例化一个类,总是先调用 System.Object.Object()。

【例 6-2】 构造函数的执行顺序。

```
namespace Ch06Ex02
{
    public class A
    {
        public A()
        {
            Console.WriteLine("基类 A 的无参构造函数");
        }
        public A(int i)
        {
            Console.WriteLine("基类 A 的有参构造函数");
        }
    }
    public class B:A
    {
        public B()
        {
```

```
            Console.WriteLine("派生类B的无参构造函数");
        }
        public B(int i)
        {
            Console.WriteLine("派生类B的单参构造函数");
        }
        public B(int i,int j)
        {
            Console.WriteLine("派生类B的双参构造函数");
        }
    }
    class Program
    {
        static void Main(string[] args)
        {
            B b1=new B();
            Console.ReadLine();
        }
    }
}
```

上述代码的运行结果如图6-1所示。从图中可知,实例化派生类B时,构造函数的执行顺序为 System.Object.Object()→A.A()→B.B()。

如果使用下面的语句实例化:

```
B b1=new B(2);
```

则构造函数的执行顺序为 System.Object.Object()→A.A()→B.B(int i),如图6-2所示。

图6-1 构造函数执行顺序(一)

图6-2 构造函数执行顺序(二)

如果使用下面的语句实例化:

```
B b1=new B(2,4);
```

则构造函数的执行顺序为 System.Object.Object()→A.A()→B.B(int i, int j),如图6-3所示。

另外,在派生类的构造函数中,可以使用 base 和 this 关键字。base 关键字指定.NET 实例化过程使用基类中有指定参数的构造函数。例如,将例6-2中的派生类B的

图6-3 构造函数执行顺序(三)

无参构造函数改为如下内容：

```
public B():base(3)
{
    Console.WriteLine("派生类B的无参构造函数");
}
```

则构造函数的执行顺序为 System．Object．Object()→A．A(int i)→B．B()，如图6-4所示。

this 关键字指定．NET 实例化过程使用当前类的非默认构造函数。例如，将例6-2中的派生类B的无参构造函数改为如下内容：

```
public B():this(5,6)
{
    Console.WriteLine("派生类B的无参构造函数");
}
```

则构造函数的执行顺序为 System．Object．Object()→A．A()→B．B(int i, int j)→B．B()，如图6-5所示。

图6-4　构造函数执行顺序（四）

图6-5　构造函数执行顺序（五）

6.2　多　　态

在类的继承中，派生类继承了基类的所有成员，同时可以扩展它的基类，即派生类可以添加新的成员。如果在派生类中定义新的成员方法时，无意中定义了一个和基类中名称相同的方法，将会出现什么情况呢？

例如：

```
class A
{
    public void show()
    {
        Console.WriteLine("A");
    }
}
class B:A
{
```

```
public void show()
{
    Console.WriteLine("B");
}
```

尽管这段代码运行正常,但它会产生一个图 6-6 所示的警告,说明隐藏了一个基类成员。

"TestApp.B.show()" 隐藏了继承的成员 "TestApp.A.show()"。如果是有意隐藏,请使用关键字 new。

图 6-6 系统产生的警告

要避免出现警告信息,必须在方法声明时表明原始意图:
(1) 如果确实要定义一个新的方法,可以使用 new 关键字。
(2) 如果要覆盖基类中的方法,必须使用 override 关键字。

6.2.1 隐藏基类成员

使用 new 关键字定义与基类中同名的成员,即可隐藏基类的成员。如果基类定义了一个方法、字段或属性,则 new 关键字用于在派生类中创建该方法、字段或属性的新定义。new 关键字要放在成员的类型之前。

【例 6-3】 隐藏基类方法。

```
namespace Ch06Ex03
{
    class Person
    {
        public string id;
        public string name;
        public string sex;
        public string RetuInfo()
        {
            return string.Format("身份证号:{0},姓名:{1},性别:{2}",id,name,sex);
        }
    }
    class Student:Person
    {
        public new string RetuInfo()
        {
            return string.Format("学号:{0},姓名:{1},性别:{2}",id,name,sex);
        }
    }
    class Program
```

```
        {
            static void Main(string[] args)
            {
                Student s1=new Student();
                s1.id="0001";
                s1.name="王伟";
                s1.sex="男";
                Console.WriteLine(s1.RetuInfo());
                Console.ReadLine();
            }
        }
}
```

上述代码编译后,运行结果如图 6-7 所示。

new 关键字只是隐藏了基类中的成员,通过基类的引用仍然可以调用被隐藏的基类成员。例如,将 Main 方法中的代码作如下修改:

```
static void Main(string[] args)
{
    Person s1=new Student();
    ...
}
```

则程序运行结果如图 6-8 所示。

图 6-7　例 6-3 的运行结果

图 6-8　调用被隐藏的基类方法

6.2.2　重写基类成员

使用 new 关键字声明类的成员可以通过基类引用继续访问基类的成员。为了使派生类的实例完全替换来自基类的成员,只需把基类的相关成员声明为虚拟成员。

首先在基类中用 virtual 关键字标识虚拟成员,然后在派生类中使用 override 关键字重写基类中的虚拟成员。例如:

虚拟方法在基类中的声明格式如下:

public virtual 返回值类型 方法名称(参数列表){方法体}

在派生类中的声明格式如下:

public override 返回值类型 方法名称(参数列表){方法体}

说明：
(1) 基类与派生类中的方法名称、返回值类型和参数列表必须完全一致。
(2) 使用 virtual 修饰符后，不允许再使用 static、abstract 或 override 修饰符。
(3) 字段不能是虚拟的，只有方法、属性、事件和索引器才可以是虚拟的。

【例 6-4】 重写基类方法。

```csharp
namespace Ch06Ex04
{
    class Person
    {
        private string name;
        private string sex;
        public string Name
        {
            get {return name;}
            set {name=value;}
        }
        public string Sex
        {
            get {return sex;}
            set {sex=value;}
        }
        public Person(string name,string sex)          //构造函数
        {
            this.name=name;
            this.sex=sex;
        }
        public virtual string RetuInfo()               //虚方法
        {
            return string.Format("姓名:{0}\n性别:{1}",name,sex);
        }
    }
    class Student:Person
    {
        private string sno;                            //学号
        public string Sno
        {
            get {return sno;}
        }
        public Student(string sno,string name,string sex):base(name,sex)
                                                       //构造函数
        {
            this.sno=sno;
        }
```

```
        public override string RetuInfo()                    //重写基类的虚方法
        {
            return string.Format("学号:{0}\n 姓名:{1}\n 性别:{2}",sno,Name,Sex);
        }
    }
    class Program
    {
        static void Main(string[] args)
        {
            Person s1=new Student("201306010125","杨晓辉","男");
            Student s2=new Student("201306010218","张丽艳","女");
            Console.WriteLine(s1.RetuInfo());
            Console.WriteLine("\n{0}",s2.RetuInfo());
            Console.ReadLine();
        }
    }
}
```

上述代码编译后,运行结果如图 6-9 所示。

在例 6-4 中,基类引用 s1 指向派生类对象,执行 Console.WriteLine(s1.RetuInfo())语句时,调用的是派生类重写的 RetuInfo()方法,而不是基类的 RetuInfo()方法。这是因为基类中将 RetuInfo()定义成了虚方法。虚方法可能被重写,编译时无法

图 6-9 例 6-4 的运行结果

确定实际所属的类,因此,虚方法是动态绑定的,运行时根据对象实例本身的类型调用相应的方法;而非虚方法是静态绑定的,编译时根据引用类型调用相应的方法。

虚方法是多态的基础。从语言实现的角度来说,多态是通过基类引用指向派生类对象,调用其虚方法实现的。

【例 6-5】 实现多态。

```
namespace Ch06Ex05
{
    class Automobile
    {
        private string brand;                    //品牌
        private double averagespeed;             //平均速度
        public string Brand
        {
            get {return brand;}
            set {brand=value;}
        }
        public double Averagespeed
        {
```

```csharp
            get {return averagespeed;}
            set {averagespeed=value;}
        }
        public Automobile()
        {
            brand="Unknown";
            averagespeed=40;
        }
        public virtual void Honk()
        {
            Console.WriteLine("汽车开始鸣笛!");
        }
        public virtual double MoveForward(double hours)
        {
            Console.WriteLine("汽车向前运动!");
            return averagespeed * hours;
        }
    }
    class Car:Automobile
    {
        public Car()
        {
            Averagespeed=100;
        }
        public Car(string brand):this()
        {
            Brand=brand;
        }
        public override void Honk()
        {
            Console.WriteLine("嘀嘀……嘀");
        }
        public override double MoveForward(double hours)
        {
            Console.WriteLine("轿车向前飞奔!");
            return Averagespeed * hours;
        }
    }
    class Passengerbus:Automobile
    {
        public Passengerbus()
        {
            Averagespeed=80;
        }
```

```csharp
    public Passengerbus(string brand):this()
    {
        Brand=brand;
    }
    public override void Honk()
    {
        Console.WriteLine("嘟嘟……嘟");
    }
    public override double MoveForward(double hours)
    {
        Console.WriteLine("客车向前疾驶!");
        return Averagespeed * hours;
    }
}
class Truck:Automobile
{
    public Truck()
    {
        Averagespeed=80;
    }
    public Truck(string brand):this()
    {
        Brand=brand;
    }
    public override void Honk()
    {
        Console.WriteLine("嘟嘟……嘟");
    }
    public override double MoveForward(double hours)
    {
        Console.WriteLine("卡车向前行驶!");
        return Averagespeed * hours;
    }
}
class Program
{
    static void Main(string[] args)
    {
        double movehours=2;
        double movedistance;
        Automobile[] automobiles=new Automobile[3];
        automobiles[0]=new Car("上海大众");
        automobiles[1]=new Passengerbus("郑州宇通");
        automobiles[2]=new Truck("一汽东风");
```

```
        foreach (Automobile a in automobiles)
        {
            Console.WriteLine("品牌：{0}",a.Brand);
            Console.Write("鸣笛声：");
            a.Honk();
            Console.WriteLine("平均速度：{0}",a.Averagespeed);
            movedistance=a.MoveForward(movehours);
            Console.WriteLine("{0}小时后行使了{1}公里",movehours,
                movedistance);
            Console.WriteLine();
        }
        Console.ReadLine();
    }
}
```

上述代码编译后，运行结果如图 6-10 所示。

若没有多态，完成同样的任务就只能使用多个 if 语句来分别判断对象的类型，然后再调用相应的方法。但本例中对三个子类使用了统一的调用格式，只用了一个循环语句，这就是多态带来的效果。

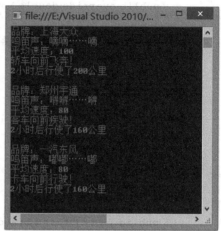

图 6-10 例 6-5 的运行结果

6.3 抽象类和密封类

6.3.1 抽象类

到现在为止，我们使用的类都可以直接用来声明一个对象类型，并可以实例化。但有时候，一个类并不与具体的事物相联系，而只是表达一种抽象的概念，用于为它的派生类提供一个公共的界面。为此，C♯引入了抽象类的概念。

抽象类是基类的一种特殊类型，不能直接实例化。在 C♯ 中，抽象类使用关键字 abstract 声明。抽象类除了拥有普通的类成员之外，还有抽象类成员，如抽象属性和抽象方法，它们只有声明（使用关键字 abstract）而没有实现部分。从抽象类派生的类必须对基类中包含的所有抽象属性和抽象方法提供实现过程，其方式与覆盖一个虚方法相同（使用关键字 override）。

例如，在例 6-5 中，Automobile 作为基类，是应该有 MoveForward()方法的，因为这是汽车的共性，但其实现过程实际上毫无意义。为此，可以将 Automobile 声明为抽象类，将 MoveForward()方法声明为抽象方法。代码如下：

```
abstract class Automobile
{
    public abstract double MoveForward(double hours);
}
```

注意：在抽象方法的后面要加分号。

6.3.2 密封类

如果所有的类都可以被继承,则类的层次结构将会变得十分复杂,从而加重理解类的困难。因此,有些时候并不希望所编写的类被继承,此时,可以使用关键字 sealed 将其声明为密封类。

例如：

```
class A
{
}
sealed class B:A
{
}
```

密封类可以从抽象类派生,也能使用关键字 override 覆盖基类的抽象方法。但如果执行下面的代码,则会产生一个编译错误,因为密封类是不能被继承的。

```
class C:B{}
```

密封类不能被继承,因此密封类中不能包含虚方法和抽象方法。

也可以使用关键字 sealed 声明密封方法,这样可以防止派生类重写在当前类中的实现。

例如：

```
abstract class shape
{
    public abstract double area();
}
class Rectangle:shape
{
    private int length;
    private int width;
    public Rectangle(int length,int width)
    {
        this.length=length;
        this.width=width;
    }
    public sealed override double area()
```

```
        {
            return length * width;
        }
}
```

6.4 接　　口

　　接口是C#的一种数据类型,主要用来控制类和结构实现特定的成员集。在前面的汽车示例中,Automobile类包含抽象方法MoveForward(),这使得其派生类Car、Passengerbus和Truck都必须实现该方法。现假定对该程序进行扩充,需要处理一只蚂蚁(Ant),它和Car一样,也具有MoveForward()方法,同时还要求同样利用多态性来调用该方法。

　　这时该怎么办呢?让蚂蚁由汽车派生?这显然不符合逻辑。另一种办法是:新建一个抽象类Unknown,让Car、Passengerbus、Truck和Ant都派生于Unknown,然后用Unknown.MoveForward()的方式调用。因为在一个类层次中要充分利用多态,必须具备一组有相同祖先的类。但C#不支持多继承,也就是说,Car、Passengerbus和Truck不能既继承Automobile类又继承Unknown类。我们可以使用接口解决这个问题,如图6-11所示。

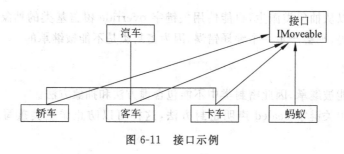

图6-11　接口示例

6.4.1　定义接口

定义接口的格式如下:

[访问修饰符] interface 接口名 [:基接口列表]
{
    //接口成员
}

说明:

(1) 访问修饰符和普通的类的修饰符含义一样,可以为public和internal。

(2) 为了与类相区别,接口名一般以"I"开头。

(3) 若从多个基接口继承,基接口名之间用逗号分隔。

（4）接口成员只可以是属性、方法、事件和索引器，且只是说明而没有实现，不能包含字段、构造函数、析构函数或静态成员。

（5）接口中的所有成员都隐式地声明为 public，因此在成员前不能添加任何访问修饰符。

6.4.2　实现接口

类或结构如果要实现接口，则要在定义的类名或结构名后添加冒号和接口名；如果要实现多个接口，则接口名依次列出，中间用逗号分隔，接口名的前后次序没有要求。当一个类既要继承一个基类又要实现接口时，基类放在所有接口的前面。

类实现接口的语法格式如下：

```
[访问修饰符] class 类名:[基类名,]接口名列表
{
    ⋮
    //类实现接口的代码
    ⋮
}
```

实现接口的方式有两种：隐式实现和显式实现。隐式实现和由基类产生派生类的方式相似。

【例 6-6】　隐式接口实现。

```
namespace Ch06Ex06
{
    class Automobile
    {
        private string brand;
        private double averagespeed;
        public string Brand
        {
            get {return brand;}
            set {brand=value;}
        }
        public double Averagespeed
        {
            get {return averagespeed;}
            set {averagespeed=value;}
        }
    }
    interface IMoveable                             //声明接口
    {
        double MoveForward(double hours);
    }
```

```csharp
class Car:Automobile,IMoveable                //从基类和接口派生出 Car
{
    public Car()
    {
        Averagespeed=100;
    }
    public Car(string brand):this()
    {
        Brand=brand;
    }
    public double MoveForward(double hours)   //接口方法的实现
    {
        Console.WriteLine("轿车向前飞奔!");
        return Averagespeed * hours;
    }
}
class Ant:IMoveable                            //从接口派生出 Ant
{
    public Ant()
    {
    }
    public double MoveForward(double hours)   //接口方法的实现
    {
        Console.WriteLine("蚂蚁向前爬!");
        return 0.3 * hours;
    }
}
class Program
{
    static void Main(string[] args)
    {
        double distance;
        ArrayList Moveobjs=new ArrayList();
        Moveobjs.Add(new Car("奥迪"));
        Moveobjs.Add(new Ant());
        foreach(IMoveable movebale in Moveobjs)
        {
            distance=movebale.MoveForward(2.5);
            Console.WriteLine("它在 2.5 小时内运动的距离是：{0}千米",distance);
        }
        Console.ReadLine();
    }
}
```

上述代码的运行结果如图 6-12 所示。

图 6-12 例 6-6 的运行结果

说明：本例中使用了 ArrayList 类,需要导入 Collections 命名空间,代码如下：

using System.Collections;

一般情况下,如果类实现了一个接口,则可以通过类的实例访问该类实现的接口成员。但有些情况比较复杂,例如,一个类同时实现两个接口,这两个接口中声明了同名的方法,此时,在类实现接口成员时,就必须在成员前加上相关的接口名,来指明该成员属于哪个接口,这种方式称为显式接口实现。显式接口成员不能通过类实例,只能通过接口实例来访问。

【例 6-7】 显式实现接口。

```
namespace Ch06Ex07
{
    interface IStuReg                //学生注册接口
    {
        void Register(string name,int age,string no);
    }
    interface IStaffReg              //员工注册接口
    {
        void Register(string name,int age,string no);
    }
    class trainee:IStuReg,IStaffReg    //声明实习生类,实现 IStuReg 和 IStaffReg 接口
    {
        string name;
        int age;
        string stuno;
        string workno;
        //实现 IStuReg 接口中的 Register 方法
        void IStuReg.Register(string name,int age,string no)
        {
            this.name=name;
            this.age=age;
            stuno=no;
        }
        //实现 IStaffReg 接口中的 Register 方法
        void IStaffReg.Register(string name,int age,string no)
        {
```

```
            this.name=name;
            this.age=age;
            workno=no;
        }
    }
    class Program
    {
        static void Main(string[] args)
        {
            IStuReg obj1=new trainee();
            obj1.Register("李明",23,"200905020115");
            IStaffReg obj2=new trainee();
            obj2.Register("李明",23,"3001");
        }
    }
}
```

6.4.3 接口和抽象类的比较

接口是一种特殊的类,抽象类也是一种特殊的类,它们具有一些共性,也有一些区别,具体如表 6-2 所示。

表 6-2 接口和抽象类的比较

相 同 点	不 同 点
(1) 都属于引用类型,是一种特殊的类	(1) 抽象类是由相似对象抽象而成的类,而接口只是一个行为的规范或规定
(2) 都不能实例化	(2) 一个类可以实现多个接口,但是只能从一个基类(包括抽象类)中派生
(3) 都可以包含未实现的方法声明和属性声明	(3) 抽象类既包含可变部分,又包含不可变部分,但接口仅定义了可变的部分
(4) 两者的派生类都必须实现它们的声明,派生类实现抽象类的抽象属性和抽象方法,而接口则要实现它的所有成员	(4) 如果要创建组件的多个版本,则应该创建抽象类;如果创建的功能在所有对象中使用,则应该创建接口

习 题

1. 选择题

(1) 使用继承的优点是_____。

　　A. 基类的大部分功能可以通过继承关系自动进入派生类

　　B. 继承将基类的实现细节暴露给派生类

C. 一旦基类实现出现 bug,就会通过继承的传播影响到派生类的实现

D. 可在运行期决定是否选择继承代码,有足够的灵活性

(2) 继承具有_____,即当基类本身也是某一个类的派生类时,派生类会自动继承间接基类的成员。

  A. 规律性   B. 传递性   C. 重复性   D. 多样性

(3) 在派生类中对基类的虚函数进行重写,要求在声明中使用_____关键字。

  A. override B. new   C. static   D. virtual

(4) 下列关于虚方法的描述中,正确的是_____。

  A. 虚方法能在程序运行时,动态确定要调用的方法,因而比非虚方法更灵活

  B. 定义虚方法时,基类和派生类的方法定义语句中都要带上 virtual 修饰符

  C. 重写基类的虚方法时,为消除隐藏基类成员的警告,需要带上 new 修饰符

  D. 重写虚方法时,需要同时带上 override 和 virtual 修饰符

(5) 在 C# 中,利用 sealed 修饰的类_____。

  A. 不能继承 B. 可以继承 C. 表示基类 D. 表示抽象类

(6) 下列关于接口的说法中,_____是错误的。

  A. 一个类可以有多个基类和基接口

  B. 抽象类和接口都不能被实例化

  C. 抽象类自身可以定义成员而接口不可以

  D. 类不可以多重继承而接口可以

(7) 接口与抽象基类的区别在于_____。

  A. 抽象基类可以包含非抽象方法,而接口只能包含抽象方法

  B. 抽象基类可以被实例化,而接口不能被实例化

  C. 抽象基类不能被实例化,而接口可以被实例化

  D. 抽象基类能够被继承,而接口不能被继承

(8) 以下说法不正确的是_____。

  A. 一个类可以实现多个接口

  B. 一个派生类可以继承多个基类

  C. 在 C# 中实现多态,派生类中重写基类的虚函数必须在前面加 override

  D. 子类能添加新方法

2. 思考题

(1) 如何区别覆盖(override)和重载(overload)?

(2) 虚方法与非虚方法有何区别?

(3) 抽象类和接口有何异同?

3. 分析程序的运行结果

(1) 程序代码如下:

```
namespace ConsoleApplication1
```

```
        }
    class Program
    {
        static void Main(string[] args)
        {
            Bora b1=new Bora("冀 B S6882");
            Console.ReadLine();
        }
    class Car
    {
        public Car()
        {
            Console.WriteLine("汽车实例：");
        }
    }
    class Bora: Car
    {
        public Bora()
        {
            Console.Write("宝来");
        }
        public Bora(string platenumber ) :this()
        {
            Console.WriteLine(platenumber);
        }
    }
}
```

(2) 程序代码如下：

```
namespace ConsoleApplication1
{
    class Program
    {
        static void Main(string[] args)
        {
            CBase b=new CBase();
            Derived d=new Derived();
            b.Hello();
            b.Show();
            d.Hello();
            d.Show();
            b =new Derived();
            b.Hello();
```

```
            b.Show();
            Console.ReadLine();
        }
    }
    class CBase
    {
        public void Hello()
        {
            Console.WriteLine("Hello in Base");
        }
        public virtual void Show()
        {
            Console.WriteLine("Show in Base");
        }
    }
    class Derived: CBase
    {
        public new void Hello()
        {
            Console.WriteLine("Hello in Derived");
        }
        public override void Show()
        {
            Console.WriteLine("Show in Derived");
        }
    }
}
```

4. 实践题

(1) 设计并实现几何图形的继承层次。

定义一个抽象基类 Shape，由它派生出两个子类：长方形类 Rectangle 和正方形类 Square，并通过抽象方法的实现计算两种图形的周长和面积。

要求：程序能够体现对象的多态性。

(2) 编写一个 C#程序，包括雇员类 Employee、工人类 Worker 和经理类 Manager，雇员类具有姓名、性别属性，工人类具有姓名、性别和基本工资属性，经理类具有姓名、性别、基本工资和奖金属性。

要求：设计雇员类、工人类和经理类之间的继承关系，并使用虚方法、抽象和接口分别显示工人和经理的属性。

第 7 章 Windows 编程基础

Windows 应用程序是面向对象的、事件驱动的应用程序，有标准的用户界面。Visual Studio 2010 为设计 Windows 应用程序提供了可视化的快速应用开发手段，并提供了大量可视化组件。

本章主要介绍 Windows 应用程序的组织结构、开发步骤、窗体和常用控件。

7.1 Windows 应用程序开发步骤

Visual Studio 2010 集成开发环境是基于.NET Framework 构建的，该框架提供了一个有条理的、面向对象的、可扩展的类集，使用户得以开发丰富的 Windows 应用程序。通过 Windows 窗体设计器进行窗体设计，用户就可以创建 Windows 应用程序了。

下面设计实现一个简单的加法器，以说明 Windows 应用程序的开发步骤。

1. 新建项目

运行 Visual Studio 2010，在起始页上单击"新建项目"按钮，打开"新建项目"对话框，如图 7-1 所示。

在"项目类型"列表框中指定项目的类型为 Visual C#，在"模板"列表框中选择"Windows 窗体应用程序"，在"名称"和"位置"框中设定项目文件的名字和保存位置，然后单击"确定"按钮，进入 Visual Studio 2010 的主界面，如图 7-2 所示。

2. 界面设计

从图 7-2 可以看出，系统自动为用户生成了一个空白窗体，名称为 Form1。下一步则是进行 Form1 窗体的界面设计。

1) 添加控件

向窗体中添加一个控件的步骤如下（以按钮为例）：

(1) 单击"工具箱"中的"公共控件"选项卡，出现各种控件。

(2) 将鼠标移到 Button 控件上单击，然后移动到要添加控件的窗体，这时鼠标指针变成十字线形状。

(3) 将十字线放在窗体的适当位置，单击窗体并按住鼠标左键不放，拖动鼠标画出一个矩形。

(4) 松开鼠标左键，会看到一个 Button 控件创建在窗体上，如图 7-3 所示。

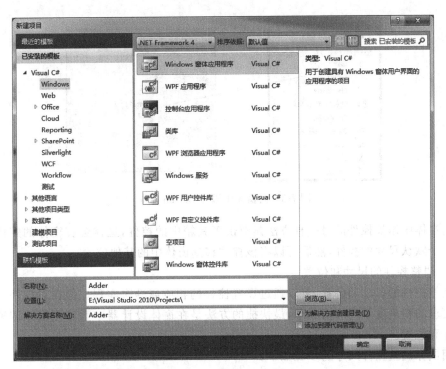

图 7-1 "新建项目"对话框

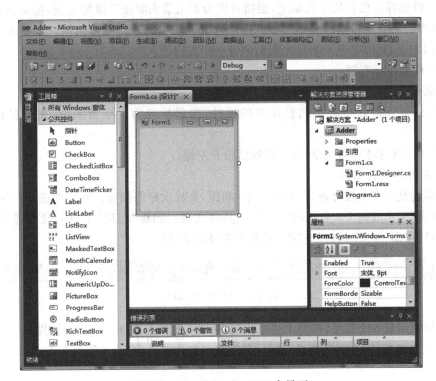

图 7-2 Visual Studio 2010 主界面

第 7 章 Windows 编程基础

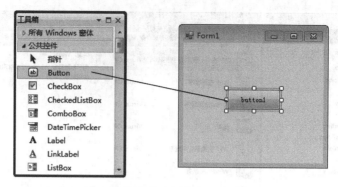

图 7-3　向窗体中添加 Button 控件

向窗体中添加控件的另一种方法是双击工具箱中的控件,这样会在窗体的默认位置创建一个默认尺寸的控件,然后可以将该控件移到窗体中的其他位置。

2）调整控件的尺寸和位置

调整控件的尺寸和位置,可以通过设置控件的相应属性来实现。但在对控件尺寸和位置要求的精确度不高的情况下,最快捷的方法是在窗体设计器中直接用鼠标调整控件的尺寸和位置。

用鼠标调整控件尺寸的步骤如下：

（1）单击需要调整尺寸的控件,控件上出现 8 个尺寸句柄。

（2）将鼠标定位到尺寸句柄上,当指针变为双向箭头时按下鼠标左键,拖动该尺寸句柄,直到控件达到所希望的大小为止。控件角上的 4 个尺寸句柄可以同时调整水平和垂直方向的大小,而边上的 4 个尺寸句柄调整一个方向的大小。

（3）松开鼠标左键。

用鼠标调整控件位置的步骤如下：

（1）将鼠标指针指向要调整位置的控件,当鼠标变为十字箭头时,按下鼠标左键不放。

（2）用鼠标将控件拖动到目标位置后松开左键。

3）对控件进行布局

布局就是对多个控件进行对齐、大小、间距、叠放次序等操作。对控件进行布局,可以通过"格式"菜单或图 7-4 所示的"布局"工具栏实现。如果"布局"工具栏没有显示出来,可以选择"视图"→"工具栏"→"布局"命令来显示工具栏。

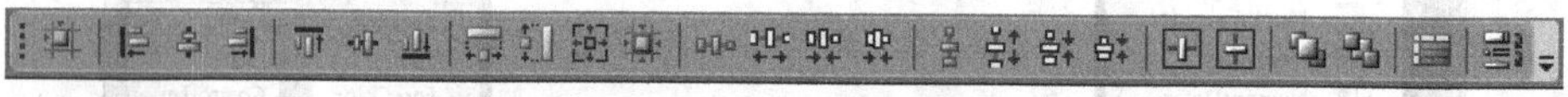

图 7-4　"布局"工具栏

本例中用到 6 个控件,按照上述方法向 Form1 窗体上添加 1 个按钮控件、2 个标签控件、3 个文本框控件,并按照图 7-5 所示调整这些控件的大小、位置和对齐等。

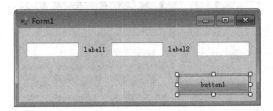

图 7-5　窗体设计界面

3. 设置属性

窗体和控件有一些表现特征的属性,可以通过"属性"窗口设置这些属性来控制窗体和控件的外观。

"属性"窗口是 Visual Studio 2010 中的一个重要工具,该窗口为 Windows 窗体应用程序的开发提供了简单的属性修改和事件管理功能。在设计状态下,对窗体及窗体中各控件的属性设置都可以通过图 7-6 所示的"属性"窗口来完成。

图 7-6　"属性"窗口

本例中各控件的属性如表 7-1 所示。

表 7-1　控件属性

名　称	属　性	属性值	名　称	属　性	属性值
Form1	Text	加法器	label2	Text	=
label1	Text	+	button1	Text	计算

设置好属性后的窗体如图 7-7 所示。

4. 编写程序代码

至此,界面设计已经完成,接下来就是为控件添加相应的事件处理程序。

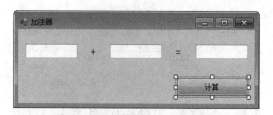

图 7-7　设置属性后的窗体界面

Windows 应用程序采用的是事件驱动机制，当 Windows 窗体中任意一个事件发生时，系统都要调用一个事件方法。这个事件方法可以从窗体或控件的基类继承，但继承的事件方法只能具有通用功能。如果希望在事件发生时完成一些特定操作，则需要添加事件的处理程序，重新定义相应的事件方法。

要为事件添加处理程序，有以下两种方法：

（1）双击窗体上的控件。双击控件，进入控件默认事件的处理程序，这个事件因控件而异。如果该事件正是需要处理的事件，就可以开始编写代码。

（2）使用"属性"窗口中的事件列表。单击"属性"窗口中的 ⚡ 按钮，就会显示事件列表，如图 7-8 所示。要给事件添加处理程序，只需在事件列表中双击该事件即可。

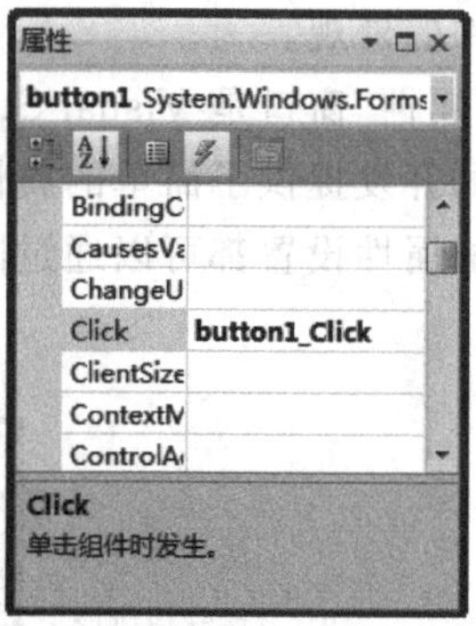

Visual Studio 2010 会自动生成相应的事件方法，如图 7-9 所示，并自动把该事件方法与控件的相应事件绑定起来，如图 7-10 所示。由图 7-9 可以看出，系统生成的事件方法是不包含任何语句的空方法，需要自行完成代码的编写。

图 7-8　"属性"窗口中的事件列表

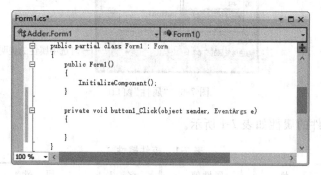

图 7-9　事件方法

下面为本例中的 button1 控件添加 Click 事件处理程序。

双击 button1 按钮，在事件处理程序中添加如下代码：

```
private void button1_Click(object sender, EventArgs e)
{
    int a=0,b=0;
    if (textBox1.Text!="")
```

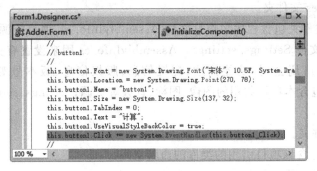

图 7-10　事件方法与相应事件的绑定

```
    a=int.Parse(textBox1.Text);
if (textBox2.Text!="")
    b=int.Parse(textBox2.Text);
textBox3.Text=(a+b).ToString();
}
```

5．程序运行与调试

选择"调试"→"启动调试"命令或单击标准工具栏中的 ▶ 按钮，运行该程序。如果运行出错或运行结果不正确，则查找错误，修正后再次运行。

7.2　Windows 应用程序的组织结构

在 Visual Studio 2010 中，一旦创建了一个 Windows 应用程序，即可在图 7-11 所示的"解决方案资源管理器"窗口中查看程序的组织结构。

图 7-11　Windows 应用程序的组织结构

(1) Properties 文件夹。

Properties 文件夹包含程序集信息文件 AssemblyInfo.cs、项目资源文件 Resources.resx 和项目设置文件 Settings.settings。AssemblyInfo.cs 用来设置有关程序集的信息,如程序集的名称、所属公司、功能描述、配置信息、版权信息、版本号等;项目资源文件 Resources.resx 包含本项目共用的图像、图标、音频等资源;Settings.settings 用来设置配置信息。

(2) 引用文件夹。

引用文件夹包含该项目引用的类库的命名空间。

(3) 窗体代码文件。

Form1.cs 和 Form1.Designer.cs 是窗体 Form1 的程序文件。Form1.cs 存放用户在代码编辑器窗口中编写的代码,Form1.Designer.cs 存放窗体设计器所产生的代码。Form.cs 和 Form.Designer.cs 其实是一个类,为了方便用户管理,Visual Studio 2010 定义 Form1 类时用 partial 关键字将其指定为局部类型,以便将同一窗体的代码分开存放在两个文件中,Form.Designer.cs 存放的是窗体的布局,例如窗体定义了哪些控件,这些控件的名称、属性等,而 Form.cs 则是用来存放处理方法的,例如按钮的 Click 事件方法。编译器编译时会将两个文件中的局部类型合并成一个完整的类。

Form1.resx 是 Form1 窗体的资源文件,包含窗体中用到的本地资源。

(4) 主程序文件。

Program.cs 是项目启动执行程序,包含 Main 方法。Windows 应用程序和控制台应用程序一样,必须从 Main 方法开始执行。创建 Windows 应用程序时,Visual Studio 2010 会自动生成 Program.cs 文件,并在该文件中自动生成 Main 方法,也会根据程序设计员的操作自动更新 Main 方法中的语句。因此,程序设计员不需要在 Main 方法中添加任何代码。

7.3　Windows 窗体与控件

7.3.1　窗体

窗体是一个窗口或对话框,是存放各种控件的容器。C#中以类 Form(System.Windows.Forms.Form)来封装窗体,一般来说,用户设计的窗体都是 Form 类的派生类。

1. 新建窗体

在 Visual Studio 2010 中新建一个项目时,系统会自动生成一个空白窗体。但是,开发项目时通常需要用到多个窗体。C#具有多窗体处理能力,在一个项目中可以创建多个窗体。

添加窗体的方法如下:

(1) 选择"项目"→"添加 Windows 窗体"命令,或在"解决方案资源管理器"窗口中右击项目名称,从快捷菜单中选择"添加"→"Windows 窗体"命令,打开"添加新项"对话框,如图 7-12 所示。

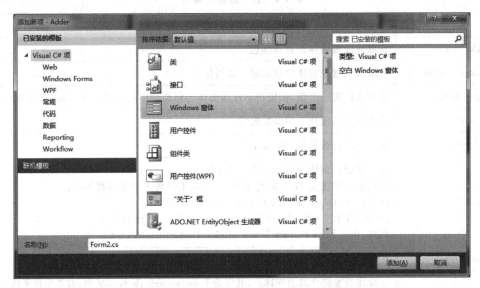

图 7-12 "添加新项"对话框

(2)在"添加新项"对话框的模板框内选择"Windows 窗体"模板,在"名称"框中输入窗体名称,然后单击"添加"按钮,就添加了一个新的 Windows 窗体。

2. 设置启动窗体

在应用程序中添加了多个窗体后,默认情况下,应用程序中的第一个窗体被自动指定为启动窗体。应用程序开始运行时,此窗体就会显示出来。如果想在应用程序启动时显示其他窗体,就要设置启动窗体,方法如下。

在"解决方案资源管理器"窗口中双击 Program.cs 文件,该文件中的代码如下:

```
static class Program
{
    static void Main()
    {
        Application.EnableVisualStyles();
        Application.SetCompatibleTextRenderingDefault(false);
        Application.Run(new Form1());
    }
}
```

若要将 Form2 设置为启动窗体,只需将 Program.cs 文件中的最后 1 行代码 Application.Run(new Form1());改为 Application.Run(new Form2());即可。

3. 窗体的属性

窗体有一些表现其特征的属性,设置这些属性可以控制窗体的外观。表 7-2 中列出了窗体的常用属性。

表 7-2 窗体的常用属性

属 性	说 明
BackColor	获取或设置窗体的背景颜色
BackgroundImage	获取或设置在窗体中显示的背景图像
ControlBox	获取或设置一个值,该值指示在该窗体的标题栏中是否显示控件框,默认为 true
Cursor	获取或设置窗体上显示的光标
DialogResult	获取或设置窗体的对话框结果
Font	获取或设置窗体中显示的文字的字体 可以通过系统类 Font 来实现,Font 类常用的两个构造函数如下: public Font (string familyName, float emSize) public Font (string familyName, float emSize, FontStyle style) 例如:this. Font = new Font("黑体",18,FontStyle. Bold)
ForeColor	获取或设置窗体的前景颜色
FormBorderStyle	获取或设置窗体的边框样式,其值为 FormBorderStyle 枚举类型,有 7 个枚举成员: None——窗体无边框,无标题栏 FixedSingle——单线边框。不允许改变窗体大小,可包含控制菜单、标题栏、最大化和最小化按钮 Fixed3D——3D 边框。不允许改变窗体大小,可包含控制菜单、标题栏、最大化和最小化按钮 FixedDialog——用于对话框。不允许改变窗体大小,可包含控制菜单、标题栏、最大化和最小化按钮 Sizable——默认值,双线边框。可调整窗体大小,可包含控制菜单、标题栏、最大化和最小化按钮 FixedToolWindow——用于工具窗口。不允许改变窗体大小,只包含标题栏和关闭按钮 SizableToolWindow——用于工具窗口。可改变窗体大小,只包含标题栏和关闭按钮
Icon	获取或设置窗体的图标
Location	获取或设置窗体在屏幕上的位置,即设置窗体左上角的坐标值
MaximizeBox	获取或设置一个值,该值指示是否在窗体的标题栏中显示"最大化"按钮,默认为 true
MinimizeBox	获取或设置一个值,该值指示是否在窗体的标题栏中显示"最小化"按钮,默认为 true
Name	获取或设置窗体的名称,用于在程序中引用窗体
Opacity	获取或设置窗体的不透明度级别
ShowInTaskbar	获取或设置一个值,该值指示是否在 Windows 任务栏中显示窗体,默认为 true
Size	获取或设置窗体的大小 可以通过系统类 Size 来实现,例如:this. Size = new Size(500,600) 也可以通过窗体的 Height 和 Width 属性来实现,例如:this. Width = 500; this. Height = 600

续表

属 性	说 明
Text	获取或设置窗体标题栏显示的内容
TopMost	获取或设置一个值,指示该窗体是否应显示为最顶层窗体,其值为逻辑型。注意:即使最顶层的窗体不处于活动状态,它也会浮在其他非顶端窗体之前
StartPosition	获取或设置运行时窗体的起始位置
WindowState	获取或设置窗体的窗口状态,有 3 个可选值: 0——Normal,正常窗口状态 1——Maximized,最大化状态 2——Minimized,最小化状态

大多数属性的值既可以在设计时通过属性窗口来设置,也可以在运行时用代码设置;少数属性只能在属性窗口中设置,或者只能用代码设置。例如,窗体的 Height 和 Width 属性,只能在运行时用代码设置。

通过代码设置属性的格式如下:

对象名.属性名=属性值;

4. 窗体的方法

窗体提供了一些方法,调用这些方法可以实现特定的操作。

1) 显示窗体

C♯中有两种显示窗体的方法,一种是 Show 方法,一种是 ShowDialog 方法。调用格式如下:

窗体对象名.Show([IWin32Window owner])

窗体对象名.ShowDialog([IWin32Window owner])

说明:

(1) Show 方法用于显示非模式窗体,ShowDialog 方法用于显示模式窗体。

模式窗体和非模式窗体的区别如下:

① 非模式窗体弹出后依然可以对主窗体进行操作,而模式窗体弹出后不可以对主窗体进行操作,只有在其关闭或隐藏后才能将焦点切换到主窗体。

② 如果窗体显示为有模式,则在关闭该窗体之前不执行 ShowDialog 方法后面的代码。但是,当窗体显示为无模式时,该窗体显示之后会立刻执行 Show 方法后面的代码。

(2) 调用 ShowDialog 方法时,关闭模式窗体时可以返回窗体的 DialogResult 值。

(3) 可选参数 owner 用于指定窗体的父子关系。

【例 7-1】 在 Form1 窗体中添加一个按钮控件 button1,单击该按钮显示 Form2 窗体。

```
private void button1_Click(object sender, EventArgs e)
{
```

```
    Form2 frm2=new Form2();
    frm2.Show();
}
```

运行上述程序,单击 button1,则显示 Form2 窗体。

若将上述代码改为:

```
private void button1_Click(object sender, EventArgs e)
{
    Form2 frm2=new Form2();
    frm2.Show(this);
}
```

则 Form1 窗体和 Form2 窗体之间就建立了父子关系。

如果使用无参的 show 方法显示 Form2,要定义父子关系,则需要修改代码如下:

```
private void button1_Click(object sender, EventArgs e)
{
    Form2 frm2=new Form2();
    frm2.owner=this;
    frm2.Show();
}
```

Form1 窗体和 Form2 窗体之间建立了父子关系后,就可以互相通信了。

【例 7-2】 修改例 7-1,在 Form2 中添加一个按钮 button1,单击该按钮,修改父窗体 Form1 中 button1 上的文字。

首先,通过"属性"窗口设置 Form1 中 button1 的 Modifiers 属性,将其属性值修改为 Public,然后双击 Form2 中的 button1 按钮,为其 Click 事件添加事件处理程序,代码如下:

```
private void button1_Click(object sender, EventArgs e)
{
    Form1 frm1=(Form1)this.Owner;
    frm1.button1.Text="显示 Form2";
}
```

2) 隐藏窗体

通过调用 Hide 方法可以隐藏窗体,调用格式如下:

窗体名.Hide()

【例 7-3】 在 Form1 窗体中添加一个按钮控件 button1,单击该按钮隐藏 Form1,显示 Form2 窗体。

```
private void button1_Click(object sender, EventArgs e)
{
    this.Hide();
```

```
Form2 frm2=new Form2();
frm2.Show();
}
```

说明：如果要对调用语句所在的窗体调用 Hide 方法，则用 this 关键字（表示当前类的对象）代替对象名，例如，上述代码中的"this.Hide()"。

3) 关闭窗体

通过调用 Close 方法可以关闭窗体，调用格式如下：

窗体名.Close()

关闭窗体是将窗体彻底销毁，之后无法对窗体进行任何操作；隐藏窗体只是使窗体不显示，可以通过调用 Show 或 ShowDialog 方法使窗体重新显示。

【例 7-4】 修改例 7-3，单击 button1 关闭 Form1，显示 Form2 窗体。

```
private void button1_Click(object sender, EventArgs e)
{
    this.Close();
    Form2 frm2=new Form2();
    frm2.Show();
}
```

运行上述代码，单击 button1，就会发现整个程序都关闭了，这是因为 Form1 窗体是启动窗体。对启动窗体调用 Close 方法，就会退出整个应用程序。而在任何一个窗体中编写代码"Application.Exit();"，都可以退出程序。

为了实现例 7-4 的要求，可以修改 Program.cs 中的 Main 方法，代码如下：

```
static class Program
{
    static void Main()
    {
        Application.EnableVisualStyles();
        Application.SetCompatibleTextRenderingDefault(false);
        Form1 frm=new Form1();
        frm.Show();
        Application.Run();
        //Application.Run(new Form1()); 这是修改前的，上面三行是修改后的
    }
}
```

另外，使用 Close 方法关闭父窗体时，子窗体也会随之关闭。

5. 窗体的事件

Windows 应用程序是由事件驱动的。用户执行操作前，程序会一直等待。用户执行操作时，窗体或控件将向应用程序发送一个事件。编程人员可以在应用程序中编写特定

方法来处理事件,程序接收到事件时,将调用此方法。

在 C# 中,Form 类提供了大量事件,用于响应对窗体执行的各种操作。下面介绍几个常用的窗体事件。

1) Load 事件

第一次直接或间接调用 Show 方法显示窗体时,窗体进行且只进行一次加载,并且在加载操作完成后会引发 Load 事件。

通常,在 Load 事件处理程序中执行一些初始化操作。

【例 7-5】 在窗体的 Load 事件中设置窗体的相关属性。

```
private void Form1_Load(object sender, EventArgs e)
{
    this.Text="Welcome";
    this.Font=new Font("宋体",12,FontStyle.Bold);
    this.BackColor=Color.White;
    this.StartPosition=FormStartPosition.CenterScreen;
}
```

2) Click 事件

单击窗体时,将会引发窗体的 Click 事件。

【例 7-6】 单击窗体,窗体的大小放大为原来的两倍。

```
private void Form1_Click(object sender, EventArgs e)
{
    this.Size=new Size(2 * this.Width,2 * this.Height);
}
```

3) FormClosing 事件

FormClosing 事件是在窗体关闭时引发的事件,直接或间接调用 Close 方法都会引发该事件。

在 FormClosing 事件中,通常进行关闭前的确认和资源释放操作。

【例 7-7】 关闭窗体前进行确认。

```
private void Form1_FormClosing(object sender, FormClosingEventArgs e)
{
    DialogResult dr=MessageBox.Show("是否关闭窗体?","提示",MessageBoxButtons.
    YesNo, MessageBoxIcon.Warning);
    if (dr==DialogResult.Yes)
        e.Cancel=false;
    else
        e.Cancel=true;
}
```

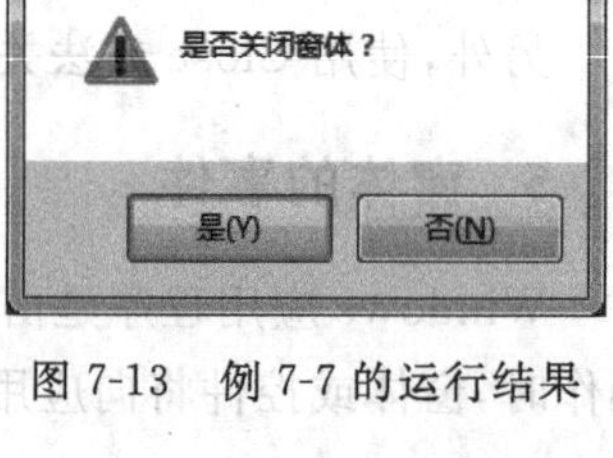

运行程序,单击窗体右上角的"关闭"按钮,弹出图 7-13 所示的消息框,单击"是"按钮,关闭窗体。

图 7-13 例 7-7 的运行结果

上述代码中的 MessageBox(System.Windows.Forms.MessageBox)是系统预定义的一个类,用于显示可包含文本、按钮和符号的消息框,它提供了 21 种重载的 Show 方法,表 7-3 中列出了几种常用的 Show 方法格式。

表 7-3 Show 方法的重载列表

格　　式	说　　明
Show(string text)	显示具有指定文本的消息框
Show(string text, string caption)	显示具有指定文本和标题的消息框
Show(string text, string caption, MessageBoxButtons buttons)	显示具有指定文本、标题和按钮的消息框
Show(string text, string caption, MessageBoxButtons buttons, MessageBoxIcon icon)	显示具有指定文本、标题、按钮和图标的消息框

上述 Show 方法格式中,text 表示消息框的提示信息;caption 表示标题栏显示的标题;buttons 表示消息框中显示的按钮,其值为 MessageBoxButtons 枚举类型;icon 表示消息框中显示的图标,其值为 MessageBoxIcon 枚举类型。

消息框出现后,用户响应消息框时,会单击消息框中的某一按钮,这将作为消息框的返回值返回给程序,根据这个值,可以决定下一步执行什么操作。消息框的返回值为表 7-4 所示的 DialogResult 枚举类型。

表 7-4 System.Windows.Forms.DialogResult 枚举值

枚 举 值	说　　明	枚 举 值	说　　明
DialogResult.OK	对话框的返回值是 OK	DialogResult.Abort	对话框的返回值是 Abort
DialogResult.Cancel	对话框的返回值是 Cancel	DialogResult.Ignore	对话框的返回值是 Ignore
DialogResult.Yes	对话框的返回值是 Yes	DialogResult.Retry	对话框的返回值是 Retry
DialogResult.No	对话框的返回值是 No	DialogResult.None	对话框的返回值是 Nothing

7.3.2　控件

控件是 Windows 编程的基础,也是重要的可视化编程工具。控件包含在窗体对象中,具有自身的属性、事件和方法。它可以向用户显示信息,或者响应用户的输入。

1. 控件的常用属性

每个控件都有很多属性,用于处理控件的操作。.NET 中的大多数控件都派生于 System.Windows.Forms.Control 类,它有很多属性,其他控件要么直接继承了这些属性,要么重写它们以提供某些定制的操作,这也是许多控件中的属性和事件相同的原因。

表 7-5 列出了 Control 类最常见的一些属性。这些属性在本章介绍的大多数控件中都有,因此后面将不再详细解释它们,除非属性的操作对于某个控件来说进行了改变。

表 7-5 控件的常用属性

属 性	说 明
Anchor	获取或设置控件绑定到的容器的边缘,并确定控件如何随其父级一起调整大小
BackColor	获取或设置控件的背景颜色
BackgroundImage	获取或设置在控件中显示的背景图像
Bottom	获取控件下边缘与其容器的工作区上边缘之间的距离(以像素为单位)
Dock	获取或设置哪些控件边框停靠到其父控件,并确定控件如何随其父级一起调整大小
Enabled	获取或设置一个值,该值指示控件是否可以对用户交互作出响应,默认为 true
ForeColor	获取或设置控件的前景色
Font	获取或设置控件中文字的字体
Height	获取或设置控件的高度
Left	获取或设置控件左边缘与其容器的工作区左边缘之间的距离(以像素为单位)
Location	获取或设置该控件的左上角相对于其容器左上角的坐标
Modifiers	获取或设置一个值,该值指示控件的可见性级别
Name	获取或设置控件的名称
Parent	获取或设置控件的父容器
Right	获取控件右边缘与其容器的工作区左边缘之间的距离(以像素为单位)
Size	获取或设置控件的高度和宽度
TabIndex	获取或设置控件在容器中的 Tab 键顺序
TabStop	获取或设置一个值,指示用户能否通过 Tab 键切换至该控件
Text	获取或设置与控件相关的文本
Top	获取或设置控件上边缘与其容器工作区上边缘之间的距离(以像素为单位)
Visible	获取或设置一个值,该值指示是否显示该控件,默认为 true
Width	获取或设置控件的宽度

在很多应用程序中,窗体的大小可以动态调整。当窗体大小改变时,窗体上的控件尺寸也必须作相应调整,程序界面才比较美观。控件的 Dock 属性和 Anchor 属性可以满足这个要求。

Dock 属性用于获取或设置控件停靠的位置和方式,即指示控件的哪些边缘停靠到其父容器,并确定控件如何随其父容器一起调整大小。

Dock 属性值是 DockStyle 枚举类型,包含以下 6 个成员:

(1) None——控件未停靠,默认值。

(2) Top——控件的上边缘停靠在其父容器的顶端,并适当调整宽度。

(3) Bottom——控件的下边缘停靠在其父容器的底端,并适当调整宽度。

(4) Left——控件的左边缘停靠在其父容器的左边缘,并适当调整高度。

(5) Right——控件的右边缘停靠在其父容器的右边缘,并适当调整高度。

(6) Fill——控件的各个边缘停靠在其父容器的各个边缘,并适当调整大小。

Anchor 属性用于获取或设置控件锚定的位置和方式,即指示控件边缘锚定到其父容器的哪些边缘,并确定控件如何随其父容器一起调整大小。当锚定到容器的某个边缘时,那条与指定容器边缘最接近的控件边缘与指定容器边缘之间的距离将保持不变。当容器的尺寸改变时,容器内的控件根据 Anchor 属性值对这种改变做出相应的变化。

Anchor 属性值是 AnchorStyle 枚举值的按位组合，AnchorStyle 枚举类型包含以下 5 个成员：

（1）None——控件未锚定到其容器的任何边缘。

（2）Top——控件锚定到其容器的上边缘。

（3）Bottom——控件锚定到其容器的下边缘。

（4）Left——控件锚定到其容器的左边缘。

（5）Right——控件锚定到其容器的右边缘。

一个控件可以锚定到其父容器的一个或多个边缘，Anchor 属性的默认值是 Top，Left，即锚定到上边缘和左边缘。

通常情况下，Dock 属性用于容器控件和尺寸较大的控件，而 Anchor 属性则用在尺寸较小的控件中。当然，这并不是绝对的，何时用 Dock 属性，何时用 Anchor 属性，需要在实践中灵活取舍，以达到满意的界面效果。

2. 控件的常用事件

Control 类定义了控件的一些比较常见的事件，如表 7-6 所示。

表 7-6 控件的常见事件

事 件	说 明
Click	单击控件时引发
DoubleClick	双击控件时引发
Enter	控件获得焦点时引发该事件
Leave	控件失去焦点时引发该事件
Validating	CausesValidation 属性为 true 且控件获得焦点时，引发该事件 注意，被验证的控件是正在失去焦点的控件，而不是正在获得焦点的控件
Validated	CausesValidation 属性为 true 且控件获得焦点时，引发该事件。它在 Validating 事件之后发生，表示验证已经完成 Enter、Leave、Validating 和 Validated 事件统称为"焦点事件"，4 个事件按照表中列出的顺序引发
KeyDown	当控件有焦点时，按下一个键时引发该事件，这个事件总是在 KeyPress 和 KeyUp 之前引发
KeyPress	当控件有焦点时，按下一个键时引发该事件，这个事件总是在 KeyDown 之后、KeyUp 之前引发。KeyDown 和 KeyPress 的区别是 KeyDown 传送被按下的键的键盘码，而 KeyPress 传送被按下的键的 char 值
KeyUp	当控件有焦点时，释放一个键时引发该事件，这个事件总是在 KeyDown 和 KeyPress 之后引发
MouseDown	鼠标指针指向一个控件，且鼠标按钮被按下时引发
MouseUp	鼠标指针指向一个控件，且鼠标按钮被释放时引发
MouseMove	鼠标滑过控件时引发

7.4 常用控件

7.4.1 Button 控件

Button(按钮)是用户与应用程序交互常用的一种控件,常用来接收用户的操作信息,激发相应的事件。

1) Button 控件的属性

Button 控件的常用属性如表 7-7 所示。

表 7-7 Button 控件的常用属性

属 性	说 明
DialogResult	获取或设置一个值,该值在单击按钮时返回到父窗体
FlatStyle	获取或设置按钮控件的平面样式外观,该属性值为 FlatStyle 枚举类型,有 4 个枚举成员: Flat——平面显示 Popup——平面显示,但当鼠标指针移动到该控件时,外观为三维 Standard——三维显示,默认值 System——按钮的外观由操作系统决定
Image	获取或设置显示在按钮控件上的图像
ImageAlign	获取或设置按钮控件上的图像对齐方式
ImageIndex	获取或设置按钮控件上显示的图像的 ImageList 索引值
ImageList	获取或设置包含按钮控件上显示的图像的 ImageList
Text	获取或设置按钮上显示的文字

设置 Button 控件的 Text 属性时,可以使用"&"符号为按钮指定快捷键。例如,将按钮的 Text 属性设置为 &Copy,按钮上显示Copy,程序运行时按下 Alt+C,相当于单击了该按钮。

2) Button 控件的事件

Button 控件最常用的事件是 Click 事件。当单击按钮或按钮获得焦点时按 Enter 键,就会引发该事件。

7.4.2 Label 控件

Label(标签)控件用于在窗体上显示文本。Label 控件中的文本为只读文本,用户不能编辑,因此 Label 控件通常用来显示提示信息或为其他控件显示说明信息。

Label 控件的常用属性如表 7-8 所示。

表 7-8　Label 控件的常用属性

属　性	说　　明
Autosize	获取或设置一个值,该值指示是否自动调整标签控件的大小,以完整显示其内容,默认为 true
BorderStyle	获取或设置标签的边框样式,其值是 BorderStyle 枚举类型,有 3 个枚举成员:None、FixedSingle、Fixed3D,默认为 None,无边框
Image	获取或设置显示在标签上的图像
ImageAlign	获取或设置在标签中显示的图像的对齐方式
Padding	获取或设置标签控件的内部边距
TextAlign	获取或设置标签中文本的对齐方式,其值是 ContentAlignment 枚举类型,有 9 个枚举成员,默认值为 TopLeft

7.4.3　TextBox 控件

TextBox(文本框)控件用于提供基本的文本输入和编辑功能。

1) TextBox 控件的属性

TextBox 控件的常用属性如表 7-9 所示。

表 7-9　TextBox 控件的常用属性

属　性	说　　明
CharacterCasing	获取或设置在字符键入时是否修改其大小写格式,其值为 CharacterCasing 枚举类型,有 3 个枚举成员: Lower——输入的所有文本都转换成小写 Normal——不对文本进行任何转换,默认值 Upper——输入的所有文本都转换成大写
HideSelection	获取或设置一个值,该值指示当文本框控件没有焦点时,该控件中选定的文本是否保持突出显示
Lines	获取或设置文本框中的文本行,字符串型数组。说明:两个 Enter 键之间的字符串为数组的一个元素
MaxLength	获取或设置可在文本框中键入或粘贴的最大字符数
MultiLine	获取或设置一个值,该值指示此控件是否为多行文本框控件,默认为 false
PasswordChar	获取或设置字符,该字符用于屏蔽单行文本框控件中的密码字符
ReadOnly	获取或设置一个值,该值指示文本框中的文本是否为只读,默认为 false
ScrollBars	获取或设置哪些滚动条应出现在多行文本框控件中,该属性值为 ScrollBars 枚举类型,有 4 个枚举成员: None——不显示滚动条,默认值 Horizontal——只显示水平滚动条 Vertical——只显示垂直滚动条 Both——水平和垂直滚动条均显示

续表

属性	说明
SelectedText	获取或设置一个值,该值指示控件中当前选定的文本
SelectionLength	获取或设置文本框中选定的字符数。如果这个值设置得比文本中的总字符数大,则控件会把它重新设置为字符总数减去 SelectionStart 的值
SelectionStart	获取或设置文本框中选择的文本起始点
Text	获取或设置文本框中显示的文本
TextLength	获取文本框中文本的长度
WordWrap	获取或设置一个值,该值指示在多行文本框中,如果一行的宽度超出了控件的宽度,其文本是否自动换行,默认为 true

TextBox 控件的 Text 属性值是 string 类型,可以使用 2.5.1 节介绍的 string 类的方法操作文本框中的内容。例如:

```
string s1=textBox1.Text.Substring(0,4);    //截取文本框中的前 4 个字符
textBox1.Text=textBox1.Text.ToUpper();     //将文本框中的所有字母转换为大写字母
char[] c=textBox1.Text.ToArray();          //将文本框中的所有文本存入字符数组
textBox1.Text=textBox1.Text.Remove(0,4);   //删除文本框中的前 4 个字符
textBox1.Text=textBox1.Text.Replace("IS","is"); //将文本框中的"IS"替换为"is"
```

2) TextBox 控件的方法

TextBox 控件的常用方法如表 7-10 所示。

表 7-10 TextBox 控件的常用方法

方法	功能
AppendText(string text)	向文本框追加文本
Clear()	清除文本框中的所有文本
Copy()	将文本框中当前选定的内容复制到剪贴板中
Cut()	将文本框中当前选定的内容移动到剪贴板中
Focus()	为文本框设置焦点
Hide()	向用户隐藏控件
Paste()	用剪贴板中的内容替换文本框中的当前选定内容
Select(int start, int length)	选择文本框中的文本
SelectAll()	选择文本框中的所有文本
Show()	向用户显示控件
Undo()	撤销文本框中的上一个编辑操作

3) TextBox 控件的事件

TextBox 控件的常用事件有 TextChanged、KeyDown、KeyUp、KeyPress、Enter、Leave 等。

【例 7-8】 设计一个简单的登录界面,当用户输入正确的账号和密码时,系统将给出正确的提示,否则给出错误的提示,要求用户重新输入,并将焦点置于相应的文本框中。

(1) 界面设计。从工具箱中拖动 2 个 Label 控件、2 个 TextBox 控件、1 个 Button 控件到窗体设计区,并按照图 7-14 所示调整控件的布局。

(2) 设置属性。窗体和各个控件的属性设置如表 7-11 所示。

图 7-14 例 7-8 的程序界面

表 7-11 例 7-8 对象的属性设置

名 称	属 性	属性值	名 称	属 性	属性值
Form1	Text	用户登录	textBox2	PasswordChar	*
label1	Text	账号:	button1	Text	登录
label2	Text	密码:			

(3) 编写代码。

```
private void button1_Click(object sender, EventArgs e)
{
    if (textBox1.Text==string.Empty || textBox2.Text==string.Empty)
                                                           //账号或密码为空
    {
        MessageBox.Show("账号或密码不能为空!","提示",MessageBoxButtons.OK,
            MessageBoxIcon.Information);
        return;
    }
    if (textBox1.Text.Equals("admin") && textBox2.Text.Equals("1234"))
                                                           //账号密码都正确
    {
        MessageBox.Show("欢迎进入!","登录成功",MessageBoxButtons.OK,
            MessageBoxIcon.Information);
    }
    else if (!textBox1.Text.Equals("admin"))               //账号错误
    {
        MessageBox.Show("账号错误,请重新输入!","警告",MessageBoxButtons.OK,
            MessageBoxIcon.Warning);
        textBox1.Focus();
        textBox1.SelectAll();
    }
    else                                                   //密码错误
    {
        MessageBox.Show("密码错误,请重新输入!","警告",MessageBoxButtons.OK,
```

```
                MessageBoxIcon.Warning);
            textBox2.Focus();
            textBox2.SelectAll();
        }
}
```

(4) 编译并运行程序,结果如图 7-15 所示。

图 7-15　例 7-8 的运行结果

思考：如果在本例中增加一个密码次数的限制,例如,第 3 次密码错误时退出登录界面,应该如何修改代码？

【例 7-9】　编写一个分类统计字符个数的程序,统计输入的字符串中数字、英文字母和其他字符的个数。

(1) 界面设计。从工具箱中拖动 1 个 Label 控件、1 个 TextBox 控件、1 个 Button 控件到窗体设计区,并按照图 7-16 所示调整控件的布局。

(2) 设置属性。窗体和各个控件的属性设置如表 7-12 所示。

图 7-16　例 7-9 的程序界面

表 7-12　例 7-9 对象的属性设置

名称	属性	属性值	名称	属性	属性值
Form1	Text	字符分类统计	textBox1	MultiLine	True
label1	Text	请输入一个字符串：		ScrollBars	Vertical
button1	Text	分类统计			

(3) 编写代码。

```
private void button1_Click(object sender, EventArgs e)
{
    int letters=0,numbers=0,others=0;
    char[] ca=textBox1.Text.ToCharArray(); //将文本框中的所有字符存放到字符数组
    foreach (char c in ca)
    {
        if (c>='a' && c<='z' || c>='A' && c<='Z')
            letters++;
```

```
        else if (c>='0' && c<='9')
            numbers++;
        else
            others++;
}
string info=string.Format("字母{0}个,数字{1}个,其他字符{2}个",letters,
numbers,others);
MessageBox.Show(info,"统计结果",MessageBoxButtons.OK,MessageBoxIcon.
Information);
}
```

(4) 编译并运行程序,结果如图 7-17 所示。

图 7-17　例 7-9 的运行结果

7.4.4　RadioButton 和 CheckBox 控件

1. 单选按钮 RadioButton

RadioButton 控件用于在应用程序的多个选项中进行唯一选择。RadioButton 控件是成组的,选中其中的一个单选按钮后,其他的单选按钮就处于未选中状态。

RadioButton 控件的常用属性如表 7-13 所示。

表 7-13　RadioButton 控件的常用属性

属　性	说　明
Appearance	获取或设置一个值,该值用于确定 RadioButton 的外观,为 Appearance 枚举类型,有 2 个枚举成员: Normal——显示为一个标签,相应的圆点放在左边、中间或右边 Button——显示为标准按钮,被选中时显示为按下状态,未选中时显示为弹起状态
AutoCheck	获取或设置一个值,它指示单击控件时 Checked 值和控件的外观是否自动更改,默认为 true
CheckAlign	获取或设置单选按钮控件单选按钮的对齐方式
Checked	获取或设置一个值,该值指示是否已选中控件,默认为 false

RadioButton 控件的常用事件如表 7-14 所示。

表 7-14　RadioButton 控件的常用事件

事　　件	说　　明
CheckedChanged	Checked 属性值改变时引发。如果窗体中有多个单选按钮控件,此事件将被引发两次,第一次为之前选中现在未选中的控件所引发,第二次为当前选中的控件所引发
Click	单击控件时引发。每次单击单选按钮控件时都会引发这个事件,它不同于 CheckedChanged 事件,CheckedChanged 事件只和 Checked 属性的值是否改变有关,而不管单击控件几次。而且,如果被单击按钮的 AutoCheck 属性为 false,则该按钮根本不会被选中,也就不会引发 CheckedChanged 事件,只引发 Click 事件

2. 复选框 CheckBox

CheckBox 用于布尔型变量的设置,允许用户同时选择多个选项。

CheckBox 控件的常用属性如表 7-15 所示。

表 7-15　CheckBox 控件的常用属性

属　　性	说　　明
Checked	获取或设置一个值,该值指示是否已选中控件,默认为 false
CheckState	获取或设置 CheckBox 的状态,其值为 CheckState 枚举类型,有 3 个枚举成员: Checked——选中 Unchecked——未选中 Indeterminate——不确定,复选框呈灰色显示,表示复选框的当前值无效
ThreeState	获取或设置一个值,该值指示此 CheckBox 是否允许 3 种选择状态而不是 2 种。默认值为 false,即只支持"未选中"和"选中"2 种状态;若将其设为 true,则支持 3 种状态

CheckBox 控件的常用事件如表 7-16 所示。

表 7-16　CheckBox 控件的常用事件

事　　件	说　　明
CheckedChanged	Checked 属性的值改变时引发该事件。注意:当 ThreeState 属性为 true 时,单击复选框可能不会改变 Checked 属性,例如,复选框从 Checked 变为 Indeterminate 状态时,就会出现这种情况
CheckedStateChanged	CheckState 属性的值改变时引发该事件。只要 CheckState 属性的值发生变化,就会引发该事件,包括从 Checked 变为 Indeterminate 状态时,也会引发该事件
Click	单击控件时引发该事件

7.4.5　GroupBox 控件

GroupBox(分组框)控件用来分组窗体上的控件,并为同一组控件添加边框和标题。

分组框是一个容器控件。在应用程序中,可以将完成相同功能的控件放在一个分组框中,这样不仅可以使窗体一目了然,而且可以利用分组框的特性,使框内的各控件一起消失、一起显示、一起屏蔽、一起激活、一起移动并保持框内各控件之间的相对位置不变。分组框的典型用途是为 RadioButton 控件分组。

在窗体上创建 GroupBox 控件及其内部控件时，必须先建立 GroupBox 控件，然后再在其内建立各种控件。如果要将窗体上已经创建好的控件置于分组框中，应先将该控件复制到剪贴板，然后选中分组框，再执行粘贴操作。

如果将一个控件直接放在窗体中，那么窗体将成为其父控件，但如果将其放到一个分组框中，则分组框成为其父控件，而分组框本身成为窗体的子控件。

【例 7-10】 根据图 7-18 设计窗体，单击"确定"按钮，显示用户设置的信息。

（1）界面设计。从工具箱中拖动 4 个 Label 控件、1 个 TextBox 控件、2 个 GroupBox 控件、4 个 RadioButton 控件、3 个 CheckBox 控件、2 个 Button 控件到窗体设计区，并按照图 7-18 所示调整控件的布局。

（2）设置属性。窗体和各个控件的属性设置如表 7-17 所示。

表 7-17 例 7-10 对象的属性设置

名 称	属 性	属性值	名 称	属 性	属性值
Form1	Text	学生基本信息	radioButton1	Text	男
label1	Text	姓名		Checked	True
label2	Text	性别	radioButton2	Text	女
label3	Text	民族	radioButton3	Text	汉族
label4	Text	爱好		Checked	True
groupBox1	Text	空	radioButton4	Text	少数民族
groupBox2	Text	空	checkBox1	Text	阅读
button1	Text	确定	checkBox2	Text	音乐
Button2	Text	退出	checkBox3	Text	舞蹈

（3）编写代码。

```
private void button1_Click(object sender, EventArgs e)
{
    string name,sex="男",nationality="汉族",hobby="";
    if (textBox1.Text.Trim()=="")
    {
        MessageBox.Show("姓名不能为空!","提示");
        textBox1.Focus();
        return;
    }
    else
        name=textBox1.Text;
    if (radioButton2.Checked)
        sex="女";
```

```
if (radioButton4.Checked)
    nationality="少数民族";
if (checkBox1.Checked)
    hobby +=checkBox1.Text;
if (checkBox2.Checked)
    if (hobby=="")
        hobby +=checkBox2.Text;
    else
        hobby=hobby+"、"+checkBox2.Text;
if (checkBox3.Checked)
    if (hobby=="")
        hobby +=checkBox3.Text;
    else
        hobby=hobby+"、"+checkBox3.Text;
string info=string.Format("我叫{0}\n 我是一个{1}{2}孩 \n 我喜欢{3}",name,
    nationality,sex,hobby);
MessageBox.Show (info,"信息确认",MessageBoxButtons.OK,MessageBoxIcon.
    Information);
}
```

(4) 编译并运行程序,结果如图 7-18 所示。

图 7-18 例 7-10 程序界面

7.4.6 ListBox 控件

ListBox(列表框)控件用于以列表形式显示多个数据项,并允许用户一次选中其中的一项或多项。

1) ListBox 控件的属性

ListBox 控件的常用属性如表 7-18 所示。

表 7-18 列表框控件的常用属性

属性	说明
Items	获取或设置 ListBox 的项,Item 集合包含列表框中的所有项
MultiColumn	获取或设置一个值,该值指示 ListBox 是否支持多列

续表

属　　性	说　　明
SelectedIndex	获取或设置 ListBox 中当前选定项的从零开始的索引
SelectedIndices	获取一个集合,该集合包含 ListBox 中所有当前选定项的从零开始的索引
SelectedItem	获取或设置 ListBox 中的当前选定项
SelectedItems	获取包含 ListBox 中当前选定项的集合
SelectionMode	获取或设置在 ListBox 中选择项所用的方法,其值是 SelectionMode 枚举类型,有 4 个枚举成员: None——不能选择任何选项 One——一次只能选择一个选项,默认值 MultiSimple——可以选择多个列表项,单击鼠标选择,再次单击选中的选项取消选择 MultiExtended——可以选择多个列表项,选择多个列表项的方法同 Windows 中选择多个文件的方法
Sorted	获取或设置一个值,该值指示 ListBox 中的项是否按字母顺序排序,默认为 false。若将该属性值设置为 true,则列表框中的列表项按字母顺序排序。在向已排序的列表框中添加项时,这些项会移动到排序列表中适当的位置
Text	获取或搜索 ListBox 中当前选定项的文本。如果设置列表框控件的 Text 属性,它将搜索匹配该文本的列表项,并选择该项;如果获取 Text 属性,返回值是列表中第一个选中的列表项内容
TopIndex	获取或设置 ListBox 中第一个可见项的索引

ListBox 控件的 Items 属性值是一个包含列表框中所有项的集合,可以使用 2.5.6 节介绍的集合属性或方法操作列表框。例如:

```
listBox1.Items.Add("大学英语");                //向列表框添加一个列表项
string[] s=new string[]{"高等数学","大学计算机","大学物理"};
listBox1.Items.AddRange(s);                    //向列表框添加一组列表项
listBox1.Items.Insert(3,"C#程序设计");         //向列表框插入一个列表项
listBox1.Items.RemoveAt(3);                    //删除指定的列表项
int index=listBox1.Items.Count-1;              //获取最后一个列表项的索引值
```

2) ListBox 控件的方法

ListBox 控件的常用方法如表 7-19 所示。

表 7-19　列表框控件的常用方法

方　　法	说　　明
BeginUpdate() EndUpdate()	在向列表框添加项之前,调用 BeginUpdate 方法,以防止每次向列表框中添加项时都重新绘制 ListBox 控件。完成向列表框中添加项的任务后,再调用 EndUpdate 方法,使 ListBox 控件重新绘制。当向列表框中添加大量列表项时,使用这种方法添加项可以防止绘制 ListBox 时的闪烁现象
ClearSelected()	取消列表框中的所有选中项

方法	说明
FindString (String s)	查找 ListBox 中第一个以指定字符串开始的列表项。如果找到与搜索字符串相匹配的项,则返回找到的第一个项的从零开始的索引,否则将返回—1 注意:此方法执行的搜索不区分大小写,而且搜索查找与指定的搜索字符串参数 s 部分匹配的词语
FindStringExact (String s)	查找 ListBox 中第一个精确匹配指定字符串的项
SetSelected (int index, bool value)	选择或清除对 ListBox 中指定项的选定
GetSelected (int index)	返回一个值,该值指示是否选定了指定的项。如果 ListBox 中选定了指定的项,则返回 true,否则返回 false

3) ListBox 控件的事件

ListBox 控件的常用事件有 Click 和 SelectedIndexChanged。单击列表框时,将引发 Click 事件;列表框的 SelectedIndex 属性值改变时,将引发 SelectedIndexChanged 事件。

【例 7-11】 找出 351~432 之间既不能被 3 整除又不能被 8 整除的数,并统计个数。

(1) 界面设计。从工具箱中拖动 2 个 Label 控件、1 个 ListBox 控件、1 个 TextBox 控件、1 个 Button 控件到窗体设计区,并按照图 7-19 所示调整控件的布局。

(2) 设置属性。按照图 7-19 所示设置各控件的属性。

(3) 编写代码。

```
private void button1_Click(object sender, EventArgs e)
{
    for (int i=351;i<=432;i++)
    {
        if (i%3!=0 && i%8!=0)
            listBox1.Items.Add(i);
    }
    textBox1.Text=listBox1.Items
       .Count.ToString();
}
```

(4) 编译并运行程序,结果如图 7-19 所示。

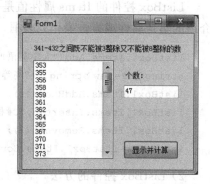

图 7-19 例 7-11 的运行结果

7.4.7 ComboBox 控件

ComboBox(组合框)控件把文本框和列表框组合在一起,用户既可以从列表中选择项,也可以输入新文本。组合框的用法与 ListBox 大致相同,但不能同时选择多项。

ComboBox 的 DropDownStyle 属性确定要显示的组合框的样式(见图 7-20),该值提供以下选项:

(1) Simple:简单的下拉列表,文本部分可编辑,始终显示列表。

(2) DropDown:默认下拉列表框,文本部分可编辑,必须单击下拉箭头才能查看列

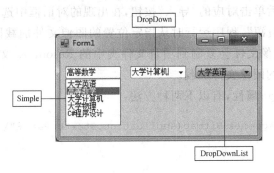

图 7-20　组合框的样式

表中的选项。

(3) DropDownList：下拉列表框，文本部分不可编辑，必须单击下拉箭头才能查看列表中的选项。

组合框控件的常用事件有 Click 事件、KeyPress 事件和 SelectedIndexChanged 事件等。

7.4.8　PictureBox 控件

PictureBox(图片框)控件用于显示图像。图片框中可以显示位图文件(.BMP)、元文件(.WMF)、图标文件(.ICO)、JPEG、GIF 或 PNG 文件中的图形。

Image 属性用来设置图片框控件中要显示的图像。可以在设计时通过属性窗口设置，也可以在运行时用代码设置。

在属性窗口设置 Image 属性时，单击该属性条，右端出现"…"按钮后单击它，会打开"选择资源"对话框，如图 7-21 所示。在"选择资源"对话框中根据需要选择"本地资源"或

图 7-21　"选择资源"对话框

"项目资源文件",然后单击对应的"导入"按钮,在出现的对话框中选择所需的图像文件即可。如果选择"本地资源",程序运行时从指定位置的图像文件加载图像;如果选择"项目资源文件",导入的图像文件会复制到项目文件夹中的 Resources 文件夹,程序运行时从 Resources 文件夹下的图像文件加载。

运行时设置 Image 属性,有以下两种方法:

```
pictureBox1.Image=new Bitmap(Application.StartupPath+"\\Jellyfish.jpg");
```

或

```
pictureBox1.Image = Image.FromFile(Application.StartupPath + "\\Jellyfish.jpg");
```

SizeMode 属性用来决定图像的显示模式,该属性值为 PictureBoxSizeMode 枚举类型,有 5 个枚举成员:

(1) Normal:图像置于 PictureBox 的左上角,因过大而不适合图片框的图像部分将被剪裁掉。

(2) StretchImage:拉伸或收缩图像,以适应图片框的大小。

(3) AutoSize:自动调整控件大小,以适应图像的大小。

(4) CenterImage:使图像居于工作区的中心。

(5) Zoom:拉伸或收缩图像,以适应图片框的大小,但仍然保持原始纵横比。

7.4.9 Timer 组件

Timer(计时器)控件的作用是按一定的时间间隔周期性地触发一个名为 Tick 的事件,因此在该事件的代码中可以放置一些需要每隔一段时间重复执行的程序段。程序运行时,计时器控件是不可见的。

Enabled 属性用来设置计时器是否正在运行。

Interval 属性用来设置计时器两次 Tick 事件发生的时间间隔,以 ms 为单位。如 Interval 属性值设置为 500,则每隔 0.5 秒引发一次 Tick 事件。

Start 方法用来启动计时器。调用格式如下:

```
Timer 控件名.start();
```

Stop 方法用来停止计时器。调用格式如下:

```
Timer 控件名.stop();
```

计时器控件响应的事件只有 Tick 事件,每隔 Interval 属性指定的时间间隔将引发一次该事件。

【例 7-12】 制作一个照片展示程序,程序启动后循环显示照片,每张照片在屏幕上停留 2s。当用户单击照片时停止展示,再次单击继续展示。

(1) 设计界面。向窗体添加 1 个 PictureBox 控件和 1 个 Timer 组件。

（2）设置属性。窗体和各个控件的属性设置如表 7-20 所示。

表 7-20　例 7-12 对象的属性设置

控件	属性	属性值	控件	属性	属性值
Form1	Text	图片展示	pictureBox1	BorderStyle	Fixed3D
timer1	Enabled	True		Image	..\image\1.jpg
	Interval	2000		SizeMode	StretchImage

（3）编写代码。

```
public partial class Form1 : Form
{
    public Form1()
    {
        InitializeComponent();
    }
    int i=0;
    private void timer1_Tick(object sender, EventArgs e)
    {
        if(++i<=8)
            pictureBox1.Image=Image.FromFile(Application.StartupPath+
                "\\image\\"+i.ToString()+".jpg");
        else
        {
            i=1;
            pictureBox1.Image=Image.FromFile(Application.StartupPath+
                "\\image\\1.jpg");
        }
    }
    private void pictureBox1_Click(object sender, EventArgs e)
    {
        timer1.Enabled=!timer1.Enabled;
    }
}
```

（4）编译并运行程序,结果如图 7-22 所示。

程序运行时,2s 后才显示第 1 张图片。为了让程序一运行就显示第 1 张图片,可以为 Form1 的 Load 事件添加事件处理程序,代码如下：

图 7-22　例 7-12 的运行结果

```
private void Form1_Load(object sender,
EventArgs e)
{
    pictureBox1.Image=Image.FromFile(Application.StartupPath+"\\image\\1.jpg");
}
```

注意：要将变量 i 的初值改为 1。

7.4.10 RichTextBox 控件

RichTextBox 控件用于显示和输入格式化的文本。该控件支持 RTF 格式,可以设定文字的字体和段落格式,显示链接,支持字符串查找功能,还可以从文件加载文本和嵌入的图像。RichTextBox 控件通常用于提供类似字处理应用程序(如 Microsoft Word)的文本操作和显示功能。

RichTextBox 控件拥有和 TextBox 控件相同的常用属性和方法,还有一些特有的属性和方法,如表 7-21 和表 7-22 所示。

表 7-21 RichTextBox 控件的特有属性

属 性	说 明
DetectUrls	获取或设置一个值,通过该值指示在控件中键入 URL 时是否自动设置 URL 的格式
Rtf	获取或设置 RichTextBox 控件的文本,包括所有 RTF 格式代码
SelectedRtf	获取或设置控件中当前选择的 RTF 格式的格式化文本
SelectedText	获取或设置 RichTextBox 内的选定文本
SelectionAlignment	获取或设置应用到当前选定内容或插入点的对齐方式,其值为 HorizontalAlignment 枚举类型,有 3 个枚举成员:Left、Center 和 Right
SelectionBackColor	获取或设置 RichTextBox 控件中当前选定文本的背景颜色
SelectionBullet	获取或设置一个值,通过该值指示项目符号样式是否应用到当前选定内容或插入点。若设置为 true,则当前选定内容或插入点应用项目符号样式
SelectionColor	获取或设置当前选定文本或插入点的文本颜色
SelectionFont	获取或设置当前选定文本或插入点的字体
SelectionHangingIndent	获取或设置选定段落中第一行文本的左边缘和同一段落中后面各行的左边缘之间的距离,即悬挂或缩进的距离,以像素为单位
SelectionIndent	获取或设置所选内容左缩进距离,以像素为单位
SelectionLength	获取或设置控件中选定的字符数
SelectionProtected	获取或设置一个值,通过该值指示是否保护当前选定文本
SelectionRightIndent	获取或设置控件右边缘与选中文本或在插入点添加的文本的右边缘之间的距离,以像素为单位
SelectionStart	获取或设置文本框中选定的文本起始点

表 7-22　RichTextBox 控件的特有方法

方　　法	功能及说明
Find（string str） Find（string str，RichTextBoxFinds options） Find（string str，int start，RichTextBoxFinds options） Find（string str，int start，int end，RichText-BoxFinds options）	在控件的文本中搜索字符串。若找到搜索文本，则返回第 1 个字符在控件内的位置并突出显示找到的文本，否则返回－1 str 为要搜索的字符串；start 为开始搜索的位置；end 为结束搜索的位置，此值必须等于－1 或者大于等于 start 参数；options 指定查找的一些附加条件，是 RichTextBoxFinds 枚举成员的按位组合。RichText-BoxFinds 枚举类型有 5 个成员：None（定位搜索文本的所有实例，而不论在搜索中找到的实例是否全字）、MatchCase（区分大小写）、WholeWord（全字匹配）、Reverse（反向查找）、NoHighlight（搜索到的文本不突出显示）
LoadFile（string path） LoadFile（string path，RichTextBoxStreamType filetype）	将文件的内容加载到 RichTextBox 控件中 path 为要加载的文件名称和位置；filetype 用于指定文件类型，可以是枚举类型 RichTextBoxStreamType 的成员：RichText（RTF 格式）、PlainText（纯文本） 使用单参的 LoadFile 方法时，如果所加载的文件不是 RTF 文档，则将出现异常
SaveFile（string path） SaveFile（string path，RichTextBoxStreamType filetype）	将 RichTextBox 的内容保存到 RTF 格式或指定类型的文件中

注意：在 RichTextBox 中，任何格式化操作都是针对所选择的文本进行的。如果没有选择文本，格式化操作将从光标所在的位置开始应用。

RichTextBox 使用的大多数事件与 TextBox 使用的事件相同，表 7-23 列出了两个特有的事件。

表 7-23　RichTextBox 控件的特有事件

事　　件	说　　明
LinkClicked	当用户单击文本中的超链接时，引发该事件
SelectionChanged	当选中文本发生变化时，引发该事件

【例 7-13】　编写一个能够对 RTF 文件进行操作的程序，要求字体、颜色和对齐方式只能从组合框中选择，字号既可以选择也可以输入，运行界面如图 7-23 所示。

（1）界面设计。向窗体添加 7 个 Label 控件、3 个 TextBox 控件、2 个 Button 控件、1 个 RichTextBox 控件、1 个 GroupBox 控件和 4 个 ComboBox 控件，并按照图 7-23 所示调整布局。

（2）设置属性。窗体和各个控件的属性设置如表 7-24 所示。

表 7-24 例 7-13 对象的属性设置

控件	属性	属性值	控件	属性	属性值
Form1	Text	RTF 文件操作	btnOpen	Text	打开
label1	Text	文件名：	btnSave	Text	保存
label2	Text	字体	richTextBox1	HideSelection	False
label3	Text	字号	groupBox1	Text	格式设置
label4	Text	颜色	cmbFont	DropDownStyle	DropDownList
label5	Text	左缩进	cmbSize	DropDownStyle	DropDown
label6	Text	右缩进	cmbColor	DropDownStyle	DropDownList
label7	Text	对齐方式	cmbAlignment	DropDownStyle	DropDownList

(3) 编写代码。

```csharp
//使用 File 类和 Path 类必须导入 System.IO 命名空间
using System.IO;
private void Form1_Load(object sender, EventArgs e)
{
    //字体、字号、颜色、对齐方式组合框中添加列表项
    foreach (FontFamily f in FontFamily.Families)
    {
        cmbFont.Items.Add(f.Name);
    }
    object[] item1=new object[]{8,12,14,16,18,20,24,28,32,36,48,72};
    cmbSize.Items.AddRange(item1);
    string[] colors=Enum.GetNames(typeof(System.Drawing.KnownColor));
    cmbColor.Items.AddRange(colors);
    string[] item2=new string[]{"左对齐","居中","右对齐"};
    cmbAlignment.Items.AddRange(item2);
}
private void btnOpen_Click(object sender, EventArgs e)        //打开
{
    //判断文件是否存在,若不存在,给出提示信息
    if (!File.Exists(txtFilename.Text))
    {
        MessageBox.Show("文件不存在,请重新输入!","提示");
        txtFilename.Focus();
        return;
    }
    //若文件存在,获取扩展名,并根据文件类型调用不同的 LoadFile 重载方法
    if (Path.GetExtension(txtFilename.Text.ToLower())==".txt")
        richTextBox1.LoadFile(txtFilename.Text,
            RichTextBoxStreamType.PlainText);
    else if (Path.GetExtension(txtFilename.Text.ToLower())==".rtf")
        richTextBox1.LoadFile(txtFilename.Text,
```

```csharp
            RichTextBoxStreamType.RichText);
        else
            MessageBox.Show("只能打开TXT或RTF文件!","警告");
}
private void btnSave_Click(object sender, EventArgs e)        //保存
{
    if (Path.GetExtension(txtFilename.Text.ToLower())==".txt")
        richTextBox1.SaveFile(txtFilename.Text,
            RichTextBoxStreamType.PlainText);
    else
        richTextBox1.SaveFile(txtFilename.Text,
            RichTextBoxStreamType.RichText);
}
private void comboBox1_SelectedIndexChanged(object sender, EventArgs e)
{
    Font currentFont=richTextBox1.SelectionFont;
    if (currentFont!=null)
        richTextBox1.SelectionFont=new Font(cmbFont.Text,
            currentFont.Size);
    else
        MessageBox.Show("请选择字号相同的文本","提示");
}
private void comboBox2_SelectedIndexChanged(object sender, EventArgs e)
{
    Font currentFont=richTextBox1.SelectionFont;
    if (currentFont!=null)
        richTextBox1.SelectionFont=new
            Font(currentFont.FontFamily,Convert.ToSingle(cmbSize.Text));
    else
        MessageBox.Show("请选择字体相同的文本","提示");
}
private void comboBox2_KeyPress(object sender, KeyPressEventArgs e)
{
    if (e.KeyChar==13)
    {
        Font currentFont=richTextBox1.SelectionFont;
        float size=0;
        if (currentFont!=null)
        {
            try
            {
                size=Convert.ToSingle(cmbSize.Text);
            }
            catch (FormatException)
```

```csharp
            {
                MessageBox.Show("字号无效!","提示");
                return;
            }
            richTextBox1.SelectionFont=new Font(currentFont.FontFamily,size);
        }
        else
            MessageBox.Show("请选择字体相同的文本","提示");
    }
}
private void comboBox3_SelectedIndexChanged(object sender, EventArgs e)
{
    richTextBox1.SelectionColor=Color.FromName(cmbColor.Text);
}
private void comboBox4_SelectedIndexChanged(object sender, EventArgs e)
{
    switch (cmbAlignment.SelectedIndex)
    {
        case 0:
            richTextBox1.SelectionAlignment=HorizontalAlignment.Left;
            break;
        case 1:
            richTextBox1.SelectionAlignment=HorizontalAlignment.Center;
            break;
        case 2:
            richTextBox1.SelectionAlignment=HorizontalAlignment.Right;
            break;
    }
}
private void textBox2_KeyPress(object sender, KeyPressEventArgs e)
{
    int left=0;
    if (e.KeyChar==13)
    {
        try
        {
            left=Convert.ToInt32(txtLeftIndent.Text);
        }
        catch (FormatException)
        {
            MessageBox.Show("字号无效!","提示");
        }
    }
    richTextBox1.SelectionIndent=left;
```

```
}
private void textBox3_KeyPress(object sender, KeyPressEventArgs e)
{
    int right=0;
    if (e.KeyChar==13)
    {
        try
        {
            right=Convert.ToInt32(txtRightIndent.Text);
        }
        catch (FormatException)
        {
            MessageBox.Show("字号无效!","提示");
        }
    }
    richTextBox1.SelectionRightIndent=right;
}
```

(4) 编译并运行程序,结果如图 7-23 所示。

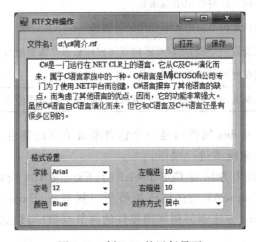

图 7-23 例 7-13 的运行界面

7.4.11 TreeView 和 ListView 控件

1. 树视图 TreeView

TreeView 控件可以为用户显示节点层次结构。树视图中的各个节点可能包含其他节点,称为"子节点"。用户可以展开或折叠包含子节点的节点。

1) TreeView 控件的常用属性、方法和事件

TreeView 控件的常用属性如表 7-25 所示。

表 7-25 TreeView 控件的常用属性

属 性	说 明
CheckBoxes	获取或设置一个值,用以指示是否在树视图控件中的树节点旁显示复选框,默认为 false
HideSelection	获取或设置一个值,用以指示选定的树节点是否在树视图失去焦点时仍保持突出显示,默认为 true
HotTracking	获取或设置一个值,用以指示鼠标指针移过树节点标签时树节点标签是否具有超链接的外观,默认为 false
ImageIndex	获取或设置树节点显示的默认图像的图像列表索引值
ImageKey	获取或设置 TreeView 控件中每个节点处于未选定状态时默认图像的键
ImageList	获取或设置包含树节点所使用的 Image 对象的 ImageList
Indent	获取或设置每个子树节点级别的缩进距离
ItemHeight	获取或设置树视图控件中每个树节点的高度
LabelEdit	获取或设置一个值,用以指示是否可以编辑树节点的标签文本,默认为 false
LineColor	获取或设置连接 TreeView 控件节点的线条的颜色
Nodes	获取树视图控件的根节点集合
PathSeparator	获取或设置树节点路径所使用的分隔符
Scrollable	获取或设置一个值,用以指示树视图控件是否在需要时显示滚动条,默认为 true
SelectedNode	获取或设置当前在树视图控件中选定的树节点
Sorted	获取或设置一个值,用以指示树视图中的树节点是否按字母顺序,默认为 false

TreeView 控件的 Nodes 属性值是一个包含所有节点的集合,可以使用 2.5.6 节介绍的集合属性或方法对树视图进行操作。

TreeView 控件的常用方法有 CollapseAll()、ExpandAll() 和 GetNodeCount(bool includeSubTrees)。CollapseAll 方法用于折叠所有树节点,ExpandAll 方法用于展开所有树节点,GetNodeCount 方法返回树视图控件的树节点数(可以选择包括所有子树中的树节点)。

TreeView 控件的常用事件有 AfterCheck、AfterExpand、AfterSelect 和 NodeMouseClik 事件。AfterCheck 事件在选中节点复选框后引发;AfterExpand 事件在展开节点后引发;AfterSelect 事件在选定树节点后引发;NodeMouseClik 事件在单击节点时引发。

2) 添加删除节点

TreeView 控件可以采用 TreeNode 编辑器或编程方式来添加删除节点。

(1) 采用 TreeNode 编辑器添加删除节点。

右击 TreeView 控件,选择"编辑节点"菜单项,或选中 TreeView 控件,在"属性"窗口中选择 Nodes 属性,单击其右侧的"…"按钮,打开图 7-24 所示的"TreeNodes 编辑器"对话框。在该对话框中可以添加节点,设置节点的属性,调整节点顺序或删除节点。

(2) 采用编程方式添加删除节点。

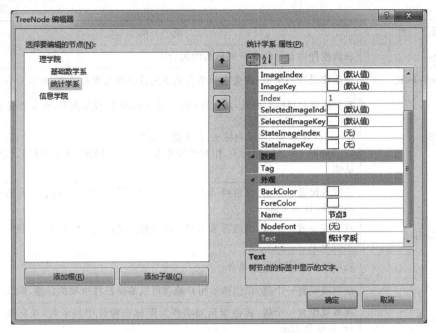

图 7-24 TreeNode 编辑器

```
//添加节点
myTreeView.Nodes.Add("aaa");                              //添加一个根节点
TreeNode t1=new TreeNode("bbb");
myTreeView.SelectedNode.Nodes.Add(t1);                    //在当前节点下添加一个子节点
//删除节点
myTreeView.Nodes.Remove(myTreeView.SelectedNode);         //删除当前节点
myTreeView.Nodes.Clear();                                 //删除所有节点
```

2. 列表视图 ListView

ListView 控件用于显示带图标的项的列表。

1) ListView 控件的常用属性、方法和事件

ListView 控件的常用属性如表 7-26 所示。

表 7-26 ListView 控件的常用属性

属　　性	说　　明
AllowColumnReorder	获取或设置一个值,该值指示用户是否可拖动列标头来重新排序控件中的列
AutoArrange	获取或设置图标是否自动进行排列,默认为 true
CheckBoxes	获取或设置一个值,该值指示控件中各项的旁边是否显示复选框,默认为 false
CheckedIndices	获取控件中当前选中项的索引
CheckedItems	获取控件中当前选中的项

续表

属　性	说　明
Columns	获取控件中显示的所有列标头的集合
FullRowSelect	获取或设置一个值,该值指示单击某项是否选择其所有子项,默认为 false
HeaderStyle	获取或设置列标头样式,其值为 ColumnHeaderStyle 枚举类型,有 3 个枚举成员： None——不显示列标头 Nonclickable——显示列标头,但不能单击它 Clickable——显示列标头,用户可以单击它来执行操作(例如排序),该值为默认值
GridLines	获取或设置一个值,该值指示控件中的项及其子项的行和列之间是否显示网格线,默认为 false
HideSelection	获取或设置一个值,该值指示当控件没有焦点时,该控件中选定的项是否保持突出显示
Items	获取控件中所有项的集合
LabelEdit	获取或设置一个值,该值指示用户是否可以编辑控件中项的标签,默认为 false
LabelWrap	获取或设置一个值,该值指示当项作为图标在控件中显示时,项标签是否换行,默认为 true
LargeImageList	获取或设置当项以大图标在控件中显示时使用的 ImageList
MultiSelect	获取或设置一个值,该值指示是否可以选择多个项,默认为 true
SelectedIndices	获取控件中选定项的索引
SelectedItems	获取在控件中选定的项
SmallImageList	获取或设置当项以小图标在控件中显示时使用的 ImageList
View	获取或设置项在控件中的显示方式,其值是 View 枚举类型,有 5 个枚举成员： Details——每个项显示在不同的行上,最左边的列包含一个小图标和标签,后面的列包含应用程序指定的子项。用户可以在运行时调整各列的大小 LargeIcon——每个项都显示为一个大图标,它的下面有一个标签 SmallIcon——每个项都显示为一个小图标,它的右边带一个标签 List——每个项都显示为一个小图标,它的右边带一个标签。各项排列在列中,没有列标头 Tile——每个项都显示为一个完整大小的图标,它的右边带项标签和子项信息,显示的子项信息由应用程序指定

　　ListView 控件的 Columns 属性值是一个包含所有列的集合,Items 属性值是一个包含所有行的集合,可以使用 2.5.6 节介绍的集合属性或方法对 ListView 的列或行进行操作。

　　ListView 控件的常用事件有 ColumnClick 和 ItemSelectionChanged。ColumnClick 事件在单击列表头时引发,ItemSelectionChanged 事件在选择的项发生改变时引发。

　　2) 添加删除行或列

　　ListView 控件可以通过 ListViewItem 集合编辑器和 ColumnHeader 集合编辑器添加删除行和列,也可以通过编程的方式实现。

(1) 通过 ListViewItem 集合编辑器添加删除行。

右击 ListView 控件,选择"编辑项"菜单项,或选中 ListView 控件,在"属性"窗口中选择 Items 属性,单击其右侧的"…"按钮,打开图 7-25 所示的"ListViewItem 集合编辑器"对话框。在该对话框中可以添加删除项,设置项的属性,调整项的顺序。

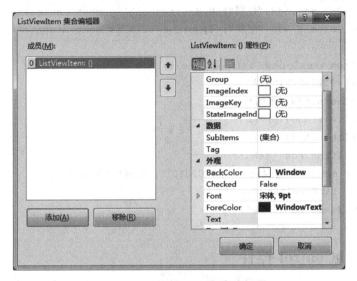

图 7-25　ListViewItem 集合编辑器

(2) 通过 ColumnHeader 集合编辑器添加删除列。

右击 ListView 控件,选择"编辑列"菜单项,或选中 ListView 控件,在"属性"窗口中选择 Columns 属性,单击其右侧的"…"按钮,打开图 7-26 所示的"ColumnHeader 集合编辑器"对话框。在该对话框中可以添加删除列,设置列的属性,调整列的顺序。

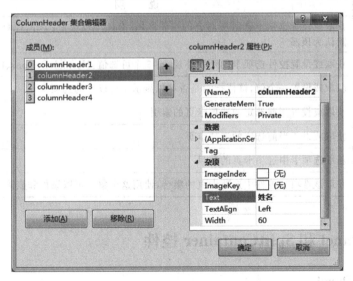

图 7-26　ColumnHeader 集合编辑器

(3) 采用编程方式添加删除项或列。

```
//添加列
listView1.Columns.Add("学号",100,HorizontalAlignment.Left);
listView1.Columns.Add("姓名",80,HorizontalAlignment.Left);
listView1.Columns.Add("性别",40,HorizontalAlignment.Center);
listView1.Columns.Add("年龄",40,HorizontalAlignment.Right);
//添加项
ListViewItem item1=new ListViewItem();
item1.Text="201202010312";
item1.SubItems.Add("张楠");
item1.SubItems.Add("男");
item1.SubItems.Add("19");
listView2.Items.Add(item1);
string[] s=new string[4]{"201102020101","李梅","女","18"};
item1=new ListViewItem(s);
listView1.Items.Add(item1);
```

7.4.12 TabControl 控件

选项卡(TabControl)控件用于管理相关的选项卡页集。TabControl 包含选项卡页 TabPage，工作方式与 GroupBox 控件类似。

TabControl 控件的常用属性如表 7-27 所示。

表 7-27　TabControl 控件的常用属性

属性	说明
Alignment	获取或设置选项卡在其中对齐的控件区域，有 4 个可选值：Top、Button、Left、Right，默认为顶部
Appearance	获取或设置控件选项卡的可视外观，有 3 个可选值：Normal、Buttons、FlatButtons
Multiline	获取或设置一个值，该值指示是否可以显示 1 行以上的选项卡
SelectedIndex	获取或设置当前选定的选项卡页的索引
SelectedTab	获取或设置当前选定的选项卡页
TabCount	获取选项卡中选项卡页的数目
TabPages	获取该选项卡控件中选项卡页的集合，使用这个集合可以添加和删除 TabPage 对象

7.4.13 Panel 和 SplitContainer 控件

1. 面板 Panel

Panel 控件用于为其他控件提供可识别的分组。Panel 控件类似于 GroupBox，可以同时显示、隐藏或移动面板内的控件组，与 GroupBox 不同的是，面板内可以有滚动条，但不能显示标题。

Panel 控件默认没有边框，可以通过 BorderStyle 属性设置其边框效果，也可以通过 BackColor、BackgroundImage 等属性美化面板的外观。

如果要 Panel 控件显示滚动条，只需将 AutoScroll 属性设置为 true，当 Panel 控件的内容大于它的可见区域时，就会自动显示滚动条。

2．拆分器 SplitContainer

SplitContainer 控件是由一个可移动的拆分条分隔的两个面板。当鼠标指针悬停在拆分条上时，指针将相应地改变形状，以显示拆分条是可移动的。使用 SplitContainer 控件，可以创建复合的用户界面。

SplitContainer 控件的常用属性如表 7-28 所示。

表 7-28　SplitContainer 控件的常用属性

属　　性	说　　明
FixedPanel	获取或设置调整容器大小时大小保持不变的 SplitContainer 面板
IsSplitterFixed	获取或设置一个值，用以指示拆分器是固定的还是可移动的
Orientation	获取或设置一个值，该值指示 SplitContainer 面板处于水平方向还是垂直方向
Panel1	获取 SplitContainer 的左侧面板或上部面板
Panel1Collapsed	获取或设置一个值，该值确定 Panel1 是折叠的还是展开的
SplitterIncrement	获取或设置一个值，该值表示拆分器移动的增量，以像素为单位
SplitterWidth	获取或设置拆分器的宽度，以像素为单位

【例 7-14】编写一个显示职工基本信息的程序，程序运行结果如图 7-27 所示。

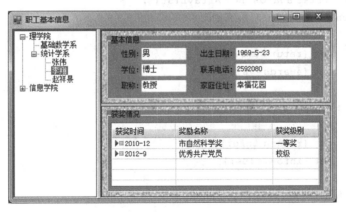

图 7-27　例 7-14 的运行结果

（1）界面设计：向窗体添加 2 个 SplitContainer 控件、2 个 GroupBox 控件、1 个 TreeView 控件、1 个 ListView 控件、1 个 ImageList 控件、6 个 Label 控件、6 个 TextBox 控件，并按照图 7-27 调整布局。

（2）设置属性：窗体和各个控件的属性设置如表 7-29 所示。

表 7-29 例 7-14 对象的属性设置

控件	属性	属性值	控件	属性	属性值
Form1	Text	职工基本信息	TreeView1	Nodes	按照图 7-27 添加节点
splitContainer1	BorderStyle	Fixed3D		Dock	Fill
splitContainer2	BorderStyle	FixedSingle	ListView1	Columns	按照图 7-27 添加列
	Orientation	Horizontal		GridLines	True
groupBox1	Text	基本信息		SmallImageList	imageList1
	BackColor	Silver		View	Details
groupBox2	Text	获奖情况	label1~label3	text	性别：学位：职称：
	BackColor	Silver	label4~label6	text	出生日期：联系电话：家庭住址：
textBox1	Name	txtSex	textBox4	Name	txtBorth
textBox2	Name	txtDegree	textBox5	Name	txtPhone
textBox3	Name	txtTitle	textBox6	Name	txtAddress

（3）编写代码。

```
public partial class Form1:Form
{
    class Staff                          //定义职工类
    {
        string[] info=new string[6];
        ArrayList awards=new ArrayList();
        public ArrayList Awards
        {
            get {return awards;}
            set {awards=value;}
        }
        public string[] Info
        {
            get {return info;}
            set {info=value;}
        }
        public Staff(string[] info)
        {
            this.Info=info;
        }
    }
    class Award                          //定义奖励类
    {
        string date;
```

```csharp
        string name;
        string grade;
        public string Date
        {
            get {return date;}
            set {date=value;}
        }
        public string Name
        {
            get {return name;}
            set {name=value;}
        }
        public string Grade
        {
            get {return grade;}
            set {grade=value;}
        }
        public Award(string date,string name,string grade)
        {
            this.date=date;
            this.Name=name;
            this.Grade=grade;
        }
    }
}
Staff[] s=new Staff[4];
private void treeView1_AfterSelect(object sender, TreeViewEventArgs e)
{
    bool flag=false;
    int i=0;
    foreach (Staff s1 in s)
    {
        if (s1.Info[0]==e.Node.Text)
        {
            flag=true;
            break;
        }
        i++;
    }
    if (flag)
    {
        ListViewItem item1;
        txtSex.Text=s[i].Info[1];
        txtDegree.Text=s[i].Info[2];
        txtTitle.Text=s[i].Info[3];
```

```csharp
            txtBorth.Text=s[i].Info[4];
            txtPhone.Text=s[i].Info[5];
            txtAddress.Text=s[i].Info[6];
            listView1.Items.Clear();
            foreach (Award a in s[i].Awards)
            {
                item1=new ListViewItem(a.Date,1);
                item1.SubItems.Add(a.Name);
                item1.SubItems.Add(a.Grade);
                listView1.Items.Add(item1);
            }
        }
        else
        {
            txtSex.Text=txtDegree.Text=txtTitle.Text="";
            txtBorth.Text=txtPhone.Text=txtAddress.Text="";
            listView1.Items.Clear();
        }
    }
    private void Form1_Load(object sender, EventArgs e)
    {
        string[] info;
        info=new string[]{"张伟","女","硕士","副教授","1973-3-6","292482","华育楼"};
        s[0]=new Staff(info);
        Award a1=new Award("2008-10","校级优秀教师","二等奖");
        s[0].Awards.Add(a1);
        info=new string[]{"李翔","男","博士","教授","1969-5-3","2592080","幸福花园"};
        s[1]=new Staff(info);
        a1=new Award("2010-12","市自然科学奖","一等奖");
        s[1].Awards.Add(a1);
        Award a2=new Award("2012-9","优秀共产党员","校级");
        s[1].Awards.Add(a2);
        info=new string[]{"赵祥景","男","硕士","讲师","1978-6-2","2832381","华育楼"};
        s[2]=new Staff(info);
        a1=new Award("2013-3","优秀共产党员","市级");
        s[2].Awards.Add(a1);
    }
}
```

习 题

1. 选择题

(1) 在C#程序中,为使myForm引用的窗体对象显示为对话框,必须_____。
　　A. 使用myForm.ShowDialog方法显示对话框
　　B. 将myForm对象的isDialog属性设为true
　　C. 将myForm对象的FormBorderStyle属性设置为FixedDialog
　　D. 将变量myForm改为引用System.Windows.Dialog的对象

(2) 在C#中,Application.Exit()和Form.Close()的区别是_____。
　　A. Application.Exit()只能关闭其中一个窗体
　　B. Form.Close()能关闭所有窗体
　　C. Application.Exit()退出整个应用程序,若Form不是启动窗体,则Form.Close()只关闭当前窗体
　　D. 以上都不对

(3) 以模式化的方式显示窗体,需要调用窗体的_____方法。
　　A. Show　　　B. ShowDialog　　　C. Visible　　　D. Enabled

(4) 如果要为Cancel按钮创建访问键C,应将按钮的Text属性设置为_____。
　　A. &Cancel　　　B. %Cancel　　　C. @Cancel　　　D. ^Cancel

(5) 若要显示消息框,必须调用MessageBox类的静态方法_____。
　　A. Show　　　B. ShowDialog　　　C. ShowBox　　　D. ShowMessage

(6) 下列控件中,属于容器控件的是_____。
　　A. GroupBox　　　B. TextBox　　　C. PictureBox　　　D. ListBox

(7) 运行程序时,系统自动执行启动窗体的_____事件。
　　A. DoubleClick　　　B. Click　　　C. Enter　　　D. Load

(8) 若要使命令按钮不可操作,要对_____属性进行设置。
　　A. Visible　　　B. Enabled　　　C. BackColor　　　D. Text

(9) 若要使TextBox中的文字不能被修改,应对_____属性进行设置。
　　A. Locked　　　B. Visible　　　C. Enabled　　　D. ReadOnly

(10) 引用列表框ListBox1最后一个列表项应使用_____语句。
　　A. ListBox1.Items[ListBox1.Items.Count]
　　B. ListBox1.Items[ListBox1.SelectedIndex]
　　C. ListBox1.Items[ListBox1.Items.Count-1]
　　D. ListBox1.Items[ListBox1.SelectedIndex-1]

(11) 在Windows程序中,如果复选框控件的Checked属性值设置为true,表示_____。

A. 该复选框被选中　　　　　　B. 该复选框没被选中
C. 不显示该复选框的文本信息　　D. 显示该复选框的文本信息

(12) 若要让计时器每隔 10s 触发一次 Tick 事件,需要将 Interval 属性设置为_____。

A. 10　　　　B. 100　　　　C. 1000　　　　D. 10000

2. 思考题

(1) 模式窗体与非模式窗体的区别是什么？

(2) 如何设置启动窗体？

3. 实践题

(1) 编写一个 Windows 程序,根据给定图形的三边边长来判断图形的类型。若为三角形,则计算出为何种三角形以及三角形的周长和面积,程序界面如图 7-28 所示。

提示：三角形存在的条件为任一边不为 0,且任两边之和大于第三边；若一边具有 a^2+b^2=c^2 的特征,则为直角三角形；若一边具有 a^2+b^2>c^2 的特征,则为锐角三角形；若一边具有 a^2+b^2<c^2 的特征,则为钝角三角形。

三角形面积计算公式为：$s=\sqrt{p(p-a)(p-b)(p-c)}$,其中 $p=(a+b+c)/2$。

(2) 编写一个 Windows 应用程序,能够实现整数的加减乘除四则运算,设计界面如图 7-29 所示。

图 7-28　实践题(1)程序界面

图 7-29　实践题(2)程序界面

要求：利用只读的文本框输出运算结果,除数为 0 要提示错误。

(3) 编写一个壁纸浏览程序,界面如图 7-30 所示。

图 7-30　实践题(3)程序界面

列表框中显示壁纸的名称,单击某一列表项,左侧的图片框中显示相应的图片;双击图片框,自动循环播放壁纸,每2s更换一幅,再次双击,停止播放。

(4) 编写一个 Windows 应用程序,能够实现文档的基本操作,如文本的复制、剪切、粘贴,程序界面如图 7-31 所示。

图 7-31 实践题(4)程序界面

提示:在 RichTextBox 的 SelectionChanged 事件中控制复制和剪切按钮的可用状态。

第 8 章 Windows 窗体的高级功能

通过第 7 章,我们了解了 Windows 编程的知识,学习了窗体和常用控件的使用方法。本章将进一步介绍 Windows 编程,着重介绍菜单、工具栏、对话框、ActiveX 控件以及多文档界面程序的设计。

8.1 菜 单

菜单是用户界面极其重要的组成部分,编程人员可以根据需要定制各种风格的菜单。按使用方式,菜单分为下拉菜单和弹出式菜单。

1. 下拉菜单

MenuStrip(菜单栏)控件用于创建下拉式菜单。MenuStrip 是 ToolStripMenuItem、ToolStripComboBox、ToolStripSeparator 和 ToolStripTextBox 对象的容器。ToolStripMenuItem 可以是应用程序的一条命令,也可以是其他菜单项的父菜单,而 ToolStripComboBox 和 ToolStripTextBox 对象只能设置为单独的命令,不能成为其他子菜单项的父菜单。

下拉式菜单也称菜单栏,一般位于窗口的顶部,由多个菜单项组成。菜单可以在设计状态创建,也可以通过编程方式创建。

1) 设计时创建菜单

(1) 创建菜单栏。在工具箱中双击 MenuStrip 控件,该控件就会显示在窗体设计器下方的组件区中。单击组件区的 MenuStrip 控件,将会在窗体的标题栏下面看到文本"请在此处键入"。

第一个创建的 MenuStrip 控件会自动通过窗体的 MainMenuStrip 属性绑定到当前窗体,成为当前窗体的主菜单栏。

(2) 创建菜单项。菜单栏由多个菜单项组成,选中组件区的 MenuStrip 控件,在窗体标题栏下面的"请在此处键入"文本处单击并键入菜单项的名称(如"文件"),将创建一个 ToolStripMenuItem 菜单项,键入的文本即为其 Text 属性值。此时,在该菜单的下方和右方分别显示一个标注为"请在此处键入"区域,可以选择区域继续添加菜单项,如图 8-1 所示。

(3) 创建菜单项之间的分隔线。

方法 1:将鼠标移至"请在此处键入"区域,该区域的右侧会出现一个下拉箭头,单击该箭头,出现一个下拉列表,如图 8-2 所示。单击 Separator,则该菜单项被创建为一个分隔线。

图 8-1 创建菜单项

图 8-2 创建分隔符

方法 2：直接在"请在此处键入"区域输入"-"，则该菜单项被创建为一个分隔线。

(4) 创建菜单项的访问键。可以在菜单项名称中的某个字母前加"&"，将该字母作为此菜单项的访问键。例如，输入菜单项名称为"文件(&F)"，F 就被设置为该菜单项的访问键，这个字母会自动加上一条下画线。运行程序时，按 Alt+F 键相当于单击"文件"菜单项。

(5) 创建菜单项的快捷键。选中要设置快捷键的菜单项，在"属性"窗口中设置 ShortcutKeys 属性。该属性默认值为 None，表示没有快捷键。

(6) 设置菜单项的图标。选中要设置图标的菜单项，在属性窗口中设置 Image 属性。

(7) 移动菜单项。选中要移动的菜单项，用鼠标拖动到相应的位置即可。

(8) 插入菜单项。右击菜单项，然后在弹出的快捷菜单中选择"插入"，则在该菜单项前插入一个新的菜单项。

(9) 删除菜单项。右击要删除的菜单项，然后在弹出的快捷菜单中选择"删除"。

(10) 编辑菜单项。选中要编辑的菜单项，然后单击进入编辑状态，即可添加、删除或修改菜单项中的文本了。

2) 编程方式创建菜单

下面以图 8-3 所示的菜单来说明通过编程方式创建菜单的步骤。

(1) 创建一个 MenuStrip 对象。

```
MenuStrip menu=new MenuStrip();
```

(2) 创建顶级菜单项。

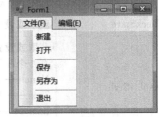

图 8-3 编程方式创建菜单

```
ToolStripMenuItem item1=new ToolStripMenuItem("文件(&F)");
ToolStripMenuItem item2=new ToolStripMenuItem("编辑(&E)");
```

使用 MenuStrip 对象 Items 集合的 AddRange 方法将顶级菜单项加入 MenuStrip 中。此方法要求用一个 ToolStripItem 数组作为传入参数，代码如下：

```
menu.Items.AddRange(new ToolStripItem[]{item1,item2});
```

(3) 创建"文件"菜单项的下拉菜单。

```
ToolStripMenuItem item3=new ToolStripMenuItem("新建");
```

```
ToolStripMenuItem item4=new ToolStripMenuItem("打开");
ToolStripSeparator item5=new ToolStripSeparator();
ToolStripMenuItem item6=new ToolStripMenuItem("保存");
ToolStripMenuItem item7=new ToolStripMenuItem("另存为");
ToolStripSeparator item8=new ToolStripSeparator();
ToolStripMenuItem item9=new ToolStripMenuItem("退出");
```

将创建好的菜单项添加到顶级菜单项"文件"下。注意，添加下拉菜单需要调用顶级菜单项 DropDownItems 的 AddRange 方法。

```
item1.DropDownItems.AddRange(new
    ToolStripItem[]{item3,item4,item5,item6,item7,item8,item9});
```

(4) 将创建好的菜单对象添加到窗体的控件集合中。

```
this.Controls.Add(menu);
```

至此，以编程方式创建菜单就完成了。

3) ToolStripMenuItem 对象的常用属性

前面介绍的操作中，已经用到了 ToolStripMenuItem 对象的几个常用属性，如 Text、ShortcutKeys，表 8-1 列出了菜单项的常用属性。

表 8-1 ToolStripMenuItem 对象的常用属性

属　　性	说　　明
Checked	获取或设置一个值，该值指示是否选中菜单项，默认为 false
CheckOnClick	获取或设置一个值，该值指示菜单项是否应在被单击时自动显示为选中或未选中，默认为 false
CheckState	获取或设置一个值，该值指示菜单项处于选中、未选中还是不确定状态
DisplayStyle	获取或设置菜单项的显示样式，其值是 ToolStripItemDisplayStyle 枚举类型，有 4 个枚举成员： None——不显示文本和图像 Text——只显示文本 Image——只显示图像 ImageAndText——同时显示文本和图像，默认值
DropDownItems	获取或设置与此菜单项相关的下拉菜单项的集合
Enabled	获取或设置一个值，该值指示菜单项是否有效，默认为 true
Image	获取或设置显示在菜单项上的图像
ImageAlign	获取或设置菜单项上的图像对齐方式
ImageScaling	获取或设置一个值，该值指示是否根据容器自动调整菜单项上图像的大小，默认为 SizeToFit
ShortcutKeys	获取或设置与菜单项关联的快捷键
ShowShortcutKeys	获取或设置一个值，该值指示是否在菜单项上显示快捷键，默认为 true

属　　性	说　　明
Text	获取或设置要显示在菜单项上的文本
ToolTipText	获取或设置菜单项的提示文本
Visible	获取或设置一个值，该值指示是否显示菜单项，默认为 true

4）菜单项的常用事件

菜单栏通过单击菜单项与程序进行交互，一般通过相应菜单项的 Click 事件来实现相应的功能。

2. 弹出式菜单

ContextMenuStrip（上下文菜单栏）控件用于创建弹出式菜单。弹出式菜单也称快捷菜单，是窗体内的浮动菜单，右击窗体或控件时才显示。

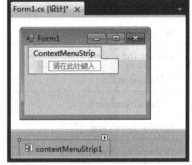

设计弹出式菜单的步骤如下：

（1）添加 ContextMenuStrip 控件。在工具箱中双击 ContextMenuStrip 控件，即可在窗体的组件区添加一个弹出式菜单控件。在组件区中，刚创建的控件处于选中状态，在窗体设计器中可以看到 ContextMenuStrip 及"请在此处键入"字样，如图 8-4 所示。

（2）设计菜单项。弹出式菜单的设计方法与下拉菜单基本相同，只是不必设计主菜单项。

图 8-4　ContextMenuStrip 控件

（3）激活弹出式菜单。选中需要使用弹出式菜单的窗体或控件，在"属性"窗口中设置其 ContextMenuStrip 属性为所需的 ContextMenuStrip 控件。

【例 8-1】　编写一个 RTF 文件编辑器程序，程序界面如图 8-5 所示。

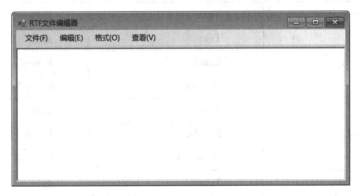

图 8-5　例 8-1 的程序界面

（1）界面设计。从工具箱中拖动 1 个 MenuStrip 控件、1 个 ContextMenuStrip 控件

和 1 个 RichTextBox 控件到窗体设计区,并按图 8-6 和图 8-7 设计菜单栏和快捷菜单。

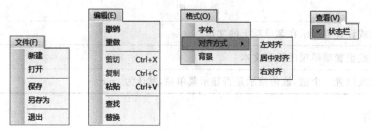

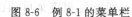图 8-6 例 8-1 的菜单栏   图 8-7 例 8-1 的快捷菜单

(2) 设置属性。窗体和各个控件的属性设置如表 8-2 所示。

表 8-2 例 8-1 对象的属性设置

名 称	属 性	属 性 值
Form1	Text	RTF 文件编辑器
richTextBox1	ContextMenuStrip	contextMenuStrip1
tsMenuItemFile	Text	文件(&F)
tsMenuItemEdit	Text	编辑(&E)
tsMenuItemFormat	Text	格式(&O)
tsMenuItemView	Text	查看(&V)
tsMenuItemNewFile	Text	新建
tsMenuItemOpenFile	Text	打开
tsMenuItemSaveFile	Text	保存
tsMenuItemSaveAs	Text	另存为
tsMenuItemExit	Text	退出
tsMenuItemUndo	Text	撤销
tsMenuItemReDo	Text	重做
MenuItemCut	Text	剪切
	Enabled	False
	ShortcutKeys	Ctrl+X
tsMenuItemCopy	Text	复制
	Enabled	False
	ShortcutKeys	Ctrl+C
tsMenuItemPaste	Text	粘贴
	ShortcutKeys	Ctrl+V
tsMenuItemFind	Text	查找

续表

名　称	属　性	属　性　值
tsMenuItemReplace	Text	替换
tsMenuItemFont	Text	字体
tsMenuItemAlignment	Text	对齐方式
tsMenuItemBackColor	Text	背景(&k)...
tsMenuItemLeft	Text	左对齐
tsMenuItemCenter	Text	居中对齐
tsMenuItemRight	Text	右对齐
tsMenuItemStatusBar	Text	状态栏
	Checked	True
	CheckOnClick	True

(3) 编写代码。实现菜单栏中以下菜单项的功能：退出、撤销、重做、剪切、复制、粘贴、左对齐、居中对齐、右对齐。

```
private void tsMenuItemExit_Click(object sender, EventArgs e)      //退出
{
    Application.Exit();
}
private void tsMenuItemUndo_Click(object sender, EventArgs e)      //撤销
{
    richTextBox1.Undo();
}
private void tsMenuItemReDo_Click(object sender, EventArgs e)      //重做
{
    richTextBox1.Redo();
}
private void tsMenuItemCut_Click(object sender, EventArgs e)       //剪切
{
    richTextBox1.Cut();
}
private void tsMenuItemCopy_Click(object sender, EventArgs e)      //复制
{
    richTextBox1.Copy();
}
private void tsMenuItemPaste_Click(object sender, EventArgs e)     //粘贴
{
    richTextBox1.Paste();
}
private void tsMenuItemLeft_Click(object sender, EventArgs e)      //左对齐
```

```
{
    richTextBox1.SelectionAlignment =HorizontalAlignment.Left;
}
private void tsMenuItemCenter_Click(object sender, EventArgs e)    //居中对齐
{
    richTextBox1.SelectionAlignment=HorizontalAlignment.Center;
}
private void tsMenuItemRight_Click(object sender, EventArgs e)    //右对齐
{
    richTextBox1.SelectionAlignment=HorizontalAlignment.Right;
}
```

快捷菜单的各菜单项直接调用菜单栏中对应菜单项的相应事件方法即可实现其功能,如表 8-3 所示。

表 8-3　快捷菜单项对应事件方法

快捷菜单项	对应菜单项事件方法	快捷菜单项	对应菜单项事件方法
ContextMenuCut(剪切)	tsMenuItemCut_Click	ContextMenuPaste(粘贴)	tsMenuItemPaste_Click
ContextMenuCopy(复制)	tsMenuItemCopy_Click		

8.2　工具栏和状态栏

1. 工具栏

工具栏提供了应用程序中最常用菜单命令的快速访问方式,是 Windows 应用程序的标准元素之一。

1) 创建工具栏

ToolStrip 控件用于创建工具栏。工具栏包含一组以图标按钮为主的工具项,通过单击其中的各个工具项就可以执行相应的操作。

创建工具栏的步骤如下:

(1) 添加 ToolStrip 控件。在工具箱中双击 ToolStrip 控件,即可在窗体上添加一个工具栏。

(2) 为工具栏添加工具项。单击工具栏控件中的下拉箭头按钮,将弹出一个下拉列表,如图 8-8 所示。从弹出的下拉列表中选择一种工具项,即可完成该工具项的添加。也可以使用 ToolStrip 控件的 Items 属性,在"项集合编辑器"中添加工具项,如图 8-9 所示。

工具栏中可以包含以下 8 种控件:

① ToolStripButton 控件:表示一个按钮,可以

图 8-8　工具项的类型

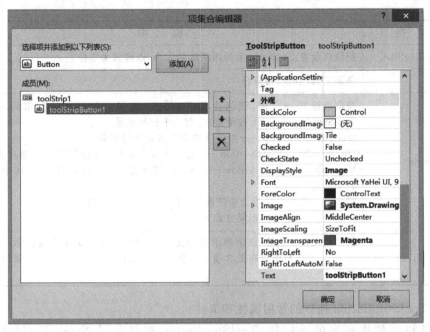

图 8-9 项目集合编辑器

带文本,也可以不带文本。

② ToolStripLabel 控件:表示一个标签,可以显示文本,也可以显示一个静态图像。

③ ToolStripSplitButton:显示一个右下端带有下拉按钮的按钮。单击该下拉按钮,就会在它的下面显示一个菜单;单击控件的按钮部分,则不显示菜单。

④ ToolStripDropDownButton:类似于 ToolStripSplitButton,但是单击控件的任一部分都会打开菜单。

⑤ ToolStripComboBox:显示一个组合框。

⑥ ToolStripProgressBar:在工具栏上嵌入一个进度条。

⑦ ToolStripText:显示一个文本框。

⑧ ToolStripSeparator:创建分隔符。

2) ToolStrip 控件的常用属性

ToolStrip 控件除了 Name、BackColor、Enabled、Location、Visible 等一般属性,还有一些特有的属性,如表 8-4 所示。

表 8-4　ToolStrip 控件的常用属性

属　性	说　明
CanOverflow	获取或设置一个值,该值指示是否可以将工具项发送到溢出菜单。默认值为 true,当工具项排列不开时,在工具栏的末尾出现一个小三角形按钮,单击该按钮会显示一个菜单,以列出其余项
GripStyle	获取或设置 ToolStrip 移动手柄(即工具栏左侧的 4 个垂直圆点)是可见还是隐藏,默认值为 Visible

续表

属性	说明
ImageScalingSize	获取或设置 ToolStrip 上所用图像的大小，以像素为单位
Items	获取工具栏的项目集合
LayoutStyle	获取或设置一个值，该值指示 ToolStrip 如何对项集合进行布局，其值为 ToolStripLayoutStyle 枚举类型，有 5 个枚举成员： StackWithOverflow——指定项按自动方式进行布局 HorizontalStackWithOverflow——指定项按水平方向进行布局，且必要时会溢出 VerticalStackWithOverflow——指定项按垂直方向布局，在控件中居中且必要时会溢出 Flow——根据需要指定项按水平方向或垂直方向排列 Table——指定项的布局方式为左对齐
ShowItemToolTips	获取或设置一个值，该值指示是否要在 ToolStrip 项上显示工具提示。默认值为 true，即鼠标停留在工具项上时会显示由工具项的 ToolTipText 属性指定的文本

3) ToolStripButton 控件的常用属性和事件

工具栏中使用最多的是按钮，ToolStripButton 控件除了 Name、Enabled、Text、Visible 等一般属性，还有一些特有的常用属性，如表 8-5 所示。

表 8-5　ToolStripButton 控件的常用属性

属性	说明
Checked	获取或设置一个值，该值指示是否已按下按钮
CheckOnClick	获取或设置一个值，该值指示在单击按钮时该按钮是否应自动显示为按下或未按下状态
CheckState	获取或设置一个值，该值指示按钮是处于按下状态、未按下状态（默认值）还是不确定状态
DisplayStyle	获取或设置工具栏按钮的显示样式，其值是 ToolStripItemDisplayStyle 枚举类型
Image	获取或设置显示在工具栏按钮上的图像
ImageAlign	获取或设置工具栏按钮上的图像对齐方式
ImageScaling	获取或设置一个值，该值指示是否根据容器自动调整按钮上图像的大小，默认值为 SizeToFit
TextImageRelation	获取或设置按钮上文本和图像的相对位置，其值为 TextImageRelation 枚举类型，有 5 个枚举成员： ImageAboveText——指定图像垂直显示在控件文本的上方 ImageBeforeText——指定图像水平显示在控件文本的前方 Overlay——指定图像和文本共享控件上的同一空间 TextAboveImage——指定文本垂直显示在控件图像的上方 TextBeforeImage——指定文本水平显示在控件图像的前方
ToolTipText	获取或设置工具栏按钮的提示文本

Click 事件是工具栏按钮的常用事件，可以为其编写事件处理程序来实现相应功能。工具栏按钮往往实现和下拉菜单中的菜单项相同的功能，可以在 ToolStripButton 的 Click 事件处理程序中调用菜单项的 Click 事件方法。

2. 状态栏

状态栏也是 Windows 应用程序常设的元素，通常置于窗口底部，用于显示应用程序的各种状态信息。

StatusStrip 控件用于创建状态栏。状态栏可以由若干个状态面板组成，显示为状态栏中一个个小窗格，每个面板中可以显示一种指示状态的文本、图标或指示进程正在进行的进度条。

1) 创建状态栏

创建状态栏的步骤如下：

（1）添加 StatusStrip 控件。在工具箱中双击 StatusStrip 控件，即可在窗体底部添加一个状态栏。

（2）为状态栏添加状态面板。单击 StatusStrip 控件中的下拉箭头按钮，将弹出一个下拉列表，显示 4 种状态面板，如图 8-10 所示。从弹出的下拉列表中选择一种状态面板，即可完成该状态面板的添加。也可以使用 StatusStrip 控件的 Items 属性，在"项集合编辑器"中添加状态面板。

图 8-10　状态面板的类型

在状态栏中可以使用前面介绍的 ToolStripProgressBar、ToolStripDropDownButton 和 ToolStripSplitButton 控件，还有一个控件是 StatusStrip 专用的，即状态标签 ToolStripStatusLabel，它也是状态栏中最常用的。

2) StatusStrip 控件的常用属性

StatusStrip 控件除了 Name、BackColor、Enabled、Location、Visible 等一般属性，还有一些特有的常用属性，如表 8-6 所示。

表 8-6　StatusStrip 控件的常用属性

属　　性	说　　明
Items	获取属于状态栏的所有状态面板，可以对状态面板进行添加、删除或编辑
ShowItemToolTips	获取或设置一个值，该值指示是否显示状态面板的提示文本，默认值为 false
SizingGrip	获取或设置一个值，该值指示是否在控件的右下角显示大小调整手柄，默认值为 true

3) ToolStripStatusLabel 控件的常用属性

ToolStripStatusLabel 使用文本或图像显示应用程序当前状态的信息，ToolStripStatusLabel 控件的常用属性与 Label 控件非常类似，但有些属性意义不同，有些属性是状态标签特有的，如表 8-7 所示。

表 8-7 ToolStripStatusLabel 控件的常用属性

属　性	说　明
BorderSides	获取或设置一个值,该值指示状态标签边框的显示,其值为 ToolStripStatusLabelBorderSides 枚举类型,有 6 个枚举成员: All——所有边都具有边框 Bottom——只有底边具有边框 Left——只有左边具有边框 None——没有边框 Right——只有右边具有边框 Top——只有顶边具有边框
BorderStyle	获取或设置状态标签的边框样式,其值为 Border3DStyle 枚举类型
DisplayStyle	获取或设置是否在状态标签上显示文本和图像,其值为 ToolStripItemDisplayStyle 枚举类型
Spring	获取或设置一个值,该值指示在调整窗体大小时状态标签是否自动填充状态栏上的可用空间,默认值为 False
TextAlign	获取或设置状态标签上的文本的对齐方式
TextImageRelation	获取或设置状态标签上文本和图像的相对位置
ToolTipText	获取或设置状态标签的提示文本

【例 8-2】 向例 8-1 的 RTF 文件编辑器中添加常用工具栏、格式工具栏和状态栏。

(1) 界面设计。向窗体组件区添加两个 ToolStrip 控件和一个 StatusStrip 控件,工具栏中的工具项和状态栏中的状态面板如图 8-11 所示。

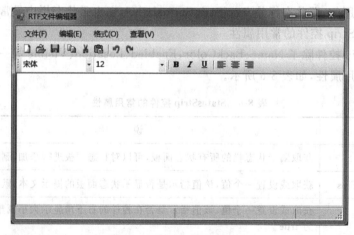

图 8-11　例 8-2 的程序界面

(2) 设置属性。各控件的属性设置如表 8-8 所示。

(3) 实现常用工具栏的功能。常用工具栏中各按钮的功能在菜单中都有对应项,直接调用相应菜单项的对应事件方法即可,如表 8-9 所示。

表 8-8 例 8-2 对象的属性设置

名称	属性	属性值	名称	属性	属性值
tsButtonNew	ToolTipText	新建	tsButtonBold	ToolTipText	加粗
tsButtonOpen	ToolTipText	打开	tsButtonItalic	ToolTipText	倾斜
tsButtonSave	ToolTipText	保存	tsButtonUnderLine	ToolTipText	下画线
tsButtonCopy	Enabled	False	tsButtonLeft	ToolTipText	左对齐
	ToolTipText	复制	tsButtonCenter	ToolTipText	居中
tsButtonCut	Enabled	False	tsButtonRight	ToolTipText	右对齐
	ToolTipText	剪切	tsStatusLabel1	BorderSides	Right
tsButtonPaste	ToolTipText	粘贴		TextAlign	MiddleLeft
tsButtonUnDo	ToolTipText	撤销	tsStatusLabel2	BorderSides	Right
tsButtonReDo	ToolTipText	重做		TextAlign	MiddleCenter
tsComboBoxFont	ToolTipText	字体	tsStatusLabel3	TextAlign	MiddleCenter
tsComboBoxSize	ToolTipText	字号			

表 8-9 常用工具栏按钮对应事件

按钮工具项	对应菜单项事件	按钮工具项	对应菜单项事件
tsButtonNew(新建)	tsMenuItemNewFile_Click	tsButtonCut(剪切)	tsMenuItemCut_Click
tsButtonOpen(打开)	tsMenuItemOpenFile_Click	tsButtonPaste(粘贴)	tsMenuItemPaste_Click
tsButtonSave(保存)	tsMenuItemSaveFile_Click	tsButtonUnDo(撤销)	tsMenuItemUnDo_Click
tsButtonCopy(复制)	tsMenuItemCopy_Click	tsButtonReDo(重做)	tsMenuItemReDo_Click

(4) 编写代码。

```
private void Form1_Load(object sender, EventArgs e)
{
    //向格式工具栏中的字体和字号组合框中添加列表项
    foreach (FontFamily f in FontFamily.Families)
    {
        tsComboBoxFont.Items.Add(f.Name);
    }
    object[] item=new object[]{8,12,14,16,18,20,24,28,32,36,48,72};
    tsComboBoxSize.Items.AddRange(item);
    //设置默认字体为宋体,默认字号为 12
    tsComboBoxFont.SelectedIndex=tsComboBoxFont.FindString("宋体");
    tsComboBoxSize.SelectedIndex=1;
    //在状态栏中显示系统日期、星期和系统时间
    string[] wdstr=new string[]{"日","一","二","三","四","五","六"};
    int wd=(int)DateTime.Now.DayOfWeek;
    tsStatusLabel2.Text=DateTime.Now.ToLongDateString()+"  星期"+wdstr[wd];
```

```csharp
        tsStatusLabel3.Text=DateTime.Now.ToShortTimeString();
    }
//实现"查看"→"工具栏"菜单项的功能
    private void tsMenuItemStatusBar_Click(object sender, EventArgs e)
    {
        statusStrip1.Visible=!statusStrip1.Visible;
    }
//实现格式工具栏中各工具项的功能
    private void tsComboBoxFont_SelectedIndexChanged(object sender, EventArgs e)
                                                                        //字体
    {
        if (tsComboBoxFont.Text=="")
            return;
        Font currentFont=richTextBox1.SelectionFont;
        float fontSize;
        if (currentFont==null)                      //若选中文本的字体不一样则为空
            fontSize=float.Parse(tsComboBoxSize.Text);
        else
            fontSize=currentFont.Size;
        richTextBox1.SelectionFont=new Font(tsComboBoxFont.Text,fontSize);
    }
    private void tsComboBoxFont_KeyPress(object sender, KeyPressEventArgs e)
    {
        if (e.KeyChar==13)
            tsComboBoxFont_SelectedIndexChanged(sender,e);
    }
    private void tsComboBoxSize_SelectedIndexChanged(object sender, EventArgs e)
                                                                        //字号
    {
        if (tsComboBoxSize.Text=="")
            return;
        Font currentFont=richTextBox1.SelectionFont;
        float fontSize=float.Parse(tsComboBoxSize.Text);
        if (currentFont==null)
            richTextBox1.SelectionFont=new Font(tsComboBoxFont.Text,fontSize);
        else
            richTextBox1.SelectionFont=new Font(currentFont.FontFamily,fontSize);
    }
    private void tsComboBoxSize_KeyPress(object sender, KeyPressEventArgs e)
    {
        if (e.KeyChar==13)
            tsComboBoxSize_SelectedIndexChanged(sender,e);
    }
//格式工具栏中"加粗"、"倾斜"、"下画线"三个按钮的Click事件均选择FontStyleChanged
```

```csharp
private void FontStyleChanged(object sender, EventArgs e)
{
    Font currentFont=richTextBox1.SelectionFont;
    FontStyle style=FontStyle.Regular;
    if (tsButtonBold.Checked)
        style=style | FontStyle.Bold;
    if (tsButtonItalic.Checked)
        style=style | FontStyle.Italic;
    if (tsButtonUnderLine.Checked)
        style=style | FontStyle.Underline;
    if (currentFont !=null)
        richTextBox1.SelectionFont=new Font(currentFont.FontFamily,
            currentFont.Size,style);
    else
        richTextBox1.SelectionFont=new Font(tsComboBoxFont.Text,
            float.Parse (tsComboBoxSize.Text),style);
}
private void tsButtonLeft_Click(object sender, EventArgs e)    //左对齐
{
    richTextBox1.SelectionAlignment=HorizontalAlignment.Left;
    tsButtonCenter.Checked=tsButtonRight.Checked=false;
}
private void tsButtonCenter_Click(object sender, EventArgs e)   //居中对齐
{
    richTextBox1.SelectionAlignment=HorizontalAlignment.Center;
    tsButtonLeft.Checked=tsButtonRight.Checked=false;
}
private void tsButtonRight_Click(object sender, EventArgs e)   //右对齐
{
    richTextBox1.SelectionAlignment=HorizontalAlignment.Right;
    tsButtonLeft.Checked=tsButtonCenter.Checked=false;
}
private void richTextBox1_SelectionChanged(object sender, EventArgs e)
{
    //根据是否选择文本设置复制和剪切命令及按钮的可用状态
    if (richTextBox1.SelectedText !="")
    {
        tsMenuItemCopy.Enabled=tsMenuItemCut.Enabled=true;
        tsButtonCopy.Enabled=tsButtonCut.Enabled=true;
    }
    else
    {
        tsMenuItemCopy.Enabled=tsMenuItemCut.Enabled=false;
        tsButtonCopy.Enabled=tsButtonCut.Enabled=false;
```

```
        }
        //根据光标处文字的格式设置格式工具栏按钮的状态
        Font currentFont=richTextBox1.SelectionFont;
        if (currentFont!=null)
        {
            tsComboBoxFont.Text=currentFont.Name;
            tsComboBoxSize.Text=currentFont.Size.ToString();
            tsButtonBold.Checked=currentFont.Bold;
            tsButtonItalic.Checked=currentFont.Italic;
            tsButtonUnderLine.Checked=currentFont.Underline;
        }
        tsButtonLeft.Checked=false;
        tsButtonCenter.Checked=false;
        tsButtonRight.Checked=false;
        switch (richTextBox1.SelectionAlignment)
        {
            case HorizontalAlignment.Right:
                tsButtonRight.Checked=true;
                break;
            case HorizontalAlignment.Center:
                tsButtonCenter.Checked=true;
                break;
            default:
                tsButtonLeft.Checked=true;
                break;
        }
    }
```

8.3 对 话 框

对话框是一个特殊的窗体,其特点是无窗体控制按钮、边框大小固定、并且可以返回在对话框中的选择结果。对话框既可以接收信息,也可以输出信息。前面使用的消息框就是一种对话框,与其他对话框不同,消息框不需要创建 MessageBox 类的实例,只要调用静态方法 Show 就可以显示。

8.3.1 通用对话框

.NET 框架提供了一组基于 Windows 的标准对话框,主要包括 OpenFileDialog、SaveFileDialog、FontDialog、ColorDialog 等控件。这些通用对话框都是模式对话框,而且具有两个通用的方法:ShowDialog 和 Reset。ShowDialog 方法用来显示对话框,并返回一个 DialogResult 枚举值;Reset 方法用来将对话框的所有属性重新设置为默认值。

1. 打开文件对话框

OpenFileDialog 控件用于提供标准的 Windows"打开"对话框,用户可以从中选择要打开的文件。在工具箱中双击 OpenFileDialog 控件,就会在窗体下方的组件区看到一个 OpenFileDialog 对象。

OpenFileDialog 控件的常用属性如表 8-10 所示。

表 8-10 OpenFileDialog 控件的常用属性

属　　性	说　　明
AddExtension	获取或设置一个值,该值指示如果用户省略扩展名,是否自动在文件名中添加扩展名,默认值为 true
CheckFileExists	获取或设置一个值,该值指示如果用户指定不存在的文件名,对话框是否显示警告,默认值为 true
CheckPathExists	获取或设置一个值,该值指示如果用户指定不存在的路径,对话框是否显示警告,默认值为 true
DefaultExt	获取或设置默认文件扩展名
FileName	获取或设置在对话框中选定的文件名
FileNames	获取对话框中所有选定文件的文件名
Filter	获取或设置对话框中的文件名筛选器,即对话框的"文件类型"下拉列表中出现的选择内容。 筛选选项格式为"筛选器|筛选器模式",筛选器模式中用分号来分隔文件类型,多个筛选选项之间由竖线(|)隔开。例如:"Word 文档(＊.doc)|＊.doc|图片文件(＊.jpg;＊.gif;＊.bmp)|＊.jpg;＊.gif;＊.bmp"
FilterIndex	获取或设置对话框中当前选定筛选器的索引,第一项的索引为 1
InitialDirectory	获取或设置对话框显示的初始目录
Multiselect	获取或设置一个值,该值指示对话框是否允许选择多个文件,默认值为 false
ReadOnlyChecked	获取或设置一个值,该值指示是否选定只读复选框,默认值为 false
RestoreDirectory	获取或设置一个值,该值指示对话框在关闭前是否还原当前目录,默认值为 false
ShowHelp	获取或设置一个值,该值指示文件对话框中是否显示"帮助"按钮,默认值为 false
ShowReadOnly	获取或设置一个值,该值指示对话框是否包含只读复选框,默认值为 false
Title	获取或设置对话框标题
ValidateNames	获取或设置一个值,该值指示对话框是否只接受有效的文件名,默认值为 true

OpenFileDialog 控件的常用方法除了 ShowDialog 和 Reset,还有 OpenFile 方法。OpenFile 方法用于打开用户选定的具有只读权限的文件,并返回该文件的 Stream 对象。例如:

```
System.IO.Stream stream=openFileDialog1.OpenFile();
```

注意:出于安全目的,OpenFile 方法以只读方式打开文件。若要以读/写模式打开文件,必须使用其他方法,如 FileStream。

OpenFileDialog 控件的事件只有 2 个:FileOk 和 HelpRequest。在对话框中单击"打

开"按钮时引发 FileOk 事件,单击"帮助"按钮时引发 HelpRequest 事件。

2. 保存文件对话框

SaveFileDialog 控件用于提供标准的 Windows"另存为"对话框,用户可以从中指定要保存的文件路径和文件名。在工具箱中双击 SaveFileDialog 控件,就会在窗体下方的组件区看到一个 SaveFileDialog 对象。

SaveFileDialog 控件常用属性大多与 OpenFileDialog 控件相同,但其 CheckFileExists 属性的默认值为 false,且没有 Multiselect 属性。另外,SaveFileDialog 控件还用 2 个特有属性:CreatePrompt 和 OverwritePrompt。CreatePrompt 用于控制当用户指定的文件不存在时,对话框是否提示用户允许创建该文件,默认为 false;而 OverwritePrompt 属性用于控制当用户指定的文件名存在时,改写该文件之前是否提示用户允许替换该文件,默认为 true。

SaveFileDialog 控件的常用方法和事件与 OpenFileDialog 控件相同,但其 OpenFile 方法是以读/写权限打开用户选定的文件,其 FileOk 事件是当用户在对话框中单击"保存"按钮时引发。

3. 浏览文件夹对话框

FolderBrowserDialog 控件用于提供标准的 Windows"浏览文件夹"对话框,用户可以从中浏览、创建或选择一个文件夹。在工具箱中双击 FolderBrowserDialog 控件,就会在窗体下方的组件区看到一个 FolderBrowserDialog 对象。

FolderBrowserDialog 控件的常用属性如表 8-11 所示。

表 8-11 FolderBrowserDialog 控件的常用属性

属 性	说 明
Description	获取或设置对话框中在树视图控件上显示的说明文本
RootFolder	获取或设置树视图中开始浏览的根文件夹的位置,对话框中只显示指定文件夹及其下方的所有子文件夹,其值为 SpecialFolder 枚举类型,默认值为 DeskTop
SelectedPath	获取或设置用户选定的路径
ShowNewFolderButton	获取或设置一个值,该值指示"新建文件夹"按钮是否显示在文件夹浏览对话框中,默认值为 true

FolderBrowserDialog 控件的常用方法是 ShowDialog 和 Reset。

FolderBrowserDialog 控件不支持任何事件。

4. 字体对话框

FontDialog 控件用于提供标准的 Windows"字体"对话框,用户可以从中设置文本的字体、字形、字号、颜色以及文字的各种效果,还可以预览字体设置的效果。在工具箱中双击 FontDialog 控件,就会在窗体下方的组件区看到一个 FontDialog 对象。

FontDialog 控件的常用属性如表 8-12 所示。

表 8-12 FontDialog 控件的常用属性

属　　性	说　　明
AllowVectorFonts	获取或设置一个值,该值指示对话框是否允许选择矢量字体,默认值为 true
AllowVerticalFonts	获取或设置一个值,该值指示对话框是否允许选择垂直字体,默认值为 true,既显示垂直字体又显示水平字体
Color	获取或设置选定字体的颜色
Font	获取或设置选定的字体
MaxSize	获取或设置用户可选择的最大磅值,默认值为 0,表示字体大小没有限制
MinSize	获取或设置用户可选择的最小磅值,默认值为 0,表示字体大小没有限制
ShowApply	获取或设置一个值,该值指示对话框是否包含"应用"按钮,默认值为 false
ShowColor	获取或设置一个值,该值指示对话框是否显示颜色选择,默认值为 false。如果该属性值为 true 且 ShowEffects 属性值为 true,则可以通过对话框获取或设置选定文本的颜色
ShowEffects	获取或设置一个值,该值指示对话框是否包含删除线、下画线和文本颜色选项,默认值为 true
ShowHelp	获取或设置一个值,该值指示对话框是否显示"帮助"按钮,默认值为 false

FontDialog 控件的常用方法是 ShowDialog 和 Reset。

FontDialog 控件的事件有 2 个：Apply 和 HelpRequest。在对话框中单击"应用"按钮时引发 Apply 事件,单击"帮助"按钮时引发 HelpRequest 事件。

5. 颜色对话框

ColorDialog 控件用于提供标准的 Windows"颜色"对话框。用户可以从中选择标准颜色或自定义颜色。在工具箱中双击 ColorDialog 控件,就会在窗体下方的组件区看到一个 ColorDialog 对象。

ColorDialog 控件的常用属性如表 8-13 所示。

表 8-13 ColorDialog 控件的常用属性

属　　性	说　　明
AllowFullOpen	获取或设置一个值,该值指示用户是否可以使用该对话框定义自定义颜色,默认值为 true
AnyColor	获取或设置一个值,该值指示对话框是否显示基本颜色集中可用的所有颜色,默认值为 false
Color	获取或设置用户选定的颜色
FullOpen	获取或设置一个值,该值指示自定义颜色部分在对话框打开时是否可见,默认值为 false
ShowHelp	获取或设置一个值,该值指示对话框是否显示"帮助"按钮,默认值为 false

【例8-3】 完善例8-2的RTF文件编辑器程序,实现文件菜单中"新建"、"打开"、"保存"和"另存为"的功能以及格式菜单中"字体"和"背景"的功能。

(1)界面设计。向窗体组件区添加1个OpenFileDialog控件、1个SaveFileDialog控件、1个FontDialog控件和1个ColorDialog控件。

(2)设置属性。设置OpenFileDialog1和SaveFileDialog1的Filter属性值为"RTF文件(*.RTF)|*.RTF|文本文件(*.TXT)|*.TXT|所有文件(*.*)|*.*",设置FontDialog1的ShowColor属性为true。

(3)编写代码。

```
//在Form1类中声明以下变量
bool textChanged=false;          //用于标记文件内容是否修改
bool newfile=true;               //用于标记是否新建文件
string myFile;                   //用于存放文件名
//实现文件菜单中"新建"、"打开"、"保存"、"另存为"的功能
private void tsMenuItemNewFile_Click(object sender, EventArgs e)          //新建
{
    if (richTextBox1.Text.Trim()!="" && textChanged)
    {
        DialogResult result=MessageBox.Show("文件已被修改,是否保存?","提示",
            MessageBoxButtons.YesNo,MessageBoxIcon.Question);
        if (result==DialogResult.Yes)
            tsMenuItemSaveAs_Click(sender,e);
    }
    newfile=true;
    richTextBox1.Clear();
    tsStatusLabel1.Text="";      //清除状态栏中文件名信息
}
private void tsMenuItemOpenFile_Click(object sender, EventArgs e)          //打开
{
    if (richTextBox1.Text.Trim()!="" && textChanged)
    {
        DialogResult result =MessageBox.Show("文件已被修改,是否保存?","提示",
            MessageBoxButtons.YesNo,MessageBoxIcon.Question);
        if (result==DialogResult.Yes)
            tsMenuItemSaveAs_Click(sender,e);
    }
    if (openFileDialog1.ShowDialog()==DialogResult.OK)
    {
        myFile=openFileDialog1.FileName.ToLower();
        if (openFileDialog1.FilterIndex==1)
            richTextBox1.LoadFile(myFile,RichTextBoxStreamType.RichText);
        else
            richTextBox1.LoadFile(myFile,RichTextBoxStreamType.PlainText);
```

```csharp
            newfile=false;
            tsStatusLabel1.Text=myFile;
        }
    }
    private void tsMenuItemSaveFile_Click(object sender, EventArgs e)        //保存
    {
        if (newfile)
        {
            tsMenuItemSaveAs_Click(sender,e);
        }
        else if (textChanged)
        {
            if (myFile.EndsWith(".rtf"))
                richTextBox1.SaveFile(myFile,RichTextBoxStreamType.RichText);
            else
                richTextBox1.SaveFile(myFile,RichTextBoxStreamType.PlainText);
            textChanged=false;
            toolStripStatusLabel1.Text=myFile;            //在状态栏中显示文件名
        }
    }
    private void tsMenuItemSaveAs_Click(object sender, EventArgs e)   //另存为
    {
        if (saveFileDialog1.ShowDialog()==DialogResult.OK)
        {
            myFile=saveFileDialog1.FileName.ToLower();
            if (saveFileDialog1.FilterIndex==1)
                richTextBox1.SaveFile(myFile,RichTextBoxStreamType.RichText);
            else
                richTextBox1.SaveFile(myFile,RichTextBoxStreamType.PlainText);
            newfile=textChanged=false;
            toolStripStatusLabel1.Text=myFile;              //在状态栏中显示文件名
        }
    }
    //文件内容发生改变时修改变量 textChanged 的值
    private void richTextBox1_TextChanged(object sender, EventArgs e)
    {
        textChanged=true;
    }
    //实现格式菜单中"字体"和"背景"的功能
    private void tsMenuItemFont_Click(object sender, EventArgs e)         //字体
    {
        fontDialog1.Font=richTextBox1.SelectionFont;    //设置字体对话框的初始状态
        if (fontDialog1.ShowDialog()==DialogResult.OK)
        {
```

```
            richTextBox1.SelectionFont=fontDialog1.Font;
            richTextBox1.SelectionColor=fontDialog1.Color;
        }
    }
    private void tsMenuItemBackColor_Click(object sender, EventArgs e)      //背景
    {
        colorDialog1.ShowDialog();
        richTextBox1.BackColor=colorDialog1.Color;
    }
```

8.3.2 自定义对话框

在程序设计过程中,可能需要显示特定样式和功能的对话框,这就需要编程人员设计一个自定义对话框。自定义对话框实际上是一个特殊的窗体。

1. 设计自定义对话框

在应用程序中添加自定义对话框的方法如下:

(1) 在项目中添加一个 Windows 窗体。在打开的项目中选择"项目→添加 Windows 窗体"命令,在出现的"添加新项"对话框中默认选择"Windows 窗体"模板,在"名称"文本框中输入窗体名,然后单击"添加"按钮,即为当前项目添加了一个窗体。

(2) 设置窗体的属性。将窗体的 FormBorderStyle 属性设置为 FixedDialog,MinimizeBox、MaximinzeBox 和 ShowInTaskbar 的属性均设置为 false,HelpButton 的属性设置为 true,Name 和 Text 的属性也要进行相应设置。

(3) 添加按钮和其他控件,并实现按钮的功能。为窗体添加按钮和其他控件并设置相关属性,再将窗体的 AcceptButton 和 CancelButton 属性设置为相应的按钮,然后在按钮的 Click 事件中添加相应代码。

2. 使用自定义对话框

自定义对话框设计好之后,就可以在程序中使用。代码如下:

```
Form2 Dialog1=new Form2();
Dialog1.Text ="输入对话框";
Dialog1.ShowDialog();
```

【例 8-4】 完善例 8-3 的 RTF 文件编辑器程序,实现编辑菜单中"查找"和"替换"的功能。

(1) 界面设计。向项目中添加一个新的 Windows 窗体 Form2,并按照图 8-12 设计界面。"替换为"标签及其后面的文本框、"替换"按钮和"全部替换"按钮均由程序控制是否显示。

(2) 设置属性。窗体和各个控件的属性设置如表 8-14 所示。

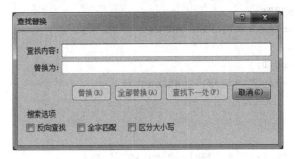

图 8-12 "查找替换"对话框

表 8-14 例 8-4 对象的属性设置

名 称	属 性	属性值	名 称	属 性	属性值
Form2	Text	查找替换	checkBox2	Text	全字匹配
	FormBorderStyle	FixedDialog	checkBox3	Text	区分大小写
	MaximizeBox	False	btnCancel	Text	取消
	MinimizeBox	False	btnFindNext	Text	查找下一处
	ShowInTaskbar	False		Enabled	False
	HelpButton	True	btnReplaceAll	Text	全部替换
label1	Text	查找内容:		Enabled	False
label2	Text	替换为:	btnReplace	Text	替换
label3	Text	搜索选项		Enabled	False
txtFind	Text	空	Form1 中的 RichTextBox1	HideSelection	False
txtReplace	Text	空		Modifiers	Public
checkBox1	Text	反向查找			

(3) 编写代码。Form1 中 tsMenuItemFind 和 tsMenuItemReplace 菜单项的 Click 事件均设置为 tsMenuItemFindReplace，并在 Form1 添加以下代码：

```
public partial class Form1:Form
{
    //在 Form1 类中声明以下变量
    static public string FR;            //用于向 Form2 传递查找替换标记
    static public int start;            //用于向 Form2 传递查找范围的开始位置
    static public int end;              //用于向 Form2 传递查找范围的结束位置
    Form2 frmFr=new Form2();
    private void tsMenuItemFindReplace(object sender, EventArgs e)
    {
        if (sender==tsMenuItemFind)
            FR="F";
        else
```

```csharp
            FR="R";
        if (richTextBox1.SelectedText=="")
        {
            start=0;
            end=richTextBox1.TextLength;
        }
        else
        {
            start=richTextBox1.SelectionStart;
            end=richTextBox1.SelectionStart+richTextBox1.SelectionLength;
        }
        frmFr.ShowDialog(this);
    }
}
```

Form2 中的代码如下：

```csharp
public partial class Form2:Form
{
    int start=0;                        //用于存储查找的起始位置
    int end;                            //用于存储查找的结束位置
    int pos;                            //用于存储查找字符串在控件内的位置
    RichTextBoxFinds findoptions;       //用于存储搜索选项
    private void Form2_Load(object sender, EventArgs e)
    {
        if (Form1.FR=="F")              //若选择"查找"命令，与替换相关的控件均不可见
        {
            btnReplace.Visible=false;
            btnReplaceAll.Visible=false;
            label2.Visible=false;
            txtReplace.Visible=false;
        }
        else
        {
            btnReplace.Visible=true;
            btnReplaceAll.Visible=true;
            label2.Visible=true;
            txtReplace.Visible=true;
        }
        start=Form1.start;
        end=Form1.end;
    }
    private void btnFindNext_Click(object sender, EventArgs e)       //查找下一处
    {
        findoptions=RichTextBoxFinds.None;
```

```csharp
        if (checkBox1.Checked)
            findoptions=RichTextBoxFinds.Reverse;
    else
            findoptions=findoptions & ~RichTextBoxFinds.Reverse;
        if (checkBox2.Checked)
            findoptions=findoptions | RichTextBoxFinds.WholeWord;
    else
            findoptions=findoptions & ~RichTextBoxFinds.WholeWord;
        if (checkBox3.Checked)
            findoptions=findoptions | RichTextBoxFinds.MatchCase;
    else
            findoptions=findoptions & ~RichTextBoxFinds.MatchCase;
        Form1 frm1=(Form1)this.Owner;
        pos=frm1.richTextBox1.Find(txtFind.Text,start,end,findoptions);
        if (pos==-1)
        {
            MessageBox.Show("已完成对文档的搜索。","提示");
            start=0;
            end=Form1.end;
        }
        else
            if (checkBox1.Checked)
                end=pos-1;
            else
                start=pos+txtFind.TextLength;
}
private void btnReplaceAll_Click(object sender, EventArgs e)    //全部替换
{
    Form1 frm1=(Form1)this.Owner;
    string str=frm1.richTextBox1.Text.Replace(txtFind.Text,"");
    int count = ( frm1. richTextBox1. TextLength - str. Length )/txtFind.
    TextLength;
    frm1. richTextBox1. Text = frm1. richTextBox1. Text. Replace (txtFind.
    Text,txtReplace.Text);
    MessageBox.Show("已完成对文档的搜索并已完成"+count.ToString()+"处替
    换。","提示");
}
private void btnReplace_Click(object sender, EventArgs e)        //替换
{
    Form1 frm1=(Form1)this.Owner;
    if (frm1.richTextBox1.SelectedText==txtFind.Text)
        frm1.richTextBox1.SelectedText=txtReplace.Text;
    btnFindNext_Click(sender,e);
}
```

```
private void btnCancel_Click(object sender, EventArgs e)        //取消
{
    this.Close();
}
private void txtFind_TextChanged(object sender, EventArgs e)
{
    if (txtFind.Text.Trim()=="")
        btnFindNext.Enabled=btnReplaceAll.Enabled=btnReplace.Enabled=false;
    else
        btnFindNext.Enabled=btnReplaceAll.Enabled=btnReplace.Enabled=true;
    bool flag=false;
    char[] s=txtFind.Text.ToCharArray();
    foreach (char ch in s)                              //判断是否包含汉字
        if (Convert.ToInt32(ch)>128)
        {
            flag=true;
            break;
        }
    if (flag)                       //若查找内容包含汉字,全字匹配复选框不可用
        checkBox2.Enabled=false;
    else
        checkBox2.Enabled=true;
}
```

8.4 多文档程序设计

单文档界面(Single Document Interface,SDI)和多文档界面(Multiple Document Interface,MDI)是 Windows 应用程序的两种典型结构。

SDI 一次只能打开一个窗体,显示一个文档,例 8-4 中的 RTF 文件编辑器程序就是一个 SDI 应用程序。MDI 可以在一个容器窗体中包含多个窗体,能够同时显示多个文档,每个文档都在自己的窗口内显示。MDI 应用程序由父窗体和子窗体构成,容器窗体称为父窗体,容器窗体内部的窗体称为子窗体。当关闭 MDI 父窗体时,所有子窗体会自动关闭。Microsoft Office Excel 就是典型的 MDI 应用程序。

8.4.1 创建 MDI 应用程序

MDI 应用程序至少由两个窗体组成:一个父窗体和一个子窗体。创建 MDI 应用程序的方法如下:

(1) 创建一个 Windows 应用程序的项目,项目中自动添加一个名为 Form1 的窗体。

在"属性窗口"中将 Form1 的 IsMdiContainer 属性值设置为 True,该窗体即为父窗体。

（2）在项目中添加一个新窗体,窗体名默认为 Form2。若把 Form2 作为子窗体,只需在父窗体中打开子窗体的代码处添加如下代码:

```
Form2 frm2=new Form2();
frm2.MdiParent=this;
frm2.Show();
```

8.4.2 MDI 相关属性、方法和事件

1. MDI 相关属性

MDI 相关属性如表 8-15 所示。

表 8-15　MDI 相关属性

属　　性	说　　明
ActiveMDIChild	获取当前活动的 MDI 子窗体。如果当前没有子窗体,则返回 Null
IsMdiContainer	获取或设置一个值,该值指示窗体是否为 MDI 子窗体的容器
MdiChildren	获取窗体的数组,这些窗体表示以此窗体作为父级的 MDI 子窗体
IsMdiChild	获取一个值,该值指示窗体是否为 MDI 子窗体
MdiParent	获取或设置此窗体的当前 MDI 父窗体

2. MDI 相关方法

1) ActivateMdiChild 方法

ActivateMdiChild 方法用于激活 MDI 子窗体,其格式如下:

```
void ActivateMdiChild(Form form)
```

2) LayoutMdi 方法

LayoutMdi 方法用于在 MDI 父窗体内排列 MDI 子窗体,其格式如下:

```
void LayoutMdi(MdiLayout value)
```

参数 value 定义 MDI 子窗体的布局,其值是 MDILayout 枚举类型,有 4 个枚举成员:

（1）ArrangeIcons——所有 MDI 子图标均排列在 MDI 父窗体的工作区内。

（2）Cascade——所有 MDI 子窗体均层叠在 MDI 父窗体的工作区内。

（3）TileHorizontal——所有 MDI 子窗体均水平平铺在 MDI 父窗体的工作区内。

（4）TileVertical——所有 MDI 子窗体均垂直平铺在 MDI 父窗体的工作区内。

3. MDI 相关事件

MDI 相关事件只有 MDIChildActivate,该事件在 MDI 应用程序内激活或关闭 MDI 子窗体时引发。

【例 8-5】 创建一个 MDI 应用程序,程序包含一个 MDI 父窗体和 MDI 子窗体,如图 8-13 所示。

(1) 界面设计。向 Form1 窗体组件区添加 1 个 menuStrip 控件,并按图 8-14 所示添加菜单项。

图 8-13 例 8-5 程序界面

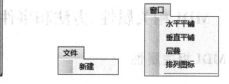

图 8-14 MDI 父窗体的菜单栏结构

向项目中添加 1 个新的 Windows 窗体 Form2,向 Form2 中添加 1 个 RichTextBox 控件。

(2) 设置属性。各控件的属性设置如表 8-16 所示。

表 8-16 例 8-5 对象的属性设置

名　称	属　性	属　性　值
Form1	IsMdiContainer	True
menuStrip1	MdiWindowListItem	tsMenuItemWindows
tsMenuItemFile	Text	文件
tsMenuItemNewWindow	Text	新建
tsMenuItemWindows	Text	窗口
tsMenuItemHorizontal	Text	水平平铺
tsMenuItemVertical	Text	垂直平铺
tsMenuItemCascade	Text	层叠
tsMenuItemArrangeIcons	Text	排列图标
Form1 中的 richTextBox1	Dock	Fill

设置 menuStrip1 的 MdiWindowListItem 属性为"tsMenuItemWindows",即窗口菜单项,指定在窗口菜单中显示 MDI 子窗体列表,如图 8-15 所示。

(3) 编写代码。

```
public partial class Form1:Form
{
    int i;
    private void tsMenuItemNewWindow_Click
    (object sender, EventArgs e)        //新建
    {
        i++;
        Form2 frm2=new Form2();
```

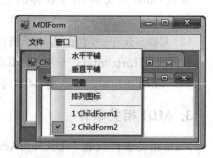

图 8-15 例 8-5 的运行结果

```
        frm2.MdiParent=this;
        frm2.Text="ChildForm"+i.ToString();
        frm2.Show();
    }
    private void tsMenuItemHorizontal_Click(object sender, EventArgs e)    //水平平铺
    {
        this.LayoutMdi(MdiLayout.TileHorizontal);
    }
    private void tsMenuItemVertical_Click(object sender, EventArgs e)    //垂直平铺
    {
        this.LayoutMdi(MdiLayout.TileVertical);
    }
    private void tsMenuItemCascade_Click(object sender, EventArgs e)    //层叠
    {
        this.LayoutMdi(MdiLayout.Cascade);
    }
    private void tsMenuItemArrangeIcons_Click(object sender, EventArgs e) //排列图标
    {
        this.LayoutMdi(MdiLayout.ArrangeIcons);
    }
}
```

(4) 编译并运行程序,结果如图 8-15 所示。

8.4.3 MDI 应用程序中的菜单栏

默认情况下,当一个子窗体为活动窗体时,该子窗体的菜单栏将附加在 MDI 父窗体菜单栏上。如果没有可见的子窗体或活动的子窗体没有菜单栏,则仅显示 MDI 父窗体的菜单栏。

在 MDI 应用程序中,可以通过设置菜单栏和菜单项的相关属性来决定子窗体的菜单栏如何显示在父窗体上,这些属性如表 8-17 所示。

表 8-17 MDI 应用程序中菜单的相关属性

属　　性	说　　明
MergeAction	获取或设置如何将子菜单与父菜单合并,其值为 MergeAction 枚举类型,有 5 个枚举成员: Append——忽略匹配结果,将该项追加到集合结尾 Insert——将该项插入目标集合中的匹配项前。如果匹配项在列表的结尾,则将该项追加到列表;如果没有匹配项或匹配项在列表的开始处,则将该项插入到集合的开始 MatchOnly——要求匹配项,但不进行任何操作 Remove——移除匹配项 Replace——用源项替换匹配项,原始项的下拉项不会成为传入项的子项

续表

属性	说明
MergeIndex	获取或设置合并的项在当前菜单栏内的位置;如果找到匹配项,将显示表示合并项的索引的整数;如果找不到匹配项,将显示-1
AllowMerge	获取或设置一个值,该值指示能否组合多个菜单栏及其菜单项,默认值为true
MdiWindowListItem	获取或设置用于显示MDI父窗体中打开的子窗体列表的顶级菜单项

习 题

1. 选择题

(1) 在C#中,用来创建主菜单的对象是_____。

    A. Menu   B. MenuItem   C. MenuStrip   D. Item

(2) 设置需要使用的弹出式菜单的窗体或控件的_____属性,即可激活弹出式菜单。

    A. MenuStrip   B. ContextedMenu

    C. ContextMenuStrip   D. ContextedMenuStrip

(3) 建立访问键时,需在菜单标题的字母前添加的符号是_____。

    A. !   B. #   C. $ D. &

(4) 设计菜单时,若希望某个菜单项前面有一个"√"号,应把该菜单项的_____属性设置为true。

    A. Checked   B. RadioCheck

    C. ShowShortcut   D. Enabled

(5) 创建菜单后,为了实现菜单的命令功能,应为菜单项添加_____事件处理方法。

    A. DrawItem   B. Popup   C. Click   D. Select

(6) 变量openFileDialog1引用了一个openFileDialog对象,为检查用户在退出对话框时是否单击了"打开"按钮,应检查openFileDialog1.ShowDialog()的返回值是否等于_____。

    A. DialogResult.OK   B. DialogResult.Yes

    C. DialogResult.No   D. DialogResult.Cancel

(7) 在C#程序中,为使myForm引用的窗体对象显示为对话框,必须_____。

    A. 使用myForm.ShowDialog方法显示对话框

    B. 将myForm对象的isDialog属性设为true

    C. 将myForm对象的FormBorderStyle属性设置为FixedDialog

    D. 将变量myForm改为引用System.Windows.Dialog的对象

(8) 使用C#开发的Windows应用程序中可以构成一个包含多个窗体的主窗体,称之为 MDI 父窗体，以下关于 MDI 父窗体的特点，描述错误的是_____。

    A．启动一个 MDI 应用程序时，首先显示父窗体

    B．每个应用程序界面都只能有一个 MDI 父窗体

    C．MDI 子窗体可以在 MDI 父窗体外随意移动

    D．关闭 MDI 父窗体时，所有子窗体会自动关闭

（9）在 Windows 应用程序中，可以通过以下_____方法使一个窗体成为 MDI 窗体。

    A．改变窗体的标题信息

    B．在工程的选项中设置启动窗体

    C．设置窗体的 IsMdiContainer 属性

    D．设置窗体的 ImeMode 属性

（10）MDI 应用程序由 1 个 MDI 父窗体和至少 1 个 MDI 子窗体构成。假设 Form1 为 MDI 父窗体，在指定 Form2 为 MDI 子窗体时，需要在 Form1 窗体中打开 Form2 的地方添加的代码是_____。

    A．Form2 f2＝new Form2();　　　B．Form2 f2＝new Form2();
       f2.MdiParent＝this;　　　　　　 f1.MdiParent＝this;
       f2.Show();　　　　　　　　　　 f2.Show();

    C．Form2 f2＝new Form2();　　　D．Form1 f2＝new Form1();
       f2.MdiParent＝Form1;　　　　　 f2.MdiParent＝this;
       f2.Show();　　　　　　　　　　 f2.Show();

2．思考题

（1）菜单按使用方式分为哪两种？

（2）如何快捷有效地让工具栏中的按钮与下拉式菜单中的菜单项具有相同的功能？

（3）什么是 SDI 和 MDI？

3．实践题

（1）设计一个程序，可以通过菜单栏命令或快捷菜单命令设置窗体的背景颜色和不透明度，程序界面如图 8-16 所示。

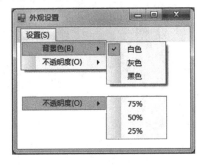

弹出式菜单

图 8-16　实践题(1)的运行界面和菜单结构

(2) 编写一个 MDI 应用程序，在父窗体中可以同时打开多个子窗体，并可对它们进行排列。每个子窗体显示一个文档，用户可以同时对它们进行编辑操作，界面如图 8-17 所示。

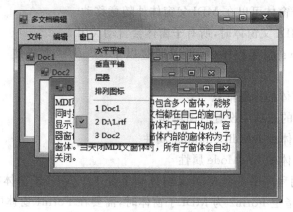

图 8-17　实践题(2)的程序界面

父窗体和子窗体的菜单栏结构如图 8-18(a)和(b)所示。

(a) 实践题（2）中主窗体的菜单栏　　　(b) 实践题（2）中子窗体的菜单

图　8-18

第 9 章 文件操作

文件操作是程序设计中的重要部分,文件操作涉及程序与外部存储设备之间的数据交换,包括对文件的读、写、修改、分类、复制、移动、删除等操作。

9.1 文件和流

1. 什么是文件

文件是指存储在外存储器(磁盘、磁带、光盘、网络存储等)上的信息的有序集合。数据以文件的形式存放在外存储器中,每个文件有一个唯一区分于其他文件的名称,称为文件名,操作系统对文件的访问是通过文件名实现的。每个文件除了有文件名外,还有文件路径、创建时间、操作权限等属性。

应用程序和外部存储之间通过文件传递数据。

文件可以长期保留下来,方便用户随时操作。

2. 流的概念

在.NET Framework 中,对文件的所有操作都要用"流"来实现。

流是字节序列的抽象概念,它提供了一种工作方式,使程序设计人员在设计程序读取文件中的内容时不需要考虑文件所在硬件的细节及存储格式。

.NET Framework 框架内的所有语言都是所谓的"托管代码"语言,它们是无法直接操作硬件的。.NET Framework 底层用 CLR 实现与硬件的交互,读取硬件上的内容,并对读取出来的二进制数据进行封装,封装后的内容称为"流"。把流提供给各种语言使用,无论程序员使用哪种语言编程,都可以不再考虑应用程序运行在不同硬件环境的区别,因为 CLR 解释运行时会根据当前的硬件做出不同的解释。

也就是说,流隐藏了对文件操作的底层物理细节,包括设备的物理机制和磁盘(内存)分配问题。所以使用流可以编写通用的程序。

根据流的方向,流可以分为两种:输入流和输出流。

(1) 输入流:将外部数据(文件或外部设备)输入到程序可以访问的内存空间中,供程序使用。

(2) 输出流:将程序的中间结果或最终结果从内存存储空间中输出到文件。

而根据流中的数据形式,流可以分为文本流和二进制流。

（1）文本流：文本流中流动的数据是以字符的形式存在的。流中的每一个字符对应一个字节，存放对应字符的 ASCII 码。文本流中包含一行行的字符，每行以换行符结束。文本流中的字符与外部设备中的字符没有一一对应关系，而且所读写的字符个数与外部设备中的也可以不同。

（2）二进制流：二进制流中的数据是根据程序编写它们的形式写入到文件或设备中，而且完全根据它们从文件或设备读写的形式读入到程序中，并未做任何改变，所以读写的字节数也与外部设备或文件中的相同，这种类型的流非常适合非文本数据，但用户无法读懂其内容。

3．用于输入和输出的类

在 C♯ 中，几乎所有的输入输出类都包含在 System.IO 命名空间中。要想引用这些输入输出类，必须在 C♯ 中引用这个命名空间才可以，格式如下：

using System.IO;

本章介绍的所有程序都需要引用 System.IO 命名空间，后面的例题不再特意说明。

所有表示流的类都是从抽象基类 Stream 继承的。C♯ 中常见的对文件操作的类如表 9-1 所示。

表 9-1 C♯ 中常见的对文件操作的类

类	说　　明
DriveInfo	用于访问驱动器
Directory	静态类，用于创建、移动、复制、删除目录
DirectoryInfo	与 Directory 类提供的功能相似，但需要创建实例才可以使用其属性和方法
File	静态类，用于创建、打开、复制和删除文件
FileInfo	与 File 类提供的功能相似，但需要创建实例才可以使用其属性和方法
FileStream	用来读取文本文件内容或将文本数据写入文本文件中
Path	静态类，用来操作路径
BinaryReader	以二进制方式读取文本文件
BinaryWriter	以二进制方式将数据写入文本文件
StreamReader	读取文本文件
StreamWriter	将数据写入文本文件

下面对比较常用的类进行简单介绍。

1）DriveInfo 类

DriveInfo 类用于获取驱动器的相关信息，包括驱动器的盘符、类型、可用空间等。DriveInfo 类的常用属性如表 9-2 所示。

表 9-2　DriveInfo 类的常用属性

属　　性	说　　明
AvailableFreeSpace	对当前用户，驱动器的可用空闲空间量（以 B 为单位）
TotalFreeSpace	获取驱动器上的空闲空间总量（以 B 为单位）

属　　性	说　　明
TotalSize	驱动器空间总量
DriveFormat	驱动器文件系统格式,如 NTFS、FAT32 等
DriveType	驱动器类型,DriveType 枚举型(共有 7 个枚举值:CDRom(光驱)、Fixed(固定磁盘)、Network(网络驱动器)、NoRootDirectory(没有根目录的驱动器)、Ram(RAM 磁盘)、Removable(可移动磁盘)和 Unknown(未知类型的驱动器))
IsReady	指示驱动器是否准备好
Name	驱动器名称,如 C:\、D:\等
VolumeLabel	获取驱动器的卷标

DriveInfo 的常用方法成员有 GetDrives(),这是一个静态方法,用于检索计算机上所有逻辑驱动器的 DriveInfo 对象数组。

【例 9-1】 DriveInfo 类的使用实例。

操作步骤如下:

(1) 新建一个窗体应用程序,按图 9-1 设计界面,窗体中包括 4 个标签对象、1 个列表框对象、3 个文本框对象,各个对象属性设置如表 9-3 所示。

表 9-3　例 9-1 各对象属性设置

名　称	属　性	属　性　值	名　称	属　性	属　性　值
Form1	Text	DriveInfo 类的使用实例	label3	Text	总容量:
label1	Text	当前电脑的驱动器:	label4	Text	剩余容量:
label2	Text	驱动器名:			

(2) 在窗体事件外部定义一个 DriveInfo 类的数组 dves。

```
//定义一个 Driveinfo 型数组用于容纳所有的驱动器名称
DriveInfo[] dves=DriveInfo.GetDrives();
```

因为该数组需要在多个事件中引用,所以定义在窗体事件外部,供需要用到的事件调用。

(3) 在 Form1 的 Load 事件中添加如下代码:

```
private void Form1_Load(object sender, EventArgs e)
{
    foreach (DriveInfo d in dves)
    {
        string dt="";
        switch ((int)(d.DriveType))        //将 DriveType 类型转换为 int 型
        {
            case 0:
                dt="未知设备"; break ;
```

```
                case 1:
                    dt="未分区"; break;
                case 2:
                    dt="可移动磁盘"; break;
                case 3:
                    dt="硬盘"; break;
                case 4:
                    dt="网络驱动器"; break;
                case 5:
                    dt="光驱"; break;
                case 6:
                    dt="内存磁盘"; break;
            }
            listBox1.Items.Add(d.Name+"("+dt+")");
    }
}
```

这段代码主要是将当前计算机中的驱动器取出,并根据 DriveType 属性值显示驱动器的类别。

(4) 在列表框 listBox1 的 Click 事件中添加如下代码:

```
private void listBox1_Click(object sender, EventArgs e)
{
    int i;
    i=listBox1.SelectedIndex;
    textBox1.Text=dves[i].Name;
    //将容量从字节转换为 GB
    textBox2.Text=(dves[i].TotalSize/(1024*1024*1024)).ToString()+" GB";
    textBox3.Text=(dves[i].TotalFreeSpace/(1024*1024*1024)).ToString()+" GB";
}
```

(5) 运行程序,结果如图 9-1 所示,单击列表框中的某一个驱动器,会在右侧的文本框中显示该驱动器的相关属性,如图 9-2 所示。

图 9-1 例 9-1 的运行结果 1

图 9-2 例 9-1 的运行结果 2

2) Directory 类和 DirectoryInfo 类

.NET 框架提供的用于目录管理的类有 Directory 类、DirectoryInfo 类和 Path 类。

Directory 类和 DirectoryInfo 类的功能相似，都可以实现对目录及其子目录的创建、移动、删除等操作。两者之间的区别是：Directory 类是静态类，不能使用 new 关键字创建对象，其提供的静态方法，程序设计人员可以直接使用。而 DirectoryInfo 类是一个需要实例化的类。

Directory 类的常用静态方法如表 9-4 所示。

表 9-4　Directory 类的常用静态方法

方　　法	说　　明
CreateDirectory(string path)	按照指定的路径创建目录或子目录
Delete(string path，bool)	删除指定的目录，如果第二个参数为 false，仅删除空目录
Exists(string path)	判断目录是否存在
GetDirectories(string path)	获取指定目录下的子目录的名称列表
GetFiles(string path)	获取指定目录下的文件的名称列表
GetCreationTime(string path)	获取目录的创建时间
Move(string sourceDirName，string destDirName)	将目录及其内容移动到新位置，并可在新位置为目录重新命名

【例 9-2】　Directory 类的使用实例。

操作步骤如下：

(1) 新建一个窗体应用程序，在窗体中添加 2 个标签、2 个按钮、1 个文本框及 1 个列表框，如图 9-3 所示。

图 9-3　例 9-2 的设计界面

(2) 按表 9-5 对窗体中的各个对象进行属性设置。

表 9-5　例 9-2 各对象属性设置

名称	属性	属性值	名称	属性	属性值
Form1	Text	Directory 类举例	button1	Text	创建目录
label1	Text	C:\的目录	button2	Text	删除目录
label2	Text	请输入要创建的目录名：			

(3) 在窗体的 Load 事件中添加如下事件代码：

```
private void Form1_Load(object sender, EventArgs e)
{
    //获取当前路径下所有的文件夹
    string[] dirs=Directory.GetDirectories("c:\\");
    foreach (string d in dirs)
    {
        listBox1.Items.Add(d);
    }
}
```

(4) 在 button1(创建目录)的 Click 事件中添加如下事件代码：

```
private void button1_Click(object sender, EventArgs e)
{
    string dirname="c:\\"+textBox1.Text;
    Directory.CreateDirectory(dirname);              //创建指定的文件夹
    listBox1.Items.Clear();
    //重新获取当前路径下所有的文件夹
    string[] dirs=Directory.GetDirectories("c:\\");
    foreach (string d in dirs)
    {
        listBox1.Items.Add(d);
    }
}
```

(5) 在 button2(删除目录)的 Click 事件中添加如下事件代码：

```
private void button2_Click(object sender, EventArgs e)
{
    string fname=listBox1.Items[listBox1.SelectedIndex].ToString();
    Directory.Delete(fname);                         //删除指定的文件夹
    listBox1.Items.Clear();
    //重新获取当前路径下所有的文件夹
    string[] dirs=Directory.GetDirectories("c:\\");
    foreach (string d in dirs)
    {
        listBox1.Items.Add(d);
```

        }
    }

（6）运行程序，结果如图 9-4 所示。

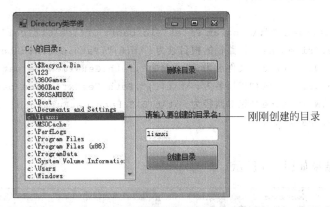

图 9-4　例 9-2 运行结果

本例中用到了 Directory 类的 Delete 方法、GetDirectories 方法和 CreateDirectory 方法。

DirectoryInfo 类的方法与 Directory 类的静态方法大体相同，除此之外，DirectoryInfo 类的常用属性成员有如下几个：

（1）Name：目录名称。

（2）Exists：指示目录是否存在。

（3）Parent：父目录。

（4）Root：根目录。

其实，Directory 类和 DirectoryInfo 类的绝大多数功能都是相同的，只不过 Directory 类是静态类，如果需要执行某个操作，使用 Directory 类静态方法的效率比相应的 DirectoryInfo 实例方法高。

3）Path 类

.NET 框架提供的 Path 类也可以管理文件和目录路径。和 Directory 类相比，Path 类更灵活、更全面，它可以操作路径的各个部分，包括驱动器盘符、目录名、文件名、文件扩展名和分隔符等。Path 类也是一个静态类，它的常用方法如表 9-6 所示。

表 9-6　Path 类的常用静态方法

方　　法	说　　明
GetDirectoryName(string path)	返回指定路径字符串的目录信息
GetExtension(string path)	返回指定的路径字符串的扩展名
GetFileName(string path)	返回指定路径字符串的文件名和扩展名
GetFileNameWithoutExtension(string path)	返回不具有扩展名的指定路径字符串的文件名
GetFullPath(string path)	返回指定路径字符串的绝对路径
GetPathRoot(string path)	获取指定路径的根目录信息

【例9-3】 Path类使用实例。

新建一个控制台程序,在Main方法中输入如下代码:

```
static void Main(string[] args)
{
    string path1=@ "C:\Program Files\Microsoft Office\Office14\1.txt";
    Console.WriteLine("该路径的根目录为:\t{0}",Path.GetPathRoot(path1));
    Console.WriteLine("文件名为:\t\t{0}",Path.GetFileName(path1));
    Console.WriteLine("扩展名为:\t\t{0}",Path.GetExtension(path1));
    Console.WriteLine("绝对路径为:\t\t{0}",Path.GetFullPath(path1));
    Console.ReadLine();
}
```

运行程序,结果如图9-5所示。

图9-5 例9-3的运行结果

4) File类和FileInfo类

File类和FileInfo类是用于文件管理的类,在功能上非常相似,File类是静态类。这两个类都可以实现对文件的创建、删除、复制、移动和打开等操作。

File类的主要方法成员如表9-7所示。

表9-7 File类的主要静态方法

方法	说明
Create(string path)	创建新文件
Copy(string sourcefilename, string destfilename)	复制文件
Delete(string path)	删除文件
Exists(string path)	判断文件是否存在
Move(string sourcefilename, string destfilename)	移动文件
Open(string path)	打开文件
AppendText(string path, string contents)	将指定的文本追加到文件中,如果文件不存在则创建该文件
GetCreateTime(string path)	获取文件的创建时间

【例9-4】 File类的应用实例。

```
static void Main(string[] args)
{
```

```
if(File.Exists("c:\\a.txt"))                //判断 a.txt 是否存在
{
    File.AppendAllText("C:\\a.txt","这是一个C#文件实例");  //向文件中追加文字
}
else
{
    //将 b.txt 复制为 a.txt,要求 b.txt 必须已存在
    File.Copy("C:\\b.txt","c:\\a.txt");
}
DateTime dt1=File.GetCreationTime("C:\\a.txt");   //获取 a.txt 的创建时间
Console.WriteLine("文件 a.txt 的创建时间为:{0}",dt1);
Console.ReadLine();
}
```

FileInfo 类的功能和 File 类相似,但使用时需要实例化对象,FileInfo 类的主要属性成员如表 9-8 所示。

表 9-8　FileInfo 类的主要属性

属　　性	说　　明	属　　性	说　　明
Attribute	获取或设置文件的属性	FullName	获取文件的完整路径
CreationTime	获取或设置文件的创建日期和时间	Length	获取文件的大小
DirectoryName	获取文件目录的完整路径	Name	仅返回文件的文件名

【例 9-5】 FileInfo 类使用实例。

操作步骤如下:

(1) 新建一个 Windows 窗体应用程序,并在窗体上添加 1 个 listView 对象、1 个按钮、1 个 OpenFileDialog 对象。

(2) 设置 listView1 控件的 Column 属性,为其添加 4 个成员 columnHeader1、columnHeader2、columnHeader3、columnHeader4,并分别设置这 4 个成员的 Text 属性为"文件名"、"大小"、"创建时间"和"位置"。

(3) 按照表 9-9 所示设置各控件属性。

表 9-9　例 9-5 各对象属性设置

名　称	属　性	属性值	名　称	属　性	属性值
Form1	Text	文件管理	button1	Text	打开文件
listView1	View	Details	openFileDialog1	Multiselect	True
	GridLines	True		Filter	MP3 音乐|*.mp3

(4) 在 button1 的 Click 事件中添加如下代码:

```
private void button1_Click(object sender, EventArgs e)
{
    if (openFileDialog1.ShowDialog()==DialogResult.OK)
```

```
            {
                foreach(string file in openFileDialog1.FileNames)
                {
                    FileInfo fi=new FileInfo(file);                    //实例化 Fileinfo
                    ListViewItem lv=new ListViewItem();
                    lv.Text=fi.Name;                                   //歌曲名
                    lv.SubItems.Add((fi.Length/(1024*1024)).ToString()+"M"); //歌曲大小
                    lv.SubItems.Add(fi.CreationTime.ToShortDateString());    //创建时间
                    lv.SubItems.Add(fi.DirectoryName);                       //路径
                    this.listView1.Items.Add(lv);
                }
            }
        }
```

（5）运行程序，单击"打开文件按钮"，选择几个文件，然后单击"确定"按钮，结果如图 9-6 所示。

图 9-6　例 9-5 的运行结果

9.2　文件读写操作

对文件的操作主要体现为对文件进行读写。按照不同的读写模式，可分为按二进制方式读写和按文本方式读写。本节将介绍对文件进行读写操作的类。

9.2.1　FileStream 类

FileStream 类是 Stream 的派生类，可以用来表示磁盘或网络路径上指向文件的流。Filestream 类提供了对文件读写字节的方法，更适合读取二进制文件。

1．FileStream 类的构造函数

FileStream 类的构造函数有很多种形式，常用的有以下 2 种：

1) 指定打开模式的构造函数

`public FileStream(string path,FileMode mode)`

例如:

`FileStream fs=new FileStream("c:\\a.txt",FileMode.OpenOrCreate);`

该构造函数的功能为:创建一个 FileStream 类的新实例,并按 FileMode 指定的模式打开文件。

2) 指定打开模式和访问模式的构造函数

`public FileStream(string path,FileMode mode,FileAccess access)`

例如:

`FileStream fs=new FileStream("c:\\a.txt",FileMode.Create,FileAccess.Write);`

该构造函数的功能为:创建一个 FileStream 类的新实例,按 mode 模式打开文件,并按 access 指定的方式访问文件。

说明:

(1) path:包括文件完整路径在内的文件名。

(2) mode:FileMode 枚举类型,规定了如何打开文件,以及把文件指针定位在哪里才能完成后续操作。FileMode 的枚举成员如表 9-10 所示。

表 9-10 FileMode 的枚举成员

成员	说明
Append	打开文件并将文件指针定位到文件末尾,如果文件不存在,创建该文件,该枚举成员只能与 FileAccess.Write 联合使用
Create	创建指定文件,如果该文件存在,先删除该文件,再创建
CreateNew	创建指定文件,如果该文件存在,将抛出异常
Open	打开指定文件,如果不存在,将抛出异常
OpenOrCreate	打开文件,文件指针定位到文件的开始,如果文件不存在,则创建新文件
Truncate	打开现有文件,清除其内容,并指向文件的开始,并保留文件的初始创建日期,如果文件不存在,将抛出异常

(3) access:FileAccess 枚举类型,规定了流的作用,具体成员如表 9-11 所示。

表 9-11 FileAccess 的枚举成员

成员	说明	成员	说明
Read	以只读方式打开文件	ReadWrite	以读写方式打开文件
Write	以只写方式打开文件		

2. 文件位置

FileStream 类可以对文件指针进行操作。在大多数情况下，打开文件，文件指针指向文件的开始位置，但文件指针可以根据程序设计人员的要求进行修改，这样就实现了对文件任何位置进行读写，从而可以随机访问文件。

FileStream 类中提供了 Seek() 方法，实现文件指针定位，其使用形式如下：

```
filestream.Seek(long offset,SeekOrigin origh)
```

(1) offset：规定了文件指针的移动距离，是一个 long 型数据。

(2) SeekOrigin：指明移动的起始位置，是一个枚举类型，包含 3 个枚举成员：Begin（文件开始）、Current（当前位置）、End（文件末尾）。

例如：

```
FileStream fs=new FileStream("c:\\a.txt",FileMode.Open,FileAccess.Read);
fs.Seek(8,SeekOrigin.Current);
```

将文件指针从文件开始处向后移动 8 个字节。

```
fs.Seek(-10,SeekOrigin.End);
```

将文件指针从文件末尾向前移动 10 个字节。

3. 读写文件

其实，FileStream 读取文件比较麻烦，后面将介绍的 SteamReader 类和 StreamWriter 类更简单一些。但 FileStream 类处理的是原始字节，所以它可以用于任何数据文件的读写，而不仅仅限于文本文件。

下面举例说明利用 FileStream 读写文件的过程。

【例 9-6】 FileStream 读写文件实例。

操作步骤如下：

(1) 新建一个 Windows 窗体应用程序，并在窗体上添加 1 个文本框、2 个按钮及 1 个打开对话框、1 个"保存"对话框，并按照表 9-12 设置各对象属性。

表 9-12 例 9-6 各对象属性设置

名称	属性	属性值	名称	属性	属性值
Form1	Text	FileStream 类读写文件实例	button2	Text	写入数据
textBox1	MultiLine	True	saveFileDialog1	Filter	文本文件|*.txt
button1	Text	读出数据	openFileDialog1	Filter	文本文件|*.txt

(2) 在 button1 的 Click 事件中添加如下事件代码：

```
private void button1_Click(object sender, EventArgs e)
{
    openFileDialog1.ShowDialog();
```

```
string path=openFileDialog1.FileName;
FileStream fs=new FileStream(path,FileMode.Open,FileAccess.Read);
for (int i=0;i<fs.Length;i++)
{
    int data=fs.ReadByte();                //读 1 个字节
    textBox1.Text+=(char)data;
}
fs.Close();
}
```

(3) 在 button2 的 Click 事件中添加如下事件代码：

```
private void button2_Click(object sender, EventArgs e)
{
    byte[] bs=new byte[26];
    for (int i=0;i<26;i++)   //为字节数组赋值,依次存放 ABCD…
    {
        bs[i]=(byte)(65+i);
    }
    saveFileDialog1.ShowDialog();
    string path=saveFileDialog1.FileName;
    //将 bs 数组中的数据写入指定文件
    FileStream fs=new FileStream(path,FileMode.OpenOrCreate,FileAccess.Write);
    fs.Write(bs,0,26);
    fs.Close();              //操作完毕后要关闭文件
}
```

(4) 执行程序,首先单击"写入数据"按钮,此时弹出"另存为"对话框,设定好路径及文件名,将 26 个大写字母写入该文件。之后单击"读出按钮",此时会弹出"打开"对话框,选中刚才存好的文件,将 26 个大写字母读出并显示在文本框中,如图 9-7 所示。

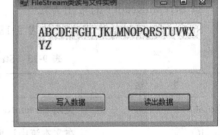

图 9-7 例 9-6 的运行结果

9.2.2 文本文件的读写

在实际操作中,程序很多时候读取的文件是文本文件。虽然 FileStream 类可以处理任何类型的文件,但如果需要读取的是文本文件,使用 StreamReader 和 StreamWriter 来实现会更加简便。StreamReader 和 StreamWriter 可以进行以字符为单位的数据读写操作,如果程序设计人员知道某个文件是文本文件,就可以直接使用 StreamReader 和 StreamWriter 实现读写。

1. StreamReader 类

StreamReader 实现的功能是：定义一个文本读取流,使以一种特定的编码从字节流中读取字符。

1) StreamReader 的构造函数

StreamReader 的构造函数有很多种格式,参数的个数也不同,但参数中必须包含一个流或者一个路径。常用的格式有如下两种。

(1) 只带一个文件名的构造函数,格式如下:

```
public StreaReader(string path)
```

例如:

```
StreamReader sr=new StreamReader("c:\\a.txt");
```

(2) 指定编码方式的构造函数,格式如下:

```
public StreaReader(string path,Encoding encoding)
```

例如:

```
StreamReader sr("c:\\a.txt",Encoding.ASCII)
```

说明:

(1) path:要读取的文件路径。

(2) Encoding:读取文件的编码方式,计算机最初只支持 ASCII 码,后来为了支持其他语言中的字符及一些特殊字符,引入了 Unicode 字符集。基于 Unicode 字符集的编码方式有很多,比如 UTF-7、UTF-8、Unicode 以及 UTF-32,如果不知道文件的编码方式,可以直接使用 Default 选项,由系统自己决定。

(3) 上述构造函数中的路径也可以是一个文件流。

2) StreamReader 的常用方法

StreamReader 的常用方法如表 9-13 所示。

表 9-13 StreamReader 的常用方法

方 法	说 明
Close()	关闭 StreamReader 打开的文件或流
Read()	在文本流中读取下一个字符
Read(char[] buff, int index, int count)	将文本流中从 index 开始的最多 count 个字符读取到字符数组中
ReadLine()	从文本流中读取一行字符。不包括标记该行结束的回车换行符
ReadToEnd()	读取从当前位置到结尾部分
Peek()	寻找当前字符的下一个字符,当返回值为 −1 时,表示已经是文件末尾

说明:使用 StreamReader 对象读取文件后,应该使用 Close 方法关闭该文件,否则该文件一直处于打开状态,再次对它操作会报错。

关闭文件的命令格式如下:

```
sr.Close();
```

2. StreamWriter 类

StreamWriter 类用于向文件中写入文本。
1) StreamWriter 的构造函数
StreamWriter 的构造函数与 StreamReader 的构造函数基本相似，常用形式有如下几种。
(1) 只带文件名的构造函数。

```
public StreamWriter(string path)
```

例如：

```
StreamWriter sw=new StreamWriter("c:\\b.txt");
```

(2) 指明编码方式并可以追加的构造函数。

```
public StreamWriter(string path,bool append,Encoding encoding)
```

例如：

```
StreamWriter sw=new StreamWriter("c:\\b.txt",true,Encodeing.Default);
```

以写并追加的方式打开 C:\b.txt，编码方式为 Default。
2) StreamWriter 的常用方法
StreamWriter 的常用方法如表 9-14 所示。

表 9-14 StreamWriter 的常用方法

方　　法	说　　明
Close()	关闭 StreamWriter 打开的文件或流
Flush()	清除缓冲区，使所有缓冲数据写入数据源
Write()	向流中写入文本
WriteLine()	向流中写入文本，并自动追加一个换行符

说明：不管是 Write 方法还是 WriteLine 方法，都有多种重载形式。
例如，定义一个 StreamWriter 对象：

```
StreamWriter sw=new StreamWriter("c:\\d.txt");
```

(1) 写入一个字符。

```
char c1='a';
sw.Write(c1);
```

(2) 写入一个字符串。

```
string str="abcdefg";
sw.Write(str);
```

(3) 写入一个字符数组。

```
char[] carray=new char[10];
for(int i=0;i<10;i++)
    carray[i]=(char)(65+i);
sw.Write(carray);
```

(4) 写入字符数组的一部分。

```
sw.Write(carray,2,5);        //从数组 carray 下标为 2 的位置开始,写入 5 个字符
```

【例 9-7】 文本文件读写实例。

操作步骤如下:

(1) 新建一个 Windows 窗体应用程序,在窗体上添加 1 个 RichTextBox 对象、3 个命令按钮对象、1 个"打开"对话框对象、1 个"另存为"对话框对象,按表 9-15 设置各对象属性。

表 9-15 例 9-7 各对象属性设置

名 称	属 性	属 性 值	名 称	属 性	属 性 值
Form1	Text	文本文件读写实例	openFileDialog1	Filter	文本文件|*.txt
button1	Text	打开文件	saveFileDialog1	Filter	文本文件|*.txt
button2	Text	保存文件	richTextBox1	Dock	Top
button3	Text	清空		Anchor	Top,Left

(2) 在 button1 的 Click 事件中添加如下事件代码:

```
private void button1_Click(object sender, EventArgs e)
{
    openFileDialog1.ShowDialog();
    StreamReader sr=new StreamReader(openFileDialog1.FileName,
    Encoding.Default);
    while (sr.Peek()!=-1)              //只要文件没有结束,就不断读出一行
    {
        string str1=sr.ReadLine();
        richTextBox1.Text +=str1+"\n";  //每读出一行,需要手动换行
    }
    sr.Close();                         //关闭打开的流
}
```

(3) 在 button2 的 Click 事件中添加如下事件代码:

```
private void button2_Click(object sender, EventArgs e)
{
    saveFileDialog1.ShowDialog();
    StreamWriter sw=new StreamWriter(saveFileDialog1.FileName,true,
```

```
            Encoding.Default);
    string str1=richTextBox1.Text;
    sw.Write(str1);
    sw.Close();
    MessageBox.Show("文件已经保存!","提示信息",MessageBoxButtons.OK,
            MessageBoxIcon.Information);
}
```

(4) 在 button3 的 Click 事件中添加如下事件代码：

```
private void button3_Click(object sender, EventArgs e)
{
    richTextBox1.Clear();
}
```

(5) 运行程序，并单击"打开文件"按钮读入一个文本文件，结果如图 9-8 所示。

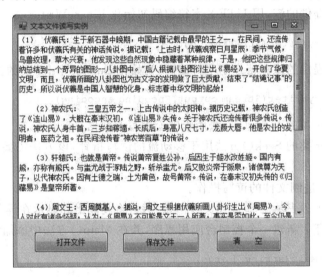

图 9-8 例 9-7 的运行结果

9.2.3 读写二进制文件

在 9.2.1 节中介绍的 FileStream 类可用于对二进制文件的读写。除此之外，.NET 框架还提供了两个专门对二进制文件读写的类：BinaryReader 和 BinaryWriter。

1. BinaryReader

BinaryReader 用来读取二进制文件，其构造函数有以下两种形式。

(1) 基于所提供的流，用 UTP-8 字符编码初始化 BinaryReader 的新实例。

```
public BinaryReader(Stream input)
```

（2）基于所提供的流和特定的字符编码，初始化 BinaryReader 的新实例。

```
public BinaryReader(Stream input,Encoding encoding)
```

说明：

（1）不管是 BinaryReader 还是 BinaryWriter，操作对象只能是文件流，不可以是文件路径。

（2）BinaryReader 对象读取数据的常用方法有 ReadByte、ReadChar、ReadDecimal、ReadDouble、ReadInt32、ReadString 等。

（3）读取数据时，可以使用 BinaryReader 类的 PeekChar()方法来检测是否到达了流的末尾，如果到达流的末尾，PeekChar()方法返回值-1。

2. BinaryWriter

BinaryWriter 用来对二进制文件写入数据，常用的构造函数也有两种。

（1）基于所提供的流，用 UTF-8 字符编码初始化 BinaryWriter 类的新实例。

```
public BinaryWriter(Stream output)
```

（2）基于所提供的流和特定的字符编码，初始化 BinaryWriter 类的新实例。

```
public BinaryWriter(Stream output,Encoding encoding)
```

BinaryWriter 类的 Write()方法用于向流中写入数据。

BinaryWriter 类的 Seek()方法用于移动流的读写指针，该方法需要指定偏移量和起始位置。

【例 9-8】 二进制文件的读写操作。

将数字 1~10 及其乘方写入到文件中，之后再将其读出并显示在屏幕。

操作步骤如下：新建一个控制台应用程序，并在 Main()方法中添加如下代码：

```
static void Main(string[] args)
{
    //新建一个流，并创建 data.txt 文件
    FileStream fs=new FileStream("c:\\data.txt",FileMode.Create);
    BinaryWriter bw=new BinaryWriter(fs);
    for (int i=1;i<=10;i++)                    //将 i 及 i 的乘方写入文件
    {
        bw.Write(i);
        bw.Write(i*i);
    }
    bw.Close();                                //使用完毕，需要将流关闭
    fs.Close();
    fs=new FileStream("c:\\data.txt",FileMode.Open, FileAccess.Read);
    BinaryReader br=new BinaryReader(fs);
    for(int i=1;i<=10;i++)
    {
```

```
            Console.Write(" " +br.ReadInt32());  //以 Int32方式读出文件并输出。
            Console.Write(" " +br.ReadInt32());
            Console.WriteLine();
        }
        br.Close();
        fs.Close();
        Console.ReadLine();
    }
```

运行程序,结果如图 9-9 所示。

图 9-9 例 9-8 的运行结果

习　　题

1. 选择题

(1) 使用 FileStream 打开一个文件时,通过使用 FileMode 枚举类型的_____成员来指定操作系统打开一个现有文件,并把文件读写指针定位在文件尾部。

　　A. Append　　　B. Create　　　C. CreateNew　　　D. Truncate

(2) Path 类中获取绝对路径的方法是_____。

　　A. GetTempPath　　　　　　　B. GetFullPath

　　C. GetFileName　　　　　　　D. GetDirectoryName

(3) 打开一个文件,如果文件不存在,则创建这个文件,使用的语句为:

```
FileStream fs=new FileStream("c:\\a.txt", FileMode._____);
```

横线上应该填入下列哪一项?

　　A. Create　　　B. Open　　　C. OpenOrCreate　　　D. CreateNew

2. 思考题

(1) 只有引用哪一个命名空间才允许应用程序操作文件?

(2) 比较 FileStream 及 StreamReader 的区别。

(3) StreamReader 类的哪些方法允许从文件中读取数据,每个方法的具体作用是什么?

3. 实践题

(1) 设计一个图 9-10 所示的应用程序,该程序可以显示指定驱动器下的所有文件夹。

(2) 设计一个应用程序,找出 100 以内的所有素数写入文件 C:\1.txt 中,之后再从文件中读出所有素数并显示在文本框中。

(3) 设计一个验证用户名、密码的应用程序,用户名和密码存储于 C:\mima.txt 中。如果 3 次输入不正确,显示"非法用户"的提示,并锁定输入文本框。执行结果如图 9-11 所示。

图 9-10　实践题(1)的运行结果　　　图 9-11　实践题(3)的运行结果

第10章 数据库编程基础

大多数软件系统都需要数据库的支持,因此,数据库编程是每一个编程人员都应该掌握的技术。在.NET中,微软为数据访问提供了全新的基于.NET框架的编程技术——ADO.NET组件。

本章先简要介绍数据库和SQL的基础知识,然后重点讲解ADO.NET对象模型以及如何使用ADO.NET访问数据库,最后以一个综合性较强的案例详细讲解数据库应用程序的开发过程。

10.1 数据库概述

10.1.1 数据库和数据库系统

数据库系统是指拥有数据库技术支持的计算机系统,它可以有组织、动态地存储大量相关数据,提供数据处理和信息资源共享服务。数据库系统不仅包括数据,还包括相应的硬件、软件和各类人员。

1. 数据库系统的组成

1) 计算机硬件

它是数据库系统的物质基础,是存储数据库及运行数据库管理系统的硬件资源,主要包括主机、存储设备、输入输出设备以及计算机网络环境。

2) 计算机软件

数据库系统中的软件包括操作系统、数据库管理系统及数据库应用系统。

数据库管理系统(Database Management System,DBMS)是数据库系统的核心组成部分,它建立在操作系统的基础上,对数据库进行统一的管理和控制。主要功能如下:

(1) 描述数据库——描述数据库的逻辑结构、存储结构语义信息和保密要求等。

(2) 管理数据库——控制整个数据库系统的运行,控制用户的并发性访问,检验数据的安全与完整性,执行数据的检索、插入、删除、修改等操作。

(3) 维护数据库——控制数据库初始数据的装入,记录工作日志,监视数据库性能,修改更新数据库,恢复出现故障的数据库。

(4) 数据通信——组织数据的传输。

数据库应用系统是指开发人员利用数据库系统资源开发出来的、面向某一类实际应用的应用软件系统,如工资管理系统、教学管理系统等。

3) 数据库

数据库是指按照一定的方式组织、存储在外存上的,能为多个用户共享,与应用程序相互独立的相关数据集合。它不仅包括描述事物的数据本身,还包括相关事物之间的联系。

数据库中的数据不像文件系统那样,只面向某一特定的应用,而是面向多种应用,可以被多个用户、多个应用程序共享,其数据结构独立于使用数据的程序。对于数据的添加、删除、修改和检索,由 DBMS 进行统一管理和控制。

4) 数据库系统的相关人员

数据库系统的相关人员主要有 3 类:最终用户、数据库应用系统开发人员和数据库管理员。最终用户是指通过应用系统的用户界面使用数据库的人员,他们对数据库知识了解不多。数据库应用系统开发人员包括系统分析员、系统设计员和程序员。系统分析员负责应用系统的分析,他们和用户、数据库管理员相配合,参与系统分析;系统设计员负责应用系统设计和数据库设计;程序员则根据设计要求进行编码。数据库管理员是数据管理机构的一组人员,他们负责对整个数据库系统进行总体控制和维护,以保证数据库系统的正常运行。

2. 数据库系统的特点

1) 数据共享

数据共享是指多个用户或应用程序可以同时存取数据而不相互影响。DBMS 提供并发和协调机制,保证在多个应用程序同时访问、存取或操作数据库数据时不产生任何冲突,从而保证数据不遭到破坏。

2) 减少数据冗余

数据冗余就是数据重复,数据冗余既浪费存储空间,又容易产生数据的不一致。在非数据库系统中,每个应用程序都有自己的数据文件,所以数据存在大量的重复。

数据库从全局观念来组织和存储数据,数据已经根据特定的数据模型结构化。在数据库中,用户的逻辑数据文件和具体的物理数据文件不必一一对应,从而有效节省了存储资源,减少了数据冗余,增强了数据一致性。

3) 具有较高的数据独立性

数据独立是指数据与应用程序之间彼此独立、不存在相互依赖的关系。应用程序不必随数据存储结构的改变而变动,这是数据库的一个最基本优点。

在数据库系统中,数据库管理系统通过映像实现了应用程序对数据的逻辑结构与物理存储结构之间较高的独立性。数据库的数据独立包括物理独立和逻辑独立。物理独立是指数据的存储格式和组织方法改变时不影响数据库的逻辑结构,从而不影响应用程序;逻辑独立是指数据库逻辑结构的变化(如数据定义的修改、数据间联系的变更等)不影响用户的应用程序。

数据独立提高了数据处理系统的稳定性,从而提高了程序维护的效率。

4) 增强了数据安全性和完整性保护

数据库加入了安全保密机制,可以防止对数据的非法存取。DBMS 提供数据完整性的检查机制，避免不合法数据进入数据库中，确保数据的正确性、有效性和相容性。数据库系统还采取了一系列数据恢复措施，确保数据库遭到破坏时及时恢复。

10.1.2 关系数据库

根据对信息的组织形式，数据库分为 3 种：层次型、网状型和关系型。目前，关系数据库应用最广泛，常用的关系数据库系统有 SQL Server、Oracle、DB2、MySQL 和 Access。

关系数据库是以关系模型来组织的。关系模型中数据的逻辑结构是一张二维表，由行和列组成。图 10-1 所示为“学生管理系统”中的学生表 Student，用来存储学生的信息。

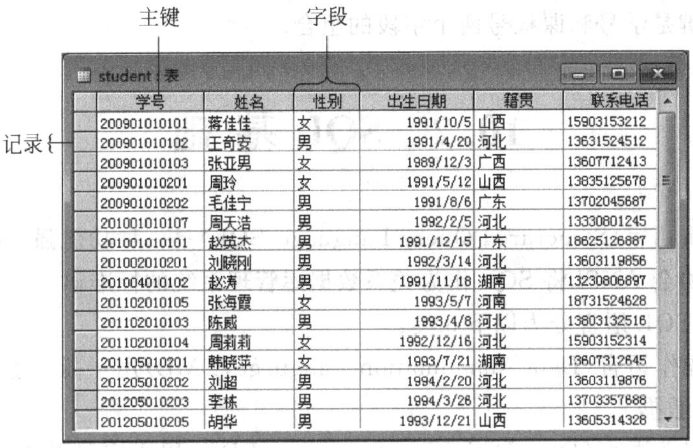

学号	姓名	性别	出生日期	籍贯	联系电话
200901010101	蒋佳佳	女	1991/10/5	山西	15903153212
200901010102	王奇安	男	1991/4/20	河北	13631524512
200901010103	张亚男	女	1989/12/3	广西	13607712413
200901010201	周玲	女	1991/5/12	山西	13835125678
200901010202	毛佳宁	男	1991/8/6	广东	13702045687
201001010107	周天浩	男	1992/2/5	河北	13330801245
201001010101	赵英杰	男	1991/12/15	广东	18625126887
201002010201	刘晓刚	男	1992/3/14	河北	13603119856
201004010102	赵涛	男	1991/11/18	湖南	13230806897
201102010105	张海霞	女	1993/5/7	河南	18731524628
201102010103	陈威	男	1993/4/8	河北	13803132516
201102010104	周莉莉	女	1992/12/16	河北	15903152314
201105010201	韩晓萍	女	1993/7/21	湖南	13607312645
201205010202	刘超	男	1994/2/20	河北	13603119876
201205010203	李栋	男	1994/3/26	河北	13703357688
201205010205	胡华	男	1993/12/21	山西	13605314328

图 10-1 学生信息表

数据库表中的每一行称为一条记录，每一列称为一个字段。数据库表的结构是由其包含的各个字段来定义的，每个字段都有相应的描述信息，如数据类型、数据宽度等。

数据库表中能够唯一区分、确定不同记录的字段或字段组合，称为该表的关键字。需要注意的是，关键字的值不能取“空值”。表中能够作为关键字的字段或字段组合可能不是唯一的。凡在表中能够唯一区分、确定不同记录的字段或字段组合，都称为候选关键字。在候选关键字中选定一个作为关键字，称为该表的主关键字或主键，表中的主键是唯一的。

数据库中可以包含多张表，表与表之间可以用不同的方式相互关联。表与表之间的关联方式就称为关系，表与表之间的关系有以下 3 种。

(1) 一对一关系：指主表中的记录最多只与子表中的一条记录相匹配，反之亦然。

(2) 一对多关系：指主表中的一条记录与子表中的多条记录相关。

(3) 多对一关系：指主表中的多条记录与子表中的一条记录相关。

例如，图 10-2 是“学生管理系统”中的课程表 Course，用来存储课程的信息，其中课程号为主键。

由于一名学生可以选修多门课程，而一门课程又可由多名学生选修，因此学生表

Student 和课程表 Course 之间是一对多的关系。这个关系可以用一个学生选课表 SC 表示，如图 10-3 所示。

Course：表

课程号	课程名	课程性质	学时	学分
0001	大学计算机基础	必修	40	2.5
0002	高等数学上	必修	80	5
0003	大学英语	必修	80	5
0004	软件设计基础	必修	56	3.5
0005	机械制图	必修	32	2
0006	数据结构	必修	40	2.5
0007	Java程序设计	选修	32	2

图 10-2　课程信息表

SC：表

学号	课程号	成绩
200901010101	0001	80
200901010102	0001	92
200901010101	0002	76
200901010102	0002	80

图 10-3　学生选课表

学生选课表 SC 中，要唯一标识一条记录，必须使用学号和课程号两个字段的组合，因此该表的主键是学号和课程号两个字段的组合。

10.2　SQL 基础

结构化查询语言(Structured Query Language，SQL)是一种功能强大的数据库语言，美国国家标准协会 ANSI 将 SQL 作为关系数据库管理系统的标准语言。

按照用途，SQL 语言分为以下 3 类：

(1) 数据操作语言(Data Manipulation Language，DML)用于操作数据，如查询、修改、插入或删除数据。

(2) 数据定义语言(Data Definition Language，DDL)用于定义数据库的结构，如创建、修改或删除数据库对象和数据表对象。

(3) 数据控制语言(Data Control Language，DCL)用于定义数据库用户的权限，如授予用户创建表的权限、取消用户删除记录的权限。

1. 数据查询语句 Select

Select 语句用于数据查询操作，即将满足一定条件的一个或多个表中的全部或部分字段从数据库中提取出来，并按一定的分组和排序方式显示出来。

Select 语句的格式如下：

```
Select [All | Distinct] [Top n [Percent]] <选项>
From <表名列表>
[Where <条件>]
[Group By <分组的字段名列表> [Having <条件>]]
[Order By <排序的字段名列表> [ASC | DESC]]
```

说明：

(1) All 表示输出所有记录，包括重复记录，可以省略；Distinct 表示输出无重复结果的记录；Top n 指定返回查询结果的前 n 行数据，如果指定 Percent 关键字，则返回查询结果的前 n% 行数据。

(2) <选项> 表示要查询的选项的集合,选项可以是字段名、表达式或函数,多个选项之间用逗号分隔。如果要输出全部字段,选项用"*"表示。在输出结果中,如果不希望使用字段名或表达式作为列标题,可以根据需要设置一个名称,格式如下:

<选项 1>[AS <显示列名>],[<选项 2>[AS <显示列名>]] [,…]

Select 语句中的查询选项,不仅可以是字段名,还可以是表达式,也可以是一些函数。这些函数可以针对一个或几个列进行数据汇总,通常用来计算 Select 语句查询结果集的统计值。表 10-1 列出了常用的集合函数。

表 10-1 常用集合函数

函 数	功 能	函 数	功 能
SUM(<字段名>)	计算一列数据的和	MIN(<字段名>)	计算一列数据的最小值
AVG(<字段名>)	计算一列数据的平均值	COUNT(<字段名>)	统计查询的行数,不计算 NULL 值的记录统计查询的行数,计算所有记录
MAX(<字段名>)	计算一列数据的最大值	COUNT(*)	

(3) From <表名列表>表示要查询的表,<表名列表>可以是一个表,也可以是多个表,多个表之间用逗号分隔。当选择多个表中的字段时,可使用别名来区分不同的表,格式如下:

Select [<别名.>]<选项 1>[AS <显示列名>][,[<别名.>]<选项 2>[AS <显示列名>]…]
From 表名 1[别名 1][, 表名 2 [别名 2],…]

(4) Where 子句用于指定查询条件,它既可以是单表的条件表达式,也可以是多表之间的条件表达式。条件表达式中的比较运算符为:>(大于)、<(小于)、=(等于)、!=、<>(不等于)、>=(大于等于)、<=(小于等于)。也可以通过逻辑运算符 AND(与)、OR(或)和 NOT(非)将多个单独的查询条件结合在一个 Where 子句中,形成一个复合的查询条件。

(5) Group By 子句用于对查询结果进行分组,即将指定字段列表中具有相同值的记录合并成一组。

(6) Having 子句与 Group By 子句结合使用,在 Group By 子句完成记录分组后,用 Having 子句来确定满足指定条件的分组。

(7) Order By 子句指明查询结果按哪些字段排序及排序方式;ASC 表示升序,可以省略;DESC 表示降序。

【例 10-1】 学生管理系统包含 3 张表。

Student(Sno,Sname,Sex,Birthday,Native,Phone,EnrollingScore),各字段含义依次为学号、姓名、性别、出生日期、籍贯、联系电话、入学成绩。

Course(Cno,Cname,Ctype,Period,Credit),各字段含义依次为课程号、课程名、课程性质、学时、学分。

SC(Sno,Cno,Score),各字段含义依次为学号、课程号、成绩。

按要求完成以下功能。

（1）列出所有学生的基本信息。

Select * From Student

（2）列出所有学生的学号、姓名和联系电话，并用相应的中文作为标题。

Select Sno AS 学号,Sname AS 姓名,Phone AS 联系电话 From Student

（3）列出入学成绩在580～600分之间的学生信息，并按入学成绩升序排序。

Select * From Student Where EnrollingScore>=580 And EnrollingScore<=600 Order By EnrollingScore

或

Select * From Student Where EnrollingScore Between 580 And 600 Order By EnrollingScore

提示：Between…And…运算符表示某个数值范围。

（4）列出河北籍学生的学号、姓名和年龄。

Select Sno,Sname,Year(getDate())-Year(Birthday) From Student Where Native='河北'

提示：SQL Server 中获取当前日期的函数是 getDate()，Access 中是 Date()。

（5）列出河北籍和山东籍学生的学号、姓名、入学成绩。

Select Sno,Sname,EnrollingScore From Student Where Native='河北' or Native='山东'

或

Select Sno,Sname,EnrollingScore From Student Where Native In('河北','山东')

提示：In 运算符表示在某个集合中。

（6）列出所有姓赵的学生的基本信息。

Select * From Student Where Sname Like '赵%'

提示：Like 运算符用于模糊查询，通配符"%"表示0个或多个任意字符，"_"表示1个任意字符。在 Access 中，用"*"代替"%"，用"?"代替"_"。

（7）统计各省学生入学成绩的最低分、最高分和平均分。

Select Native AS 省份,min(EnrollingScore) AS 最低分,max(EnrollingScore) AS 最高分,AVG(EnrollingScore) AS 平均分 From Student Group By Native

（8）列出每位学生的学号、姓名及其所选课程的课程名称和成绩。

Select a.Sno,Sname,Cname,Score From Student a,Course b,SC c Where c.Sno=a.Sno And c.Cno=b.Cno

2. 数据插入语句 Insert

Insert 语句用于向表中插入一条记录,格式如下:

```
Insert Into <表名>[(字段名表)] Values (字段值列表)
```

说明:如果没有指定字段名,则默认包含表中所有字段,并按它们在表定义中出现的顺序排列。

例如:

```
Insert Into Student (Sno,Sname,EnrollingScore) values ('201210020112','王洋',550)
Insert Into Student Values ('201210020110','李艳','女','1994-4-2','山东','2594280',580)
```

3. 数据更新语句 Update

Update 语句用于更新表中的数据,格式如下:

```
Update <表名>Set <字段名1>=<值表达式1>[,<字段名2>=<值表达式2>,…][Where <条件>]
```

说明:如果没有指定 Where 子句,则更新所有行。

例如:将学号为 201002010201 的学生联系电话改为"18731527653"

```
Update Student Set Phone='18731527653' Where Sno='201002010201'
```

4. 数据删除语句 Delete

Delete 语句用于从表中删除记录,格式如下:

```
Delete From <表名>[Where <条件表达式>]
```

说明:如果没有指定 Where 子句,则删除所有行。

例如:从 Student 表中删除 2009 年入学的学生记录

```
Delete From Student Where Sno Like '2009%'
```

10.3 ADO.NET

数据信息是任何信息管理系统的核心部分,是信息管理系统的支撑。因此,数据库在任何应用程序开发中都显得非常重要。面对这些复杂的数据处理任务,.NET 平台提供了自己的数据库访问技术,即 ADO.NET 技术。

10.3.1 ADO.NET 对象模型

ADO.NET 是微软推出的一种强大的数据库访问技术。ADO.NET 提供对 SQL

Server 等数据源以及通过 OLE DB 和 XML 公开的数据源的一致访问，应用程序可以使用 ADO.NET 来连接这些数据源，并检索、操作和更新数据。

ADO.NET 是.NET Framework 中的一系列类库，包含用于连接数据库、执行命令和检索结果回写到数据库的系列组件，其对象模型如图 10-4 所示。

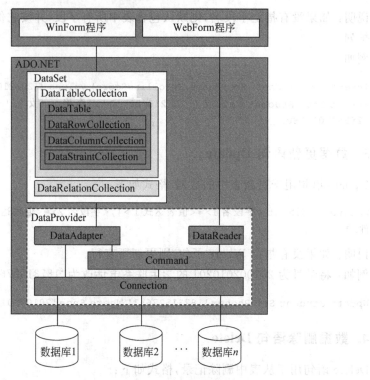

图 10-4　ADO.NET 的对象模型

ADO.NET 中用于访问和操作数据的两个主要组件是数据提供程序 Data Provider 和数据集 DataSet。

1. 数据提供程序 Data Provider

数据提供程序提供了 DataSet 和数据库之间的联系，同时也包含存取数据库的一系列接口。通过数据提供程序提供的应用程序编程接口，可以轻松地访问各种数据源的数据。

ADO.NET 包含 4 种数据提供程序。

（1）SQL Server.NET 数据提供程序，用于 SQL Server7.0 及更高版本的数据源，来自 System.Data.SqlClient 命名空间。

（2）Ole DB.NET 数据提供程序，用于 OLE DB 数据源，来自 System.Data.OleDb 命名空间。

（3）ODBC.NET 数据提供程序，用于 ODBC 数据源，来自 System.Data.Odbc 命名空间。

（4）Oracle.NET 数据提供程序，用于 Oracle 数据源，来自 System.Data.OracleClient 命名空间。

数据提供程序包含 4 个核心对象。其中 Connection 对象用于与数据源建立连接，Command 对象用于对数据源执行指定命令，DataReader 对象用于从数据源返回一个仅向前的只读数据流，DataAdapter 对象用于在数据源和数据集之间交换数据。

2. 数据集 DataSet

DataSet 是 ADO.NET 的核心组件，它是从数据源中检索到的数据在内存中的缓存。DataSet 在内部是用 XML 来描述数据的，由于 XML 是一种与平台无关、与语言无关且能描述复杂数据关系的数据描述语言，因此 DataSet 可以容纳具有复杂关系的数据，而且不再依赖数据库链路。

每一个 DataSet 是由若干个 DataTable 对象组成的，DataTable 对象由数据行、数据列和约束等组成。DataSet 利用 DataTableCollection 管理所有 Datatable 对象。

DataRelation 对象用来表示 DataSet 中两个 DataTable 对象之间的父子关系，明确一个 DataTable 中的行与另一个 DataTable 中的行是相关联的，这种关联类似于关系数据库中数据表之间的主键列和外键列之间的关联。DataSet 利用 DataRelationCollection 管理所有 Datatable 之间的 DataRelation 关系。

10.3.2 ADO.NET 访问数据库模式

ADO.NET 访问数据库的模式有两种：联机模式和脱机模式。联机模式是指应用程序在处理数据的过程中一直与数据库保持连接状态，没有断开；脱机模式是指应用程序在处理数据之前与数据库连接获取数据，之后在数据的处理过程中与数据库断开，处理完数据再与数据库连接，更新数据。表 10-2 列出了联机模式和脱机模式的区别。

表 10-2 联机模式和脱机模式的区别

	优 点	缺 点	应 用
联机模式	只需一次连接，执行速度快，无需考虑读出的数据与数据库中数据是否一致的问题	长时间占用连接资源，随着连接源的增加，所需要的计算机资源也不断上升	数据量小、规模不大且要求及时反映数据库中数据变化的系统；主要对数据库中的数据进行增、删、改操作并需要及时保持一致的中小型系统
脱机模式	只有在需要连接到数据库时才进行连接，所以不需要占用太多的计算机资源	一般要进行多次连接，执行速度比连接环境慢，由于读出的数据与数据库中的数据可能存在不一致的问题，所以需要考虑冲突问题	数据量大、规模庞大、网络结构复杂且主要是数据查询的大型系统，如 Web 系统中的数据查询系统

10.4 使用 ADO.NET 访问数据库

利用 ADO.NET 访问数据库,主要就是利用 ADO.NET 的 Connection、Command、DataReader、DataAdapter 和 DataSet 五大对象。在联机模式下,需要使用 Connection、Command 和 DataReader 对象;在脱机模式下,需要使用 Connection、Command、DataAdapter 和 DataSet 对象。

10.4.1 使用 Connection 对象连接数据库

1. Connection 对象

Connection 对象用于连接数据库,是应用程序访问和使用数据源数据的桥梁。Connection 对象最重要的属性是连接字符串 ConnectionString。

ConnectionString 是一个字符串,用于定义连接数据库时需要提供的连接信息,各项信息之间用分号分隔,位置任意。通常,一个连接字符串中包含的信息如表 10-3 所示。

表 10-3 连接字符串的常用信息

信 息 项	说 明
Provider	指定连接字符串中的 OLE DB 数据驱动程序的名称。常见的 OLE DB 数据驱动程序有 SQLOLEDB,为 SQL Server 提供服务;Microsoft.Jet.OLEDB.4.0,为 Access 提供服务;MSDAORA,为 Oracle 提供服务
DataSource	指定数据库的位置,既可以是 Access 数据库的路径,也可以是 SQL Server 或 Oracle 数据库所在服务器的名称
Initial Catalog	指定数据库的名称
UserID	指定访问数据库的有效账户
Password	指定访问数据库的有效账户的密码
Connection TimeOut	指定连接超时时间,以秒为单位,默认值 15。若在指定时间内连接不到要访问的数据库,则返回失败信息
Integrated Security 或 Trusted_Connection	指定 Windows 身份认证(集成安全或信任连接)。取值 true、yes 或与 true 等效的 SSPI 时,将使用当前的 Windows 账户凭据进行身份验证,不必再使用账户和密码;取值 false 或 no 时,需要在连接中指定账户和密码
Persist Security Info	指定持久性安全信息,可识别的值为 true、false、yes 和 no。若取值为 false(默认值)或 no,则 ConnectionString 属性返回的连接字符串与用户设置的 ConnectionString 相同但去除了安全信息;若其值为 true 或 yes,则允许在打开连接后通过连接获取安全敏感信息(包括账户和密码)。建议将 Persist Security Info 设置为 false,以确保不信任的来源不能访问敏感的连接字符串信息

2. 连接 SQL Server 数据库

连接 SQL Server 数据库,既可以使用 SqlClient 数据提供程序,也可以使用 OleDb 数据提供程序。使用 SqlClient 连接 SQL Server 数据库,需导入命名空间 System.Data.SqlClient;使用 OleDb 连接 SQL Server 数据库,需导入命名空间 System.Data.OleDb。SqlClient 专用于 SQL Server,并有针对性地优化,因此对于 SQL Server 数据库的访问,建议使用 SqlClient 数据提供程序。

1) 连接字符串

如果使用 SQL Server 身份认证,则连接字符串如下:

```
Data Source=服务器名;Initial Catalog=数据库名;User ID=账户;Password=密码
```

如果使用 Windows 身份认证,则连接字符串如下:

```
Data Source=服务器名;Initial Catalog=数据库名;Integrated Security=true
```

2) 创建 SqlConnection 对象并设置 ConnectionString 属性

```
SqlConnection 连接对象名=new SqlConnection();
连接对象名.ConnectionString=连接字符串;
```

或

```
连接字符串变量=连接字符串;
SqlConnection 连接对象名=new SqlConnection(连接字符串变量);
```

3. 连接 Access 数据库

连接 Access 数据库可以使用 OleDb 数据提供程序,因此需要导入命名空间 System.Data.OleDb。

1) 连接字符串

如果访问的 Access 数据库未设置密码,则连接字符串如下:

```
Provider=Microsoft.Jet.OLEDB.4.0;Data Source=数据库路径
```

如果访问的 Access 数据库设置了密码,则连接字符串如下:

```
Provider=Microsoft.Jet.OLEDB.4.0;Data Source=数据库路径;Jet OLEDB:Database Password=密码
```

2) 创建 OleDbConnection 对象并设置 ConnectionString 属性

```
OleDbConnection 连接对象名=new OleDbConnection();
连接对象名.ConnectionString=连接字符串;
```

或

```
连接字符串变量=连接字符串;
```

```
OleDbConnection 连接对象名 =new OleDbConnection(连接字符串变量);
```

4. 打开和关闭连接

无论是使用 System.Data.SqlClient 还是 System.Data.OleDb 创建数据库连接对象,都可以使用 Open 方法打开连接,使用 Close 方法关闭连接。格式如下:

```
连接对象名.Open();
连接对象名.Close();
```

【例 10-2】 使用 SQL Server 身份认证方式连接学生管理数据库 xsgl。

```
SqlConnection Sqlcon=new SqlConnection();
Sqlcon.ConnectionString="Data Source=localhost;Initial Catalog=xsgl;User
                ID=sa;Password=123";
try
{
    Sqlcon.Open();
    MessageBox.Show("数据连接成功!");
    Sqlcon.Close();
}
catch
{
    MessageBox.Show("数据连接失败!");
}
```

【例 10-3】 连接 Access 数据库。

```
OleDbConnection OleDbcon=new OleDbConnection();
OleDbcon.ConnectionString="Provider=Microsoft.Jet.OLEDB.4.0;Data Source=
xsgl.mdb";
try
{
    OleDbcon.Open();
    MessageBox.Show("数据连接成功!");
    OleDbcon.Close();
}
catch
{
    MessageBox.Show("数据连接失败!");
}
```

说明:将 xsgl.mdb 存储在项目所在文件夹的\bin\debug 下,可以省略路径。

10.4.2 ADO.NET 联机模式的数据存取

在联机模式下,应用程序会持续连接到数据库上。典型的联机存取模式如图 10-5

所示。

在联机模式下，整个数据的存取步骤如下（以 SQL Server 数据库为例）：

（1）使用 SqlConnection 对象与数据库建立连接。

（2）使用 SqlCommand 对象向数据库检索所需数据，或者直接进行编辑操作。

（3）如果 SqlCommand 对象向数据库执行的是数据检索操作，则把取回来的数据放在 SqlDataReader 对象中读取；如果 SqlCommand 对象向数据库执行的是数据编辑操作，则直接进行步骤(5)。

（4）完成数据检索操作后，关闭 SqlDataReader 对象。

（5）关闭 SqlConnection 对象。

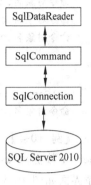

图 10-5　联机模式

联机模式下的数据存取操作，从开始到结束，客户端与服务器都是保持在联机的状态。

1. Command 对象

Command 对象可以使用 SQL 命令直接与数据源进行通信，实现对数据源的增、删、查、改操作。

Command 对象的属性包括数据库执行 SQL 语句时的必要信息，常用属性如表 10-4 所示。

表 10-4　Command 对象的常用属性

属　　性	说　　明
Connection	获取或设置 Command 对象使用的 Connection 对象
CommandType	获取或设置一个值，该值指示如何解释 CommandText 属性，其值为 CommandType 枚举类型，有 3 个枚举成员： StoredProcedure——存储过程的名称 TableDirect——表的名称 Text——SQL 文本命令，默认值
CommandText	获取或设置要对数据源执行的 SQL 语句或存储过程

Command 对象的常用方法如表 10-5 所示。

表 10-5　Command 对象的常用方法

方　　法	说　　明
ExecuteNonQuery()	对连接执行不返回行的 SQL 语句(Insert、Update、Delete)并返回受影响的行数
ExecuteReader()	对连接执行 SQL 语句(Select)并生成一个 DataReader 对象
ExecuteScalar()	执行查询，并返回查询所得的结果集中第 1 行的第 1 列（即单个值），忽略其他列或行。若结果集为空，则返回空引用

创建 Command 对象的常用方法有以下 2 种（以 SqlCommand 为例）：

```
SqlCommand 命令对象名=new SqlCommand();
命令对象名.Connection=连接对象名;
命令对象名.CommandType=CommandType.枚举成员;
命令对象名.CommandText=命令文本;
```

或

```
SqlCommand 命令对象名=new SqlCommand(命令文本,连接对象名);
命令对象名.CommandType=CommandType.枚举成员;
```

【例 10-4】 使用 Command 对象访问 SQL Server 数据库 xsgl，数据库中各表结构见例 10-1，程序界面如图 10-6 所示。

(1) 界面设计。按照图 10-6 设计界面，并设置控件的相关属性。

(2) 编写代码。

图 10-6 例 10-4 的程序界面

```
using System.Data.SqlClient;    //导入命名空间
public partial class Form1:Form
{
    string conStr ="Data Source=localhost;Initial Catalog=xsgl;User ID=sa;
    Password=123";
    SqlConnection SqlCon=new SqlConnection();
    SqlCommand SqlCom=new SqlCommand();
    private void Form1_Load(object sender, EventArgs e)
    {
        SqlCon.ConnectionString=conStr;
        SqlCom.Connection=SqlCon;
    }
    private void btnInsert_Click(object sender, EventArgs e)    //插入
    {
        SqlCon.Open();
        SqlCom.CommandText="Insert Into Student values('201206010105','杨洋',
        '女','1994-2-10','山东','13603152215',568)";
        SqlCom.ExecuteNonQuery();
        MessageBox.Show("记录已插入!","提示");
        SqlCon.Close();
    }
    private void btnDelete_Click(object sender, EventArgs e)    //删除
    {
        SqlCon.Open();
        SqlCom.CommandText="Delete From Student Where Sno Like '2009%'";
        MessageBox.Show("已删除"+ SqlCom.ExecuteNonQuery().ToString()+"条
        记录!");
        SqlCon.Close();
```

```csharp
        }
        private void btnUpdate_Click(object sender, EventArgs e)    //更新
        {
            SqlCon.Open();
            SqlCom.CommandText="Update Student Set Sname='王兵' Where Sno=
            '201002010206'";
            if (SqlCom.ExecuteNonQuery()>0)
               MessageBox.Show("记录已更新!","提示");
            else
               MessageBox.Show("没有满足条件的记录!","提示");
            SqlCon.Close();
        }
        private void btnCount_Click(object sender, EventArgs e)    //统计
        {
            SqlCon.Open();
            SqlCom.CommandText="Select min(EnrollingScore) From Student Where
            Native='河北'";
            int min=Convert.ToInt32(SqlCom.ExecuteScalar());
            SqlCom.CommandText="Select Max(EnrollingScore) From Student Where
            Native='河北'";
            int max=Convert.ToInt32(SqlCom.ExecuteScalar());
            SqlCom.CommandText="Select Avg(EnrollingScore) From Student Where
            Native='河北'";
            int avg=Convert.ToInt32(SqlCom.ExecuteScalar());
            MessageBox.Show("最低分："+min.ToString()+"\n最高分："+max.ToString()+
                          "\n平均分：" +avg.ToString(),"统计结果");
            SqlCon.Close();
        }
    }
```

2. DataReader 对象

Command 对象可以对数据源的数据直接操作，如果执行的是返回结果集的查询命令或存储过程，需要先获取结果集的内容，然后再加工或者输出，这就需要 DataReader 对象来配合。DataReader 对象提供一种从数据库读取行的只进流的联机数据访问方式，包含在 DataReader 中的数据是由数据库返回的只读、只能向下滚动的流信息，因此很适合只需读取一次的数据。

DataReader 对象的常用属性如表 10-6 所示。

DataReader 对象的常用方法如表 10-7 所示。

除了表 10-7 所示之外，DataReader 对象的常用方法还有一系列参数为序列号的 Get 方法，如 GetInt32、GetString 等。DataReader 定位到一条记录后，可以根据各列数据的不同类型选用不同的 Get 方法，获取指定列的值。

表 10-6 DataReader 对象的常用属性

属　　性	说　　明
FieldCount	获取当前行中的列数。如果未放在有效的记录集中,则为 0
HasRows	获取一个值,该值指示 DataReader 是否包含一行或多行。若包含一行或多行,则为 true;否则为 false
IsClosed	获取一个值,该值指示 DataReader 对象是否已关闭

表 10-7 DataReader 对象的常用方法

方　　法	说　　明
Close()	关闭 DataReader 对象。每次使用完 DataReader 对象,都应该调用 Close 方法,将其关闭
GetName(int index)	获取指定列的名称,index 为从 0 开始的序列号
GetOrdinal(string name)	在给定列名称的情况下获取列序号
NextResult()	读取批处理 SQL 语句的结果时,使 DataReader 前进到下一个结果集,返回值为布尔型。如果存在多个结果集,则为 true;否则为 false
Read()	使 DataReader 前进到下一条记录,返回值为布尔型。如果还有记录,则为 true;否则为 false

DataReader 对象不能直接实例化,必须通过 Command 对象的 ExecuteReader 方法来生成。创建好 DataReader 对象后,就可以使用 DataReader 对象的 Read 方法来将隐含的记录指针指向第一个结果集的第一条记录;之后,每调用一次 Read 方法来获取一行数据记录,并将隐含的记录指针向后移一步。

【例 10-5】 设计一个实现模糊查询的程序,可以按照学号或姓名或籍贯查询 Student 表中的学生信息,Student 表的结构见例 10-1,程序界面如图 10-7 所示。

图 10-7 例 10-5 的程序界面

(1)界面设计。从工具箱中拖动 2 个 GroupBox 控件、3 个 RadioButton 控件、3 个 TextBox 控件、1 个 Button 控件和 1 个 ListView 控件到窗体设计区,并按照图 10-7 所示调整控件的布局。

(2) 设置属性。窗体和各个控件的属性设置如表 10-8 所示。

表 10-8　例 10-5 对象的属性设置

名　　称	属　性	属　性　值	名　　称	属　性	属　性　值
Form1	Text	学生信息查询	textBox1	Enabled	True
groupBox1	Text	设置查询条件	textBox2	Enabled	False
groupBox 2	Text	查询结果	textBox3	Enabled	False
radioButton1	Text	按学号查询	btnQuery	Text	查询
	Checked	True	listView1	Columns	按图 10-7 设置
radioButton2	Text	按姓名查询		GridLines	True
radioButton3	Text	按籍贯查询		View	Details

(3) 编写代码。

```
private void radioButton1_CheckedChanged(object sender, EventArgs e)
{
    if (radioButton1.Checked)
        textBox1.Enabled=true;
    else
        textBox1.Enabled=false; textBox1.Text="";
}
private void radioButton2_CheckedChanged(object sender, EventArgs e)
{
    if (radioButton2.Checked)
        textBox2.Enabled=true;
    else
        textBox2.Enabled=false; textBox2.Text="";
}
private void radioButton3_CheckedChanged(object sender, EventArgs e)
{
    if (radioButton3.Checked)
        textBox3.Enabled=true;
    else
        textBox3.Enabled=false; textBox3.Text="";
}
private void btnQuery_Click(object sender, EventArgs e)
{
    DateTime d=new DateTime();
    string strComm;
    SqlConnection SqlCon=new SqlConnection();
    SqlCon.ConnectionString="Data Source=localhost;Initial Catalog=xsgl;
```

```
                    User ID=sa; Password=123";
SqlCon.Open();
if (radioButton1.Checked)
    strComm="Select * From Student Where Sno Like '"+textBox1.Text.Trim()
        +"%'";
else if (radioButton2.Checked)
    strComm="Select * From Student Where Sname Like '"+textBox2.Text.Trim()
        +"%'";
else
    strComm="Select * From Student Where Native Like '"+textBox3.Text.Trim()
        +"%'";
SqlCommand SqlCom=new SqlCommand(strComm,SqlCon);
SqlDataReader dr=SqlCom.ExecuteReader();
listView1.Items.Clear();                    //清空列表
if (dr.HasRows)
{
    while (dr.Read())
    {
        //向列表中添加一行
        ListViewItem Item=new ListViewItem();
        Item.Text=dr.GetString(0);
        Item.SubItems.Add(dr.GetString(1));
        Item.SubItems.Add(dr.GetString(2));
        d=Convert.ToDateTime(dr[3]);
        Item.SubItems.Add(d.ToShortDateString());
        Item.SubItems.Add(dr.GetString(4));
        Item.SubItems.Add(dr.GetString(5));
        Item.SubItems.Add(dr[6].ToString());
        listView1.Items.Add(Item);
    }
}
else
    MessageBox.Show("没有满足条件的记录","提示");
dr.Close();
SqlCon.Close();
}
```

10.4.3 ADO.NET 脱机模式的数据存取

在脱机模式下,应用程序并不一直保持到数据库的连接。它打开数据连接并读取数据后关闭连接,用户仍可以使用这些数据。当需要更新数据或有其他请求时,就再次打开连接。典型的脱机存取模式如图 10-8 所示。

在脱机模式下，整个数据的存取步骤如下（以 SQL Server 数据库为例）：

（1）使用 SqlConnection 对象与数据库建立连接。

（2）使用 SqlCommand 对象向数据库检索所需数据。

（3）把 SqlCommand 对象所取回来的数据放到 SqlDataAdapter 对象中。

（4）把 SqlDataAdapter 对象的数据填充到 DataSet 对象中。

（5）关闭 SqlConnection 对象。

（6）所有的数据存取，全部在 DataSet 对象中进行。

（7）再次打开 SqlConnection 对象，与数据库进行连接。

（8）利用 SqlDataAdapter 对象更新数据库。

（9）关闭 SqlConnection 对象。

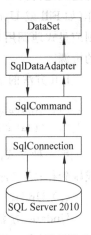

图 10-8 脱机模式

脱机模式下的数据存取，就是有需要的时候才和数据库联机，否则都是和数据库保持脱机的状态。

1．DataAdapter 对象

DataAdapter 对象是 DataSet 对象和数据源之间的桥梁，主要功能是从数据源中检索数据、填充 DataSet 对象中的表以及把用户对 DataSet 对象的更改写回到数据源。

1）DataAdapter 对象的属性

DataAdapter 对象包含 SelectCommand、InsertCommand、UpdateCommand 和 DelectCommand 4 个属性，用于定义访问数据库的命令，并且每个命令都是对 Command 对象的一个引用，可以共享同一个数据库。SelectCommand 属性用于从数据库中选择记录，InsertCommand 属性用于向数据库中插入新记录，UpdateCommand 属性用于修改数据库中的记录，DeleteCommand 属性用于从数据库中删除记录。

如果设置了 DataAdapter 的 SelectCommand 属性，则可以创建一个 CommandBuilder 对象自动生成用于单表更新的 SQL 语句。CommandBuilder 对象用于自动生成更新数据库的单表命令，可以简化设置 DataAdapter 对象的 InsertCommand、UpdateCommand 和 DelectCommand 属性的操作。需要注意的是，CommandBuilder 对象仅针对数据库中的单个表，而且 SelectCommand 还必须至少返回一个主键列或唯一的列。如果什么都没有返回，就会产生异常，不生成命令。

2）DataAdapter 对象的方法

DataAdapter 对象使用 Fill 方法从数据库中获取数据，来填充 DataSet 对象，使用 Update 方法把 DataSet 对象中改动的数据更新到数据库中。

（1）Fill 方法。

Fill 方法使用关联的 SelectCommand 属性指定的 Select 语句，从数据源中检索行，并将检索到的行添加到 DataSet。与 Select 语句关联的连接对象必须有效，但在填充前，并不要求显式地使用 Open 方法打开连接。这是因为，如果 Fill 方法发现连接尚未打开，它

将隐式地打开 DataAdapter 正在使用的连接,并在填充完成时关闭连接。当处理单一操作(如 Fill 或 Update)时,这样可以简化代码。但是,如果执行多项需要打开连接的操作,则应显式地调用 Open 方法对数据源执行操作,然后调用 Close 方法,以保证占用尽量少的资源。

Fill 方法的常用重载格式如下:

```
Fill(DataSet ds)
Fill(DataSet ds,string table)
```

第一种格式的 Fill 方法在 DataSet 创建一个名为"Table"的 DataTable,并为之添加或刷新行;第二种格式的 Fill 方法在指定的表中添加或刷新行。

(2) Update 方法。

Update 方法执行 InsertCommand、DeleteCommand 和 UpdateCommand,把在 DataSet 对象中进行的插入、删除或修改操作更新到数据库中,并返回成功更新的行数。

Update 方法的常用重载格式如下:

```
Update(DataSet ds)
Update(DataSet ds,string table)
```

第一种格式的 Update 方法为指定 DataSet 中每个已插入、已更新或已删除的行调用相应的 Insert、Update 或 Delete 语句;第二种格式的 Update 方法为具有指定 DataTable 名称的 DataSet 对象中每个已插入、已更新或已删除的行调用相应的 Insert、Update 或 Delete 语句。

3) 创建 DataAdapter 对象

创建 DataAdapter 对象的常用方法有以下两种(以 SqlDataAdapter 为例):

```
SqlCommand 命令对象名=new SqlCommand(Select 命令文本,连接对象名);
SqlDataAdapter 数据适配器对象名=new SqlDataAdapter(命令对象名);
```

或

```
SqlDataAdapter 数据适配器对象名=new SqlDataAdapter(Select 命令文本,连接对象名);
```

例如:

```
string strCon="Data Source=localhost;Initial Catalog=xsgl;User ID=sa;
Password=123";
SqlConnection SqlCon=new SqlConnection(strCon);
SqlCommand SqlCom=new SqlCommand("Select * From Student", SqlCon);
SqlDataAdapter SqlDa=new SqlDataAdapter(SqlCom);
```

2. DataSet 对象

DataSet 对象是一个存储在客户端内存中的临时数据库,客户端的所有存取操作都是对 DataSet 对象进行的。DataSet 来自 System.Data 命名空间,新建一个 Windows 应用程序时会自动引入该命名空间。

创建 DataSet 对象的方法如下：

```
DataSet 数据集对象名=new DataSet();
```

一个 DataSet 对象可以拥有多个 DataTable 和 DataRelation 对象。DataTable 对象相当于数据库中的表，DataRelation 对象相当于数据库中的关系，用来建立 DataTable 与 DataTable 间的父子关系。

DataSet 对象通过 Tables 属性和 Relations 属性管理 DataTable 和 DataRelation 对象。Tables 属性是 DataSet 中数据表的集合，是一个 DataTableCollection 集合类，通过 Add、Remove 等方法可以添加、删除 DataTable 对象；Relations 属性是 DataSet 中关系的集合，是一个 DataRelationCollection 集合类，通过 Add、Remove 等方法可以添加、删除 DataRelation 对象。

1) DataTable 对象

DataTable 对象相当于数据库中的表，一个 DataTable 对象可以拥有多个 DataRow、DataColumn 和 Constraint 对象。DataRow 对象相当于数据表中的行，代表一条记录；DataColumn 对象相当于数据表中的列，代表一个字段；Constraint 对象相当于数据表中的约束，代表在 DataColumn 对象上强制的约束。

DataTable 对象通过 Rows 属性、Columns 属性和 Constraints 属性管理 DataRow、DataColumn 和 Constraint 对象。Rows 属性是 DataTable 中行的集合，是一个 DataRowCollection 集合类，通过 Add、Remove 等方法可以添加、删除 DataRow 对象；Columns 属性是 DataTable 中列的集合，是一个 DataColumnCollection 集合类，通过 Add、Remove 等方法可以添加、删除 DataColumn 对象；Constraints 属性是 DataTable 中约束的集合，是一个 ConstraintCollection 集合类，通过 Add、Remove 等方法可以添加、删除 Constraint 对象。

创建 DataTable 对象的常用方法有以下两种：

```
DataTable 数据表对象名=new DataTable();
DataTable 数据表对象名=new DataTable(数据表名称);
```

例如：

```
DataTable dt=new DataTable("College");            //表名称为"College"
```

2) DataColumn 对象

DataColumn 对象相当于数据表中的列，代表一个字段。创建 DataColumn 对象的常用方法有以下 3 种：

```
DataColumn 列对象名=new DataColumn();
DataColumn 列对象名=new DataColumn(列名);
DataColumn 列对象名=new DataColumn(列名,类型);
```

例如，下面的代码向 College 表添加两个字段 ID 和 Name，并将 ID 字段设置为主键。

```
DataColumn c1=new DataColumn("ID",typeof(string));    //创建列(字段)
DataColumn c2=new DataColumn("Name",typeof(string));
dt.Columns.Add(c1);                                    //向表中添加字段
dt.Columns.Add(c2);
dt.PrimaryKey=new DataColumn[]{dt.Columns[0]};         //设置主键
```

3) DataRow 对象

DataRow 对象相当于数据表中的行,代表一条记录。DataRow 对象封装了数据表中行的所有操作。

(1) 添加记录行。

向指定表中添加记录行,可按下列步骤进行。

① 创建一个 DataRow 对象。

② 指定 DataRow 对象中不同字段的值。

③ 调用 DataTable 对象 Rows 集合属性的 Add 方法添加记录行。

例如,下面的代码向 College 表中添加一条记录。

```
DataRow row1=dt.NewRow();                              //创建行(记录)
row1[0]="01";                                          //设置新记录的字段值
row1[1]="理学院";
dt.Rows.Add(row1);                                     //向表中添加记录
```

(2) 查找记录行。

可以使用 Rows 集合的 Find 方法查找指定主键值的记录行。

例如,下面的代码在 College 表中查找 ID 值为"01"的记录行。

```
DataRow findRow=dt.Rows.Find("01");
if (findRow !=null)                                    //若查找到
{
    ...
}
```

(3) 修改记录行。

修改一个记录行的数据,可按下列步骤进行。

① 获取指定记录行的 DataRow 对象。

② 调用 DataRow 对象的 BeginEdit 方法进入记录行的编辑模式。

③ 更改记录行的列的值。

④ 调用 DataRow 对象的 EndEdit 方法退出记录行的编辑模式。

例如,下面的代码修改 College 表中第一条记录行的 ID 列值。

```
DataRow row1=dt.Rows[0];
row1.BeginEdit();
row1["ID"]="10";
row1.EndEdit();
```

(4) 删除记录行。

可以使用 DataRow 对象的 Delete 方法删除记录行。

例如，下面的代码删除 ID 值为"01"的记录行。

```
DataRow findRow=dt.Rows.Find("01");
findRow.Delete();
```

【例 10-6】 使用 DataAdapter 对象和 DataSet 对象实现例 10-4 的功能。

```
public partial class Form1:Form
{
    string strCon="Data Source=localhost;Initial Catalog=xsgl;User ID=sa;Password=123";
    SqlConnection SqlCon;
    SqlCommand SqlCom;
    SqlDataAdapter SqlDa;
    SqlCommandBuilder b;
    DataSet ds;
    DataTable dt;
    private void Form1_Load(object sender, EventArgs e)
    {
        SqlCon=new SqlConnection(strCon);
        SqlCom=new SqlCommand("Select * From Student",SqlCon);
        SqlDa=new SqlDataAdapter(SqlCom);
        b=new SqlCommandBuilder(SqlDa);
        ds=new DataSet();
        SqlDa.Fill(ds,"stu");
    }
    private void btnInsert_Click(object sender, EventArgs e)
    {
        dt=ds.Tables["stu"];
        DataRow row1=dt.NewRow();
        row1[0]="201310010102";
        row1[1]="王小华";
        row1[2]="女";
        row1[3]="1994-11-12";
        row1[4]="河北";
        row1[5]="18712812587";
        row1[6]=521;
        dt.Rows.Add(row1);
        SqlDa.Update(ds,"stu");
    }
    private void btnDelete_Click(object sender, EventArgs e)
    {
```

```
        string strCom="Select * From Student Where Sno Like '2009%' ";
        SqlDataAdapter SqlDa1=new SqlDataAdapter(strCom, SqlCon);
        SqlCommandBuilder b1=new SqlCommandBuilder(SqlDa1);
        SqlDa1.Fill(ds,"stu09");
        dt=ds.Tables["stu09"];
        foreach (DataRow row1 in dt.Rows)
        {
            row1.Delete();
        }
        SqlDa1.Update(ds,"stu09");
    }
    private void btnUpdate_Click(object sender, EventArgs e)
    {
        dt=ds.Tables["stu"];
        dt.PrimaryKey=new DataColumn[]{dt.Columns[0]};
        DataRow findRow=dt.Rows.Find("201002010206");
        findRow.BeginEdit();
        findRow["Sname"]="王兵";
        findRow.EndEdit();
        SqlDa.Update(ds,"stu");
    }
    private void btnCount_Click(object sender, EventArgs e)
    {
        string strCom="Select Min(EnrollingScore), max(EnrollingScore),
            Avg(EnrollingScore) From Student Where Native='河北'";
        SqlDataAdapter SqlDa1=new SqlDataAdapter(strCom, SqlCon);
        SqlDa1.Fill(ds,"countTable");
        dt=ds.Tables["countTable"];
        MessageBox.Show("最低分:"+dt.Rows[0][0].ToString()+"\n最高分:
            "+dt.Rows[0][1].ToString()+"\n平均分:"+dt.Rows[0][2].ToString(),
            "统计结果");
    }
}
```

10.5 数据绑定控件

10.5.1 数据绑定

数据绑定,通俗地说,就是把数据源中的数据提取出来,显示在窗体的各种控件上。用户可以通过这些控件查看和修改数据,这些修改会自动保存到数据源中。

数据绑定有两种类型：简单数据绑定和复杂数据绑定。

简单数据绑定是将一个控件绑定到单个数据元素，通常是将 TextBox、Label 等显示单个值的控件绑定到数据集的某个字段上。

例如，将数据集 ds 中 student 表的 Sname 列绑定到 textBox1 的 Text 属性上。

```
textBox1.DataBindings.Add("Text",ds,"student.Sname");
```

复杂数据绑定是指将一个控件绑定到多个数据元素，通常是将 DataGridView、ListBox、ComboBox 等显示多个值的控件绑定到数据集的多个字段和多条记录。

如果要将 ListBox、ComboBox 等控件绑定到数据源，需要设置该控件的 DataSource 和 DisplayMember 属性值。DataSource 属性指要显示的数据集，DisplayMember 属性指在控件中显示的文本。若实际使用值不是控件中显示的文本，则可以使用 ValueMember 属性指定显示文本所对应的实际使用值，并可由 SelectedValue 属性获取其值。例如：

```
comboBox1.DataSource=ds.Tables["student"];    //ds 为 DataSet 对象
comboBox1.DisplayMember="Sname";              //组合框中显示姓名
comboBox1.ValueMember="Sno";                  //实际使用学号
```

10.5.2　DataGridView 控件

DataGridView 是用于显示和编辑数据的可视化控件，可以像 Excel 表格一样方便地显示和编辑来自多种不同类型的数据源的表格数据。DataGridView 控件提供了大量的属性、方法和事件，用来定义其外观和行为。

1. DataGridView 的常用属性

DataGridView 控件的常用属性如表 10-9 所示。

表 10-9　DataGridView 控件的常用属性

属　　性	说　　明
AllowUserToAddRows	获取或设置一个值，该值指示是否向用户显示添加行的选项，默认为 true
AllowUserToDeleteRows	获取或设置一个值，该值指示是否允许用户从 DataGridView 中删除行，默认为 true
AllowUserToResizeColumns	获取或设置一个值，该值指示用户是否可以调整列的大小，默认为 true
AllowUserToResizeRows	获取或设置一个值，该值指示用户是否可以调整行的大小，默认为 true
AlternatingRowsDefaultCellStyle	获取或设置应用于 DataGridView 奇数行的默认单元格样式
ColumnCount	获取或设置 DataGridView 中显示的列数

续表

属　性	说　明
ColumnHeadersHeight	获取或设置列标题行的高度(以像素为单位)
ColumnHeadersHeightSizeMode	获取或设置一个值,该值指示是否可以调整列标题的高度,以及它是由用户调整还是根据标题的内容自动调整,默认为 AutoSize
ColumnHeadersVisible	获取或设置一个值,该值指示是否显示列标题行,默认为 true
Columns	获取一个包含控件中所有列的集合
CurrentCell	获取或设置当前处于活动状态的单元格
CurrentRow	获取包含当前单元格的行
DataMember	获取或设置数据源中 DataGridView 显示其数据的列表或表的名称
DataSource	获取或设置 DataGridView 所显示数据的数据源
GridColor	获取和设置网格线的颜色,网格线对 DataGridView 的单元格进行分隔
MultiSelect	获取或设置一个值,该值指示是否允许用户一次选择多个单元格、行或列,默认为 true
ReadOnly	获取一个值,该值指示用户是否可以编辑 DataGridView 控件的单元格,默认为 false
RowCount	获取或设置 DataGridView 中显示的行数
RowHeadersVisible	获取或设置一个值,该值指示是否显示包含行标题的列,默认为 true
RowHeadersWidth	获取或设置包含行标题的列的宽度(以像素为单位)
Rows	获取一个集合,该集合包含 DataGridView 控件中的所有行
ScrollBars	获取或设置要在 DataGridView 控件中显示的滚动条的类型
SelectionMode	获取或设置一个值,该值指示如何选择 DataGridView 的单元格
SortOrder	获取一个值,该值指示是按如何对 DataGridView 控件中的项进行排序

2. DataGridViewColumn 的常用属性

通过 DataGridView 控件的 Columns 属性可以打开"编辑列"对话框,在该对话框中可以添加或移除列,也可以设置各列的属性。DataGridView 控件的列对象有 6 种类型:DataGridViewTextBoxColumn、DataGridViewButtonColumn、DataGridViewCheckBoxColumn、DataGridViewComboColumn、DataGridViewImageColumn 和 DataGridViewLinkColumn。这 6 个类的基类都是 DataGridViewColumn,最常用的列对象是 DataGridViewTextBoxColumn 类型。

DataGridView 控件列对象的常用属性如表 10-10 所示。

表 10-10 DataGridView 控件列对象的常用属性

属　　性	说　　明
AutoSizeMode	获取或设置模式，通过此模式列可以自动调整其宽度
DataPropertyName	获取或设置数据源属性的名称或与列对象绑定的数据库列的名称
Frozen	获取或设置一个值，指示是否冻结该列，默认为 false，即当用户水平滚动 DataGridView 控件时，列随之移动
HeaderText	获取或设置列标头单元格的标题文本
ReadOnly	获取或设置一个值，指示用户是否可以编辑列的单元格

3. DataGridView 的数据显示

DataGrid 控件以表格形式显示数据，并根据需要支持数据编辑功能，如插入、修改、删除、排序等。

使用 DataGridView 显示数据时，在大多数情况下，只需设置 DataGridView 的 DataSource 属性即可。在绑定到包含多个表的数据源时，还需将 DataMember 属性设置为指定要绑定的表。

【例 10-7】 使用 DataGridView 控件显示 Student 表中的学生信息，不允许编辑数据。

（1）界面设计。从工具箱中拖动 1 个 DataGridView 控件到窗体设计区。

（2）设置属性。窗体和控件的属性设置如表 10-11 所示。

表 10-11 例 10-7 对象的属性设置

名　　称	属　　性	属　性　值
Form1	Text	学生基本信息
dataGridView1	AllowUserToAddRows	False
	AllowUserToDeleteRows	False
	AlternatingRowsDefaultCellStyle	DataGridViewCellStyle{BackColor=Color[ControlLight]}
	ReadOnly	True
	RowHeadersVisible	False
	SelectionMode	FullRowSelect

（3）编写代码。

```
public partial class Form1:Form
{
    private void Form1_Load(object sender, EventArgs e)
    {
```

```
        string strCon="Data Source=localhost; Initial Catalog=xsgl; User
                ID=sa; Password=123";
        SqlConnection SqlCon=new SqlConnection(strCon);
        SqlCommand SqlCom=new SqlCommand("Select * From Student", SqlCon);
        SqlDataAdapter SqlDa=new SqlDataAdapter(SqlCom);
        DataSet ds=new DataSet();
        SqlDa.Fill(ds,"student");
        dataGridView1.DataSource=ds.Tables["student"];
        dataGridView1.Columns[0].HeaderText="学号";
        dataGridView1.Columns[1].HeaderText="姓名";
        dataGridView1.Columns[2].HeaderText="性别";
        dataGridView1.Columns[3].HeaderText="出生日期";
        dataGridView1.Columns[4].HeaderText="籍贯";
        dataGridView1.Columns[5].HeaderText="联系电话";
        dataGridView1.Columns[6].HeaderText="入学成绩";
    }
}
```

(4) 编译并运行程序,结果如图 10-9 所示。

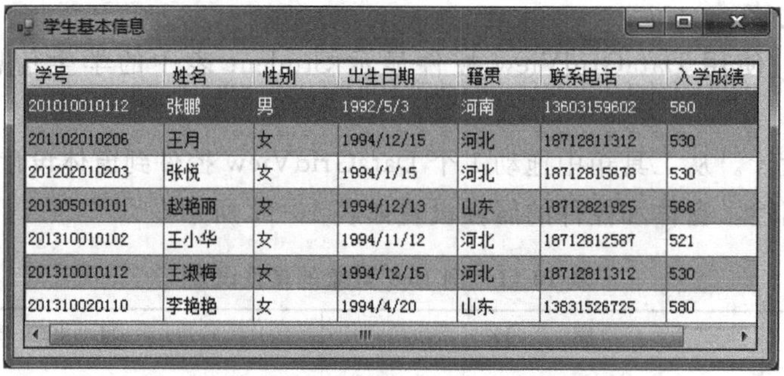

图 10-9　例 10-7 的程序运行结果

10.5.3　BindingSource 组件

BindingSource 组件用来封装窗体的数据源,它可以绑定到各种数据源,并可以自动解决许多数据绑定问题。

Windows 窗体上的 DataGridView、TextBox 等控件,可以通过绑定到 BindingSource 组件来显示和编辑数据,而 BindingSource 组件则绑定到其他数据源或使用其他对象填充该组件。窗体上的控件与数据的所有交互,都通过调用 BindingSource 组件来实现,从而简化了控件到数据的绑定。

BindingSource 组件提供了多种属性、方法和事件,来实现和管理与数据源的绑定及数据源的导航、更新等功能。

BindingSource 组件的常用属性如表 10-12 所示。

表 10-12 BindingSource 组件的常用属性

属性	说明
Count	获取 BindingSource 控件中的记录数
Current	获取 BindingSource 控件中的当前记录
DataMember	获取或设置连接器当前绑定到的数据源中的特定数据列表或数据库表
DataSource	获取或设置连接器绑定到的数据源
Sort	获取或设置用于排序的列名来指定排序

BindingSource 组件的常用方法如表 10-13 所示。

表 10-13 BindingSource 组件的常用方法

方法	说明
Add(object value)	将指定的现有项添加到内部列表中,返回该项的索引
AddNew()	向列表添加新项,返回已创建的 Object
CancelEdit()	取消当前编辑操作
EndEdit()	将挂起的更改应用于基础数据源
Insert(int index, object value)	将指定的现有项插入到列表中指定的索引处
MoveFirst()	移至列表中的第一项
MoveLast()	移至列表中的最后一项
MoveNext()	移至列表中的下一项
MovePrevious()	移至列表中的上一项
Remove (object value)	从列表中移除指定的项
RemoveAt(int index)	从列表中移除指定索引处的项

10.5.4 BindingNavigator 控件

BindingNavigator(绑定导航器)控件用来为窗体上绑定到数据的控件提供导航和操作的用户界面。在默认情况下,BindingNavigator 控件的用户界面由一系列 ToolStrip 按钮、文本框、静态文本和分隔符对象组成,如图 10-10 所示。

绑定到 BindingSource 组件的数据源,也可以使用 BindingNavigator 控件进行定位和管理。在多数情况下,BindingNavigator 控件与 BindingSource 组件成对出现,并通过其 BindingSource 属性与 BindingSource 组件集成。

【例 10-8】 设计一个浏览学生信息的程序,界面如图 10-11 所示。

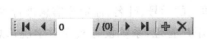

图 10-10 默认的 BindingNavigator 控件

图 10-11 例 10-8 的程序界面

(1) 界面设计。从工具箱中拖动 1 个 BindingSource 组件、1 个 BindingNavigator 控件、7 个 Label 控件和 7 个 TextBox 控件到窗体设计区,并按图 10-11 所示调整布局。

(2) 编写代码。

```
public partial class Form1:Form
{
    private void Form1_Load(object sender, EventArgs e)
    {
        string strCon="Data Source=localhost; Initial Catalog=xsgl;
                    User ID=sa; Password=123";
        SqlConnection SqlCon=new SqlConnection(strCon);
        SqlCommand SqlCom=new SqlCommand("Select * From Student", SqlCon);
        SqlDataAdapter SqlDa=new SqlDataAdapter(SqlCom);
        DataSet ds=new DataSet();
        SqlDa.Fill(ds,"student");
        bindingSource1.DataSource=ds;
        bindingSource1.DataMember="student";
        bindingNavigator1.BindingSource=bindingSource1;
        textBox1.DataBindings.Add("Text",bindingSource1,"Sno");
        textBox2.DataBindings.Add("Text",bindingSource1,"Sname");
        textBox3.DataBindings.Add("Text",bindingSource1,"Sex");
        textBox4.DataBindings.Add("Text",bindingSource1,"Native");
        textBox5.DataBindings.Add("Text",bindingSource1,"Birthday");
        textBox6.DataBindings.Add("Text",bindingSource1,"Phone");
        textBox7.DataBindings.Add("Text",bindingSource1,"EnrollingScore");
    }
}
```

10.6 数据库应用程序案例

本节以一个综合性较强的案例"学生信息管理系统"详细讲解数据库应用程序的开发,案例代码较详尽,方便读者阅读代码、理清思路、掌握方法。为节省空间,没有针对每个功能模块分析业务流程和数据流程,也简化了一些提示信息和错误捕获与处理,希望读者能自行完成。

10.6.1 系统功能

学生信息管理系统主要实现学生信息管理和系统维护功能。学生信息管理包括基本信息的录入、修改和删除,同时能够实现按照学生的学号、姓名、性别等信息进行单条件或者组合条件的查询;系统维护包括系统设置和用户管理,系统设置实现对学院信息、专业信息和班级信息的添加、修改和删除功能,用户管理实现对用户的添加、修改、删除和权限设置等功能。

10.6.2 数据库结构

学生信息管理系统采用 Access 数据库,共包含 6 张表,具体结构如表 10-14～表 10-19 所示。

表 10-14　学生基本信息表 Student

字段名	中文描述	类　型	长　度	是否可以为空	是否作为主键
Sno	学号	文本	12	否	是
Sname	姓名	文本	10	否	否
Sex	性别	文本	2	是	否
Birthday	出生日期	日期/时间	8	是	否
Native	籍贯	文本	10	是	否
LM	团员	文本	1	是	否
PM	党员	文本	1	是	否
Address	家庭住址	文本	50	是	否
Phone	联系电话	文本	13	是	否

表 10-15　学院信息表 College

字段名	中文描述	类　型	长　度	是否可以为空	是否作为主键
Collegeid	学院代码	文本	2	否	是
Collegename	学院名称	文本	30	是	否

表 10-16　专业信息表 Major

字段名	中文描述	类　型	长　度	是否可以为空	是否作为主键
Collegeid	学院代码	文本	2	否	是
Majorid	专业代码	文本	2	否	是
Majorname	专业名称	文本	30	是	否

表 10-17　班级信息表 Class

字段名	中文描述	类　型	长　度	是否可以为空	是否作为主键
Classbh	班级号	文本	2	否	是
Classid	班级代码	文本	10	是	否
Studentnumber	人数	整型	4	是	否
Remark	备注	文本	100	是	否

表 10-18　用户信息表 UserInfo

字段名	中文描述	类　型	长　度	是否可以为空	是否作为主键
Username	用户名	文本	10	是	否
Userid	账号	文本	12	否	是

续表

字段名	中文描述	类　型	长　度	是否可以为空	是否作为主键
Passwords	密码	文本	12	是	否
authority	权限	文本	8	是	否

表 10-19　籍贯信息表 Province

字段名	中文描述	类　型	长　度	是否可以为空	是否作为主键
bh	编号	自动编号		否	是
name	名称	文本	10	是	否

10.6.3　系统实现

1. 类的定义

1) DataAccess 类

系统中多个模块需要连接及访问数据库,为了简化代码,定义一个 DataAccess 类,用于创建连接及执行 SQL 语句。代码如下:

```
public static class DataAccess
{
    public static readonly OleDbConnection OleDbcon=new OleDbConnection
    ("Provider=Microsoft.Jet.OLEDB.4.0;Data Source=xsgl.mdb");
    //执行不返回行的 SQL 语句,若成功执行返回 true,否则返回 false
    public static bool ExecuteSQL(string sql)
    {
        OleDbCommand com =new OleDbCommand(sql,OleDbcon);
        try
        {
            OleDbcon.Open();
            com.ExecuteNonQuery();
            return true;
        }
        catch
        {
            return false;
        }
        finally
        {
            OleDbcon.Close();
            com.Dispose();
        }
    }
```

```csharp
//执行返回行的 SQL 语句,并返回 DataReader 对象
public static OleDbDataReader GetReader(string sql)
{
    OleDbCommand com =new OleDbCommand(sql,OleDbcon);
    OleDbDataReader dr =null;
    try
    {
        OleDbcon.Open();
        dr=com.ExecuteReader(CommandBehavior.CloseConnection);
    }
    catch (Exception ex)
    {
        dr.Close();
        com.Dispose();
        throw new Exception(ex.ToString());
    }
    return dr;
}
//执行返回单列的 Select 语句,并返回存放查询结果的数组
public static object[] GetRecord(string sql)
{
    OleDbCommand com=new OleDbCommand(sql,OleDbcon);
    OleDbDataReader dr=null;
    ArrayList List=new ArrayList();
    try
    {
        OleDbcon.Open();
        dr=com.ExecuteReader();
        while (dr.Read())
            List.Add(dr[0]);
    }
    catch (Exception ex)
    {
        throw new Exception(ex.ToString());
    }
    finally
    {
        OleDbcon.Close();
        com.Dispose();
    }
    return List.ToArray();
}
//执行返回行的 SQL 语句,并返回成 DataSet 对象
public static DataSet GetDataSet(string sql,string tablename)
```

```
        {
            OleDbDataAdapter da=new OleDbDataAdapter(sql,OleDbcon);
            DataSet ds=new DataSet();
            try
            {
                da.Fill(ds,tablename);
            }
            catch (Exception ex)
            {
                throw new Exception(ex.ToString());
            }
            finally
            {
                OleDbcon.Close();
                da.Dispose();
            }
            return ds;
        }
    }
```

2) Student 类

学生信息管理系统的主要功能是对学生信息的增、删、查、改操作,定义一个学生类,实现学生信息的添加、修改和删除。代码如下:

```
    public class Student
    {
        string sno;
        string name;
        string sex;
        string birthday;
        string native;
        string lm;
        string pm;
        string adress;
        string phone;
        public string Sno
        {
            get {return sno;}
            set {sno=value;}
        }
        public string Name
        {
            get {return name;}
            set {name=value;}
        }
```

```csharp
public string Sex
{
    get {return sex;}
    set {sex=value;}
}
public string Birthday
{
    get {return birthday;}
    set {birthday=value;}
}
public string Native
{
    get {return native;}
    set {native=value;}
}
public string Lm
{
    get {return lm;}
    set {lm=value;}
}
public string Pm
{
    get {return pm;}
    set {pm=value;}
}
public string Adress
{
    get {return adress;}
    set {adress=value;}
}
public string Phone
{
    get {return phone;}
    set {phone=value;}
}
public void Insert()                //添加学生信息
{
    string sql=String.Format("Insert Into Student
              Values('{0}','{1}','{2}','{3}','{4}','{5}','{6}','{7}','{8}')",
              Sno,Name,Sex,Birthday,Native,Lm,Pm,Adress,Phone);
    DataAccess.ExecuteSQL(sql);
}
public void Update(string sno)      //修改学生信息
{
```

```
        string sql=String.Format("Update Student Set Sname='{0}',Sex='{1}',
            Birthday='{2}',Native='{3}',Lm='{4}',Pm='{5}',Address='{6}',
            Phone='{7}'
            Where Sno='{8}'",Name,Sex,Birthday,Native,Lm,Pm,Adress,Phone,
            Sno);
        DataAccess.ExecuteSQL(sql);
    }
    public void Delete()                        //删除学生信息
    {
        string sql=String.Format("Delete From Student Where Sno='{0}'",Sno);
        DataAccess.ExecuteSQL(sql);
    }
}
```

2. 登录界面

登录界面的主要功能是对用户进行身份验证。在登录窗体中,如果用户输入的账号和密码均正确,将显示主界面。实现此功能,需要修改 Program 类的 Main()方法,代码如下:

```
static class Program
{
    static void Main()
    {
        Application.EnableVisualStyles();
        Application.SetCompatibleTextRenderingDefault(false);
        FrmLogin frm=new FrmLogin();
        if (frm.ShowDialog()==DialogResult.OK)
            Application.Run(new FrmMain());
    }
}
```

登录界面如图 10-12 所示。

登录窗体的代码如下:

```
public partial class FrmLogin:Form
{
    public static string userid,ahthority;
    private void btnOK_Click(object sender, EventArgs e)
    {
        if (txtUserId.Text.Trim()==""|| txtPassword.Text.Trim()=="")
        {
            MessageBox.Show("账号或密码不能为空!","提示");
            return;
        }
```

图 10-12　登录界面

```csharp
userid=txtUserId.Text.Trim();
string strcom="Select * From Users Where Userid='"+userid+"'";
OleDbDataReader dr=DataAccess.GetReader(strcom);
if (dr.Read())
{
    if (txtPassword.Text.Trim()==dr["Password"].ToString())
    {
        authority=dr["authority"].ToString();        //读取用户权限
        this.DialogResult=DialogResult.OK;

    }
    else
    {
        MessageBox.Show("密码错误,请重新输入!");
        txtPassword.SelectAll();
        txtPassword.Focus();
    }
}
else
{
    MessageBox.Show("该账号不存在,请重新输入!","提示");
    txtUserId.SelectAll();
    txtUserId.Focus();
}
dr.Close();
}
private void btnCancel_Click(object sender, EventArgs e)
{
    this.Close();
}
}
```

3. 主控界面

通过身份验证后,进入系统主控界面,通过主控界面调用各个子模块,以完成相应功能。系统采用多文档界面,主控界面为 MDI 父窗体,其他子模块窗体为 MDI 子窗体。

系统主界面如图 10-13 所示。在属性窗口中,将该窗体的 IsMdiContainer 属性值设置为 True,使其成为 MDI 父窗体。

菜单结构如图 10-14 所示。设置菜单栏控件 menuStrip1 的 MdiWindowListItem 属性为 mnuWindow,即窗口菜单项,以便在窗口菜单中显示 MDI 子窗体列表。

用户登录时会读取其权限,然后在主界面的 Load 事件中根据用户的权限决定启用或禁用某些菜单项,以限制用户的操作。用户可以通过单击菜单项的方式打开子窗体,实现相应的功能。具体代码如下:

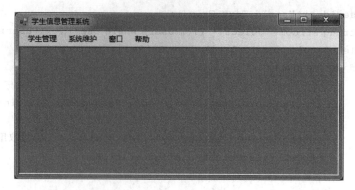

图 10-13　系统主界面

图 10-14　主界面窗体的菜单结构

```
public partial class FrmMain:Form
{
    private void FrmMain_Load(object sender, EventArgs e)
    {
        if (FrmLogin.authority=="普通用户")    //若为普通用户,用户设置菜单禁用
            MnuUserSetting.Enabled=false;
    }
    private void MnuStudentInput_Click(object sender, EventArgs e)   //学生信息录入
    {
        FrmStudentInput frm=new FrmStudentInput();
        frm.MdiParent=this;                    //设置为 MDI 子窗体
        frm.Show();
    }
    /*"学生信息查询"、"学院设置"、"专业设置"、"班级设置"、"用户设置"、"修改密码"菜单项
      的事件处理程序与"学生信息录入"类似,请读者自行完成 */
}
```

4. 学生信息录入

学生信息录入模块的主要功能是向数据库中添加学生信息,界面如图 10-15 所示。窗体和各个控件的属性设置如表 10-20 所示。

数据库中存储的学生学号是 12 位,由入学年份(4 位)+学院代码(2 位)+专业代码(2 位)+班级代码(2 位)+班内学号(2 位)组成。用户录入学生信息时,只需输入 2 位的班内学号,系统根据用户选择的学院、专业、年级和班级自动生成 12 位学号。

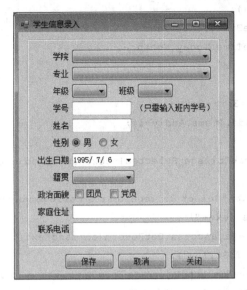

图 10-15　学生信息录入界面

表 10-20　学生信息录入窗体中各对象的属性设置

名　称	属　性	属性值	名　称	属　性	属性值
FrmStudentInput	Text	学生信息录入	radioButton1	Text	男
groupBox1	Text	空		Checked	True
CmbCollege	DropDownStyle	DropDownList	radioButton2	Text	女
CmbMajor	DropDownStyle	DropDownList	dateTimePicker1	Format	Short
CmbGrade	DropDownStyle	DropDownList	btnSave	Text	保存
CmbClass	DropDownStyle	DropDownList	btnCancel	Text	取消
CmbNative	DropDownStyle	DropDownList	btnQuit	Text	关闭

学生信息录入窗体的代码如下：

```
public partial class FrmStudentInput:Form
{
    OleDbDataReader dr;
    string commandtext;                    //存储命令文本
    string xydm="";                        //存储学院代码
    string zydm="";                        //存储专业代码
    private void FrmBasicInfo_Load(object sender, EventArgs e)
    {
        cmbCollege.Items.AddRange(DataAccess.GetRecord("Select Collegename
        From College"));
        cmbNative.Items.AddRange (DataAccess.GetRecord ( " Select name From
```

```csharp
            Province"));
        int y=DateTime.Today.Year;
        int m=DateTime.Today.Month;
        if (m<9)
            y--;
        for (int i=3;i>=0;i--)
            cmbGrade.Items.Add(y-i);
    }
    private void cmbCollege_SelectedIndexChanged(object sender, EventArgs e)
    {
        commandtext="Select Collegeid From College where Collegename='"+
            cmbCollege.Text+"'";
        object[] r=DataAccess.GetRecord(commandtext);
        xydm=r[0].ToString();
        commandtext="Select Majorname From Major where Collegeid='"+xydm+"'";
        cmbMajor.Items.Clear();
        cmbMajor.Items.AddRange(DataAccess.GetRecord(commandtext));
    }
    private void cmbMajor_SelectedIndexChanged(object sender, EventArgs e)
    {
        commandtext="Select Majorid From Major where Majorname='"+cmbMajor.
            Text+"'";
        object[] r=DataAccess.GetRecord(commandtext);
        zydm=r[0].ToString();
        if (cmbGrade.Text!="") cmbGrade_SelectedIndexChanged(sender, e);
    }
    private void cmbGrade_SelectedIndexChanged(object sender, EventArgs e)
    {
        if (xydm !="" && zydm !="")
        {
            string bjdm=cmbGrade.Text +xydm +zydm;
            commandtext="Select Classbh From Class where left(Classid,8)=
                '"+bjdm+"'";
            cmbClass.Items.Clear();
            cmbClass.Items.AddRange(DataAccess.GetRecord(commandtext));
        }
    }
    private void btnSave_Click(object sender, EventArgs e)
    {
        if (btnSave.Text=="保存")
        {
            if (cmbClass.Text=="" || cmbCollege.Text=="" || cmbMajor.Text==""
```

```csharp
        || cmbGrade.Text=="")
{
    MessageBox.Show("必须选择学院、专业、年级和班级!","提示");
        return;
}
if (textBox1.Text.Trim()=="")
{
    MessageBox.Show("学号不能为空!","提示");
    textBox1.Focus();
    return;
}
if (textBox1.Text.Length>2)
{
    MessageBox.Show("请输入班内学号,不能超过2位!","提示");
    textBox1.Focus();
    return;
}
if (textBox2.Text.Trim()=="")
{
    MessageBox.Show("姓名不能为空!","提示");
    textBox2.Focus();
    return;
}
Student s1=new Student();
s1.Sno=cmbGrade.Text+xydm+zydm+String.Format("{0:00}",cmbClass.Text)
    +String.Format("{0:00}",Convert.ToInt16(textBox1.Text));
s1.Name=textBox2.Text.Trim();
if (radioButton1.Checked)
    s1.Sex="男";
else
    s1.Sex="女";
s1.Birthday=dateTimePicker1.Value.ToShortDateString();
if (cmbNative.Text !="")
    s1.Native=cmbNative.Text;
else
    s1.Native="";
if (checkBox1.Checked)
    s1.Lm="Y";
else
    s1.Lm="N";
if (checkBox2.Checked)
    s1.Pm="Y";
```

```
            else
                s1.Pm="N";
            if (textBox3.Text.Trim() !="")
                s1.Adress=textBox3.Text.Trim();
            else
                s1.Adress="";
            if (textBox4.Text.Trim() !="")
                s1.Phone=textBox4.Text.Trim();
            else
                s1.Phone="";
            s1.Insert();
            groupBox1.Enabled=false;
            btnSave.Text="继续";
        }
        else
        {
            btnSave.Text="保存";
            groupBox1.Enabled=true;
            btnCancel_Click(sender,e);
        }
    }
    private void btnCancel_Click(object sender, EventArgs e)
    {
        textBox1.Text=textBox2.Text=textBox3.Text=textBox4.Text="";
        if (!radioButton1.Checked) radioButton1.Checked=true;
        if (checkBox1.Checked) checkBox1.Checked=false;
        if (checkBox2.Checked) checkBox2.Checked=false;
        dateTimePicker1.Value=DateTime.Today;
        cmbNative.SelectedItem=null;
    }
    private void btnQuit_Click(object sender, EventArgs e)
    {
        this.Close();
    }
}
```

5. 学生信息查询

学生信息查询模块的主要功能是查询学生信息,可以根据单条件查询,也可以根据复合条件查询,而且支持模糊查询,例如按学号查询,输入 2013,则显示所有 2013 年入学的学生信息。针对查询结果,还可以进行修改和删除操作。

学生信息查询界面如图 10-16 和图 10-17 所示。窗体由 splitContainer 控件分为上下两部分，上半部分用于设置查询条件，下半部分用于显示查询结果。

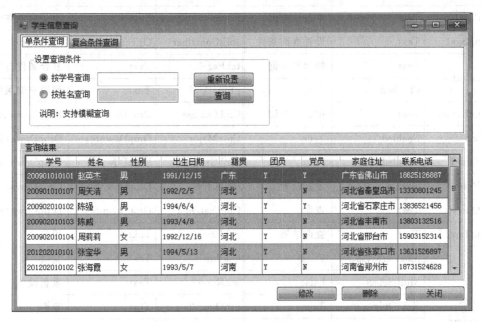

图 10-16　学生信息查询界面（一）

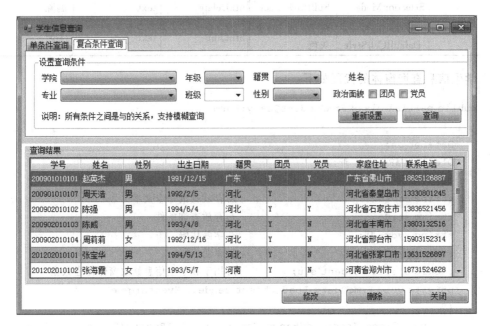

图 10-17　学生信息查询界面（二）

窗体和各个控件的属性设置如表 10-21 所示。

表 10-21 学生信息查询窗体中各对象的属性设置

名称	属性	属性值	名称	属性	属性值
tabPage1	Text	单条件查询	FrmStudentQuery	Text	学生信息查询
groupBox1	Text	设置查询条件	splitContainer1	Orientation	Horizontal
radioButton1	Text	按学号查询	tabPage2	Text	复合条件查询
	Checked	True	groupBox3	Text	设置查询条件
radioButton2	Text	按姓名查询	CmbCollege	DropDownStyle	DropDownList
txtSno	Enabled	True	CmbMajor	DropDownStyle	DropDownList
txtName1	Enabled	False	CmbGrade	DropDownStyle	DropDownList
btnReset1	Text	重新设置	CmbClass	DropDownStyle	DropDown
btnQuery1	Text	查询	CmbNative	DropDownStyle	DropDownList
groupBox2	Text	查询结果	chkLm	Text	团员
dataGridView1	AllowUserToAddRows	False	chkPm	Text	党员
	MultiSelect	False	btnReset2	Text	重新设置
	ReadOnly	True	btnQuery2	Text	查询
	RowHeaderVisible	False	btnModify	text	修改
	SelectionMode	FullRowSelect	btnDelete	text	删除
	AlternatingRows-DefaultCellStyle	背景色设为灰色	btnQuit	text	关闭

学生信息查询窗体的代码如下：

```
public partial class FrmStudentQuery:Form
{
    DataSet ds;
    OleDbDataReader dr;
    DataTable dt;
    string comtext;              //存放查询命令文本
    string strCond;              //存放查询条件
    string xydm="";              //学院代码
    string zydm="";              //专业代码
    public static Student stu;   //用于和学生信息修改窗体传递数据
    private void FrmcQuery_Load(object sender, EventArgs e)
    {
        cmbCollege.Items.AddRange(DataAccess.GetRecord("Select Collegename
                    From College"));
        cmbMajor.Items.AddRange(DataAccess.GetRecord("Select Majorname From
                    Major"));
        cmbNative.Items.AddRange(DataAccess.GetRecord("Select name From
```

```csharp
                        Province"));
    int y=DateTime.Today.Year;
    int m=DateTime.Today.Month;
    if (m<9)
        y--;
    for (int i=3;i>=0;i--)
        cmbGrade.Items.Add(y-i);
    string[] xb ={"男","女"};
    cmbSex.Items.AddRange(xb);
    comtext="Select * From Student Order By Sno";
    ds=DataAccess.GetDataSet(comtext,"student");
    dt=ds.Tables["student"];
    dataGridView1.DataSource=dt;
    dataGridView1.Columns[0].HeaderText="   学号";
    dataGridView1.Columns[1].HeaderText="   姓名";
    dataGridView1.Columns[2].HeaderText="   性别";
    dataGridView1.Columns[3].HeaderText="   出生日期";
    dataGridView1.Columns[4].HeaderText="   籍贯";
    dataGridView1.Columns[5].HeaderText="   团员";
    dataGridView1.Columns[6].HeaderText="   党员";
    dataGridView1.Columns[7].HeaderText="   家庭住址";
    dataGridView1.Columns[8].HeaderText="联系电话";
    xydm=zydm="";
}
private void radioButton1_CheckedChanged(object sender, EventArgs e)
{
    if (radioButton1.Checked)
    {
        txtSno.Enabled=true; txtSno.Focus();
        txtName1.Text=""; txtName1.Enabled=false;
    }
}
private void radioButton2_CheckedChanged(object sender, EventArgs e)
{
    if (radioButton2.Checked)
    {
        txtSno.Enabled=false; txtSno.Text="";
        txtName1.Enabled=true; txtName1.Focus();
    }
}
private void btnReset1_Click(object sender, EventArgs e)
{
    if (txtName1.Text !="") txtName1.Text="";
    if (txtSno.Text !="") txtSno.Text="";
```

```csharp
        if (!radioButton1.Checked) radioButton1.Checked=true;
        txtSno.Focus();
    }
    private void btnQuery1_Click(object sender, EventArgs e)
    {
        strCond="";
        if (radioButton1.Checked)
            if (txtSno.Text.Trim() !="")
                strCond="Sno Like '%"+txtSno.Text.Trim()+"%'";
            else
            {
                MessageBox.Show("请输入查询条件!","提示");
                txtSno.Focus();
                return;
            }
        if (radioButton2.Checked)
            if (txtName1.Text.Trim() !="")
                strCond ="Sname Like '%"+txtName1.Text.Trim()+"%'";
            else
            {
                MessageBox.Show("请输入查询条件!","提示");
                txtName1.Focus();
                return;
            }
        comtext="Select * From Student Where "+strCond;
        ds=DataAccess.GetDataSet(comtext, "student");
        dt=ds.Tables["student"];
        dataGridView1.DataSource =dt;
    }
    private void cmbCollege_SelectedIndexChanged(object sender, EventArgs e)
    {
        if (cmbCollege.Text !="")
        {
            zydm="";
            comtext="Select Collegeid From College where Collegename='"
                +cmbCollege.Text+"'";
            object[] r=DataAccess.GetRecord(comtext);
            xydm=r[0].ToString();
            cmbMajor.Items.Clear();
            comtext="Select Majorname From Major where Collegeid='"+xydm+"'";
            cmbMajor.Items.AddRange(DataAccess.GetRecord(comtext));
        }
    }
    private void cmbMajor_SelectedIndexChanged(object sender, EventArgs e)
```

```csharp
    {
        if (cmbMajor.Text !="")
        {
            comtext="Select Majorid,Collegeid From Major where Majorname='"
            +cmbMajor.Text +"'";
            DataSet ds=DataAccess.GetDataSet(comtext,"Major");
            zydm=ds.Tables["Major"].Rows[0][0].ToString();
            if (xydm=="") xydm=ds.Tables["Major"].Rows[0][1].ToString();
            if (cmbGrade.Text !="")
                cmbGrade_SelectedIndexChanged(sender,e);
        }
    }
    private void cmbGrade_SelectedIndexChanged(object sender, EventArgs e)
    {
        if (cmbGrade.Text !="")
        {
            string bjdm=cmbGrade.Text+xydm+zydm;
            comtext="Select Classbh From Class where left(Classid,8)='"+bjdm+"'";
            cmbClass.Items.Clear();
            cmbClass.Items.AddRange(DataAccess.GetRecord(comtext));
        }
    }
    private void btnQuery2_Click(object sender, EventArgs e)
    {
        strCond="";
        string cbh="";
        if (cmbGrade.Text !="")
            strCond="Left(Sno,4)='"+cmbGrade.Text+"'";
        if (xydm !="")
            strCond+="And Mid(Sno,5,2)='"+xydm+"'";
        if (zydm !="")
            strCond+="And Mid(Sno,7,2)='"+zydm +"'";
        if (cmbClass.Text.Trim() !="")
        {
            cbh=String.Format("{0:00}", Convert.ToInt16(cmbClass.Text));
            strCond +="And Mid(Sno,9,2)='"+cbh+"'";
        }
        if (cmbSex.Text.Trim() !="")
            strCond+="And Sex='"+cmbSex.Text.Trim()+"'";
        if (cmbNative.Text.Trim() !="")
            strCond +="And Native='"+cmbNative.Text.Trim()+"'";
        if (chkLm.Checked)
            strCond +="And Lm='Y'";
        if (chkPm.Checked)
```

```csharp
        strCond +="And Pm='Y'";
    if (txtName2.Text.Trim()!="")
        strCond +="And Sname Like '%"+txtName2.Text.Trim()+"%'";
    if (strCond.IndexOf("And")==0)
        strCond=strCond.Substring(4).Trim();
    if (strCond !="")
    {
        comtext="Select * From Student Where "+strCond;
        ds=DataAccess.GetDataSet(comtext,"student");
        dt=ds.Tables["student"];
        dataGridView1.DataSource=dt;
    }
    else
        MessageBox.Show("请设置查询条件!","提示");
}
private void btnReset2_Click(object sender, EventArgs e)
{
    txtName2.Text=cmbClass.Text="";
    chkLm.Checked=chkPm.Checked=false;
    cmbCollege.Text=cmbMajor.Text=cmbGrade.Text=cmbSex.Text=
    cmbNative.Text=null;
    xydm=zydm="";
}
private void btnModify_Click(object sender, EventArgs e)
{
    if (dataGridView1.SelectedRows.Count==0)
    {
        MessageBox.Show("请先选择要修改的记录!","提示");
        return;
    }
    stu=new Student();
    stu.Sno=dataGridView1.SelectedRows[0].Cells[0].Value.ToString();
    stu.Name=dataGridView1.SelectedRows[0].Cells[1].Value.ToString();
    stu.Sex=dataGridView1.SelectedRows[0].Cells[2].Value.ToString();
    stu.Birthday=dataGridView1.SelectedRows[0].Cells[3].Value.ToString();
    stu.Native=dataGridView1.SelectedRows[0].Cells[4].Value.ToString();
    stu.Lm=dataGridView1.SelectedRows[0].Cells[5].Value.ToString();
    stu.Pm=dataGridView1.SelectedRows[0].Cells[6].Value.ToString();
    stu.Adress=dataGridView1.SelectedRows[0].Cells[7].Value.ToString();
    stu.Phone=dataGridView1.SelectedRows[0].Cells[8].Value.ToString();
    FrmStudentModify frm=new FrmStudentModify();
    frm.ShowDialog();
    if (frm.DialogResult==DialogResult.OK)
    {
        stu.Update(stu.Sno);
        ds=DataAccess.GetDataSet(comtext,"student");
```

```
            dt=ds.Tables["student"];
            dataGridView1.DataSource=dt;
        }
        frm.Dispose();
    }
    private void btnDelete_Click(object sender, EventArgs e)
    {
        if (dataGridView1.SelectedRows.Count==0)
        {
            MessageBox.Show("请先选择要删除的记录!","提示");
            return;
        }
        DialogResult result=MessageBox.Show("是否删除该记录?","警告",
        MessageBoxButtons.YesNo);
        if (result==DialogResult.Yes)
        {
            string sno;
            Student s=new Student();
            s.Sno=sno=dataGridView1.SelectedRows[0].Cells[0].Value.ToString();
            s.Delete();
            dataGridView1.Rows.Remove(dataGridView1.SelectedRows[0]);
        }
    }
    private void btnQuit_Click(object sender, EventArgs e)
    {
        this.Close();
    }
}
```

从查询结果中选择一条记录，单击"修改"按钮，打开图10-18所示的修改学生信息窗体。在该窗体中可以修改学生的信息，单击"确定"按钮保存修改结果。

设置确定按钮的 DialogResult 属性为 OK，取消按钮的 DialogResult 属性为 Cancel。在学生信息查询窗体的 btnModify_Click 事件中根据该窗体返回的 DialogResult 属性值决定是否更新学

图 10-18　修改学生信息界面

生信息。需要说明的是，单击"确定"或"取消"按钮时，只是将该窗体隐藏了起来，而非关闭，因此要调用 Dispose() 方法将其释放。

修改学生信息窗体的代码如下：

```
public partial class FrmStudentModify:Form
{
    OleDbDataReader dr;
```

```csharp
private void FrmStudentModify_Load(object sender, EventArgs e)
{
    dr=DataAccess.GetReader("Select * From Province");
    while (dr.Read())
    {
        cmbNative.Items.Add(dr["name"]);
    }
    dr.Close();
    groupBox1.Text=FrmStudentQuery.stu.Sno;
    txtName.Text=FrmStudentQuery.stu.Name;
    if (FrmStudentQuery.stu.Sex=="男")
        radioButton1.Checked=true;
    else
        radioButton2.Checked=true;
    dateTimePicker1.Value=Convert.ToDateTime(FrmStudentQuery
        .stu.Birthday);
    cmbNative.Text=FrmStudentQuery.stu.Native;
    if (FrmStudentQuery.stu.Lm=="Y")
        checkBox1.Checked=true;
    if (FrmStudentQuery.stu.Pm=="Y")
        checkBox2.Checked=true;
    txtAddress.Text=FrmStudentQuery.stu.Adress;
    txtPhone.Text=FrmStudentQuery.stu.Phone;
}
private void btnOK_Click(object sender, EventArgs e)
{
    FrmStudentQuery.stu.Name=txtName.Text.Trim();
    if (radioButton1.Checked)
        FrmStudentQuery.stu.Sex="男";
    else
        FrmStudentQuery.stu.Sex="女";
    FrmStudentQuery.stu.Birthday=dateTimePicker1.Value.ToShortDateString();
    if (cmbNative.Text!="")
        FrmStudentQuery.stu.Native=cmbNative.Text;
    if (checkBox1.Checked)
        FrmStudentQuery.stu.Lm="Y";
    if (checkBox2.Checked)
        FrmStudentQuery.stu.Pm="Y";
    if (txtAddress.Text.Trim() !="")
        FrmStudentQuery.stu.Adress=txtAddress.Text.Trim();
    if (txtPhone.Text.Trim() !="")
        FrmStudentQuery.stu.Phone=txtPhone.Text.Trim();
}
}
```

6. 系统维护

1) 学院设置

学院设置模块的主要功能是添加、删除和修改学院信息。窗体界面如图 10-19 和图 10-20 所示。其中 DataGridView 控件的属性设置学生信息查询窗体中的 dataGridView1，取消按钮的 Visible 属性为 False。

图 10-19　学院设置界面（一）

图 10-20　学院设置界面（二）

学院设置窗体的代码如下：

```
public partial class FrmCollege:Form
{
    OleDbDataAdapter da;
    OleDbCommandBuilder b;
    DataSet ds;
    DataTable dt;
    string xydm;
    private void FrmCollege_Load(object sender, EventArgs e)
    {
        da=new OleDbDataAdapter("Select * From College Order By Collegeid",
        DataAccess.OleDbcon);
        b=new OleDbCommandBuilder(da);
        ds=new DataSet();
        da.Fill(ds,"College");
        dt=ds.Tables["College"];
        dt.PrimaryKey=new DataColumn[]{dt.Columns[0]};
        dataGridView1.DataSource=dt;
        dataGridView1.Columns[0].HeaderText="学院代码";
        dataGridView1.Columns[1].HeaderText="学院名称";
    }
    private void btnAdd_Click(object sender, EventArgs e)      //添加或修改确认
    {
        if (textBox1.Text.Trim()=="")
```

```csharp
            {
                MessageBox.Show("学院代码不能为空!","提示");
                textBox1.Focus();
                return;
            }
            if (textBox2.Text.Trim()=="")
            {
                MessageBox.Show("学院名称不能为空!","提示");
                textBox2.Focus();
                return;
            }
            if (btnAdd.Text=="添加")
            {
                DataRow row1=dt.NewRow();
                row1[0]=textBox1.Text.Trim();
                row1[1]=textBox2.Text.Trim();
                dt.Rows.Add(row1);
                textBox1.Clear();
                textBox2.Clear();
            }
            else
            {
                DataRow findRow=dt.Rows.Find(textBox1.Text.Trim());
                findRow[0]=textBox1.Text.Trim();
                findRow[1]=textBox2.Text.Trim();
                btnCancel_Click(sender,e);
            }
            da.Update(ds,"College");
        }
        private void btnModify_Click(object sender, EventArgs e) //修改
        {
            if (dataGridView1.SelectedRows.Count==0)
            {
                MessageBox.Show("请先选择要修改的记录!","提示");
                return;
            }
            btnModify.Enabled=false;
            btnCancel.Visible=true;
            btnAdd.Text="确认";
            xydm=dataGridView1.SelectedRows[0].Cells[0].Value.ToString();
            textBox1.Text=xydm;
            textBox2.Text=dataGridView1.SelectedRows[0].Cells[1].Value.ToString();
        }
        private void btnDelete_Click(object sender, EventArgs e) //删除
        {
            if (dataGridView1.SelectedRows.Count==0)
```

```
        {
            MessageBox.Show("请先选择要删除的记录!","提示");
            return;
        }
        DialogResult Result=MessageBox.Show("确定删除该记录吗?","警告",
            MessageBoxButtons.YesNo);
        if (Result==DialogResult.Yes)
        {
            xydm=dataGridView1.SelectedRows[0].Cells[0].Value.ToString();
            DataRow findRow=dt.Rows.Find(xydm);
            findRow.Delete();
            da.Update(ds, "College");
            //删除学院时从Major和Class表删除相关专业和班级
            DataAccess.ExecuteSQL("Delete from Major where Collegeid='"+xydm+"'");
            DataAccess.ExecuteSQL("Delete from Class where mid(classid,5,2)=
                '"+xydm+"'");
        }
    }
    private void btnCancel_Click(object sender, EventArgs e) //取消
    {
        textBox1.Clear();
        textBox2.Clear();
        btnCancel.Visible=false;
        btnModify.Enabled=true;
        btnAdd.Text="添加";
    }
}
```

2) 专业设置

专业设置模块的主要功能是添加、删除和修改专业信息。窗体界面如图10-21和图10-22所示。

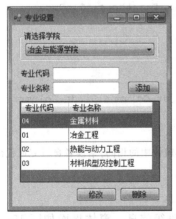

图10-21 专业设置界面(一)

图10-22 专业设置界面(二)

专业设置窗体的代码如下：

```csharp
public partial class FrmMajor:Form
{
    OleDbDataAdapter da;
    OleDbCommandBuilder b;
    DataSet ds;
    DataTable dt;
    string xydm, zydm;
    private void FrmMajor_Load(object sender, EventArgs e)
    {
        ds=DataAccess.GetDataSet("Select * From College","College");
        cmbCollege.DataSource=ds;
        cmbCollege.DisplayMember="College.Collegename";
        cmbCollege.ValueMember="College.Collegeid";
        cmbCollege_SelectedIndexChanged(sender,e);
        dataGridView1.Columns[0].Visible=false;
        dataGridView1.Columns[1].HeaderText="专业代码";
        dataGridView1.Columns[2].HeaderText="专业名称";
        dataGridView1.Columns[1].Width=80;
        dataGridView1.Columns[2].Width=140;
    }
    private void cmbCollege_SelectedIndexChanged(object sender, EventArgs e)
    {
        if (cmbCollege.SelectedValue !=null)
        {
            if (ds.Tables.Contains("Major"))
                ds.Tables.Remove("Major");
            string comtext="Select * From Major where Collegeid='"+
                        cmbCollege.SelectedValue+"'";
            da=new OleDbDataAdapter(comtext, DataAccess.OleDbcon);
            b=new OleDbCommandBuilder(da);
            da.Fill(ds,"Major");
            dt=ds.Tables["Major"];
            dataGridView1.DataSource=dt;
            dt.PrimaryKey=new DataColumn[]{dt.Columns[0],dt.Columns[1]};
        }
    }
    //"添加"、"修改"、"删除"按钮的功能与学院设置窗体中的相同,请读者自行完成代码
}
```

3) 班级设置

班级设置模块的主要功能是添加、删除和修改班级信息。窗体界面如图 10-23 所示，窗体启动时确认按钮为"添加"，取消按钮不可见。

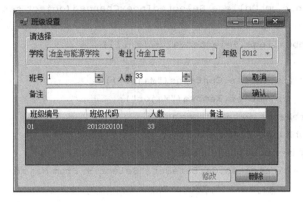

图 10-23　班级设置界面

班级设置窗体的代码如下：

```csharp
public partial class FrmClass : Form
{
    OleDbDataAdapter da;
    OleDbCommandBuilder b;
    DataSet ds;
    DataTable dt;
    string xydm, zydm,bjdm;
    private void FrmClass_Load(object sender, EventArgs e)
    {
        ds=DataAccess.GetDataSet("Select * From College","College");
        DataTable dt1=ds.Tables["College"];
        cmbCollege.DataSource=dt1;
        cmbCollege.DisplayMember="Collegename";
        cmbCollege.ValueMember="Collegeid";
        cmbCollege_SelectedIndexChanged(sender,e);
        int y=DateTime.Today.Year;
        int m=DateTime.Today.Month;
        if (m<9)
            y--;
        for (int i=3;i>=0;i--)
            cmbGrade.Items.Add(y-i);
        cmbGrade.SelectedIndex=0;
        bjdm=cmbGrade.Text+xydm+cmbMajor.SelectedValue.ToString();
        GridRefresh();
        dataGridView1.Columns[0].HeaderText="班级编号";
        dataGridView1.Columns[1].HeaderText="班级代码";
        dataGridView1.Columns[2].HeaderText="人数";
        dataGridView1.Columns[3].HeaderText="备注";
    }
```

第 10 章　数据库编程基础

```csharp
private void cmbCollege_SelectedIndexChanged(object sender, EventArgs e)
{
    if (cmbCollege.SelectedValue !=null)
    {
        if (ds.Tables.Contains("Major"))
            ds.Tables.Remove("Major");
        cmbMajor.DataSource=null;
        cmbMajor.Items.Clear();
        xydm=cmbCollege.SelectedValue.ToString();
        ds=DataAccess.GetDataSet("Select * From Major where Collegeid=
            '"+xydm+"'","Major");
        DataTable dt1=ds.Tables["Major"];
        cmbMajor.DataSource=dt1;
        cmbMajor.DisplayMember="Majorname";
        cmbMajor.ValueMember="Majorid";
        cmbMajor_SelectedIndexChanged(sender,e);
    }
}
private void cmbMajor_SelectedIndexChanged(object sender, EventArgs e)
{
    if (cmbMajor.SelectedValue !=null)
    {
        zydm=cmbMajor.SelectedValue.ToString();
        bjdm=cmbGrade.Text+xydm+zydm;
        GridRefresh();
    }
}
private void cmbGrade_SelectedIndexChanged(object sender, EventArgs e)
{
    bjdm=cmbGrade.Text+xydm+zydm;
    GridRefresh();
}
private void GridRefresh()                          //刷新 DataGridView1
{
    if (ds.Tables.Contains("Class"))
        ds.Tables.Remove("Class");
    string comtext="Select * From Class where left(classid,8)='"+bjdm+"'";
    da=new OleDbDataAdapter(comtext,DataAccess.OleDbcon);
    b=new OleDbCommandBuilder(da);
    da.Fill(ds,"Class");
    dt=ds.Tables["Class"];
    dataGridView1.DataSource=dt;
    dt.PrimaryKey=new DataColumn[]{dt.Columns[1]};
}
```

//"添加"、"修改"、"删除"按钮的功能与学院设置窗体中的相同,请读者自行完成代码
}

4) 用户管理

(1) 用户设置。

用户设置模块的主要功能是添加、删除和修改用户信息。窗体界面如图 10-24 和图 10-25 所示。

图 10-24　用户设置界面(一)

图 10-25　用户设置界面(二)

用户设置窗体的代码如下:

```
public partial class FrmUserSetting:Form
{
    OleDbDataAdapter da;
    OleDbCommandBuilder b;
    DataSet ds;
    DataTable dt;
    private void FrmUserSetting_Load(object sender, EventArgs e)
    {
        da=new OleDbDataAdapter("Select * From UserInfo",DataAccess.OleDbcon);
        b=new OleDbCommandBuilder(da);
        ds=new DataSet();
        da.Fill(ds,"UserInfo");
        dt=ds.Tables["UserInfo"];
        dt.PrimaryKey=new DataColumn[]{dt.Columns[1]};
        dataGridView1.DataSource=dt;
        dataGridView1.Columns[0].HeaderText="用户名";
        dataGridView1.Columns[1].HeaderText="账号";
        dataGridView1.Columns[2].HeaderText="密码";
        dataGridView1.Columns[3].HeaderText="权限";
    }
```

```csharp
private void btnAdd_Click(object sender, EventArgs e)     //添加或修改确认
{
    if (textBox2.Text.Trim()=="")
    {
        MessageBox.Show("账号不能为空!","提示");
        textBox2.Focus();
        return;
    }
    if (btnAdd.Text=="添加")
    {
        DataRow row1=dt.NewRow();
        row1[0]=textBox1.Text.Trim();
        row1[1]=textBox2.Text.Trim();
        row1[2]=textBox3.Text.Trim();
        row1[3]=comboBox1.Text;
        dt.Rows.Add(row1);
        textBox1.Text=textBox2.Text=textBox3.Text="";
    }
    else
    {
        DataRow findRow=dt.Rows.Find(textBox2.Text.Trim());
        findRow[0]=textBox1.Text.Trim();
        findRow[1]=textBox2.Text.Trim();
        findRow[2]=textBox3.Text.Trim();
        findRow[3]=comboBox1.Text;
        btnCancel_Click(sender,e);
    }
    da.Update(ds, "UserInfo");
}
private void btnCancel_Click(object sender, EventArgs e)    //取消
{
    textBox1.Text=textBox2.Text=textBox3.Text="";
    comboBox1.Text=null;
    btnModify.Enabled=true;
    btnCancel.Visible=false;
    btnAdd.Text="添加";
}
private void btnModify_Click(object sender, EventArgs e)    //修改
{
    btnModify.Enabled=false;
    btnCancel.Visible=true;
    btnAdd.Text="确认";
    textBox1.Text=dataGridView1.SelectedRows[0].Cells[0].Value.ToString();
    textBox2.Text=dataGridView1.SelectedRows[0].Cells[1].Value.ToString();
```

```csharp
        textBox3.Text=dataGridView1.SelectedRows[0].Cells[2].Value.ToString();
        comboBox1.Text=dataGridView1.SelectedRows[0].Cells[3].Value.ToString();
    }
    private void btnDelete_Click(object sender, EventArgs e)    //删除
    {
        DialogResult Result=MessageBox.Show("确定删除该记录吗?","警告",
            MessageBoxButtons.YesNo);
        if (Result==DialogResult.Yes)
        {
            string zh=dataGridView1.SelectedRows[0].Cells[1].Value.ToString();
            DataRow findRow=dt.Rows.Find(zh);
            findRow.Delete();
            da.Update(ds,"UserInfo");
        }
    }
}
```

(2) 修改密码。

修改密码模块用于修改当前用户的密码,窗体界面如图 10-26 所示。

修改密码窗体的代码如下:

图 10-26 修改密码界面

```csharp
public partial class FrmPasswordModify:Form
{
    private void btnOK_Click(object sender, EventArgs e)
    {
        string comtext="Select * From UserInfo Where Userid=
            '"+FrmLogin.userid+"'";
        OleDbDataReader dr=DataAccess.GetReader();
        dr.Read();
        string password=dr["Passwords"].ToString();
        dr.Close();
        if (textBox1.Text.Trim() !=password)
        {
            MessageBox.Show("原密码错误,请重新输入!","提示");
            textBox1.SelectAll();
            textBox1.Focus();
            return;
        }
        if(textBox2.Text.Trim()=="" || textBox3.Text.Trim()=="")
        {
            MessageBox.Show("确认密码与新密码不能为空!","提示");
            return;
        }
```

```
            if (textBox2.Text.Trim() !=textBox3.Text)
            {
                MessageBox.Show("确认密码与新密码必须相同!","提示");
                return;
            }
            comtext="Update Userinfo Set Passwords='"+textBox2.Text.Trim()+
                "' Where Userid='"+FrmLogin.userid+"'";
            DataAccess.ExecuteSQL(comtext);
            DataAccess.OleDbcon.Close();
            this.Close();
        }
    }
```

习　　题

1. 选择题

(1) 以下关于数据库的说法，正确的是_____。

　　A. 数据库系统特指数据库管理系统

　　B. 非关系型数据库管理系统有 Access、MySQL 等

　　C. 数据库管理系统是管理和维护数据库的程序系统

　　D. 主键是表中某个唯一的数据字段

(2) 以下关于 SQL 语言的说法，不正确的是_____。

　　A. SQL 语言功能强大，能满足所有应用需求

　　B. SQL 语言是关系型数据库的标准语言

　　C. SQL 语言是非过程化语言

　　D. SQL 语言是一种通用的结构化查询语言

(3) 利用 ADO.NET 访问数据库，在联机模式下，不需要使用_____对象。

　　A. Connection　　B. Command　　C. DataReader　　D. DataAdapter

(4) 在脱机模式下，支持离线访问的关键对象是_____。

　　A. Connection　　B. Command　　C. DataAdapter　　D. DataSet

(5) 使用_____对象可以用只读的方式快速访问数据库中的数据。

　　A. DataAdapter　　B. DataSet　　C. DataReader　　D. Connection

(6) 利用 Command 对象的 ExecuteNonQuery() 方法执行 Insert、Update 或 Delete 语句时，返回_____。

　　A. true 或 false　　B. 1 或 0　　C. 受影响的行数　　D. －1

(7) 以下关于 DataSet 的说法，错误的是_____。

　　A. DataSet 里面可以创建多个表

　　B. DataSet 的数据存放在内存里面

  C. DataSet 中的数据不能修改

  D. 在关闭数据库连接时，仍能使用 DataSet 中的数据

（8）在 C♯ 程序中，如果需要连接 SQL Server 数据库，则需要使用的连接类是_____。

  A. SqlConnection   B. OleDbConnection

  C. OdbcConnection   D. OracleConnection

2. 思考题

（1）简述数据库系统的组成。

（2）SQL 语言分为哪几类？

（3）简述 ADO.NET 的体系结构。

（4）简述 ADO.NET 对于数据库的两种存取模式。

3. 实践题

设计实现简单的图书管理系统，能够实现图书的查询、添加、修改和删除功能。

第11章 图形与图像

图像处理技术是计算机应用领域非常重要的一部分内容。C#虽然不是专门的图形图像处理软件,但它对图形图像处理的支持比一些专业软件也是毫不逊色的。C#中的图形图像处理是通过GDI+实现的,GDI+(GDIPlus.dll)是一种图形设备接口,能为应用程序提供二维矢量图形、映像和版式。本章将介绍C#中进行图形图像编程的基础知识,包括GDI+绘图基础、C#图像处理等内容。

11.1 图形图像基础知识

要想使用C#进行图形图像处理,必须了解GDI+的相关知识。那么,什么是GDI+呢?

11.1.1 GDI+概述

1. 什么是GDI+

GDI+(Graphics Device Interface)即图形设备接口。在Windows操作系统下,绝大多数具备图形处理功能的应用程序都使用GDI,GDI提供了大量函数,可供使用者在屏幕、打印机等输出设备上进行输出图形、文本等操作。

也就是说,GDI的主要功能是负责系统和绘图程序之间的信息交换,处理Windows程序的图形输出。

GDI+具有设备无关性,即程序设计人员在使用GDI+时不需要考虑具体硬件设备的细节,只需调用GDI+提供的相关类的方法就可以实现图形操作。这样一来,编制图形程序变得非常容易。

2. GDI+的功能

GDI+主要提供了三种功能。

1) 二维矢量图形

矢量图形是坐标系统中系列点指定的绘图基元,如直线、曲线、矩形、圆等。

GDI+提供了绘制基本图形信息的类,例如Pen类提供了有关线条颜色、线条粗细和线型的方法;Graphics类提供了用于绘制直线、矩形、路径和其他图形的方法;Brush类用于图案填充等。

2) 图像处理

有些图片无法使用矢量图形技术处理,如数码相机照的高分辨率数字照片,可将这类图像存储为位图,GDI+提供了 Image、Bitmap 和 Metafile 类,可用于显示、操作和保存位图。

3) 文字显示版式

使用不同的字体、字号和样式来显示文本,这一功能相对比较复杂,GDI+为此提供了大量支持,如子像素消除锯齿功能就可以使文本在 LCD 屏幕显示时显得比较平滑。

3. GDI+的新增功能

除了以上基本功能外,GDI+比 GDI 提供了许多新的功能,主要包括以下几个:

(1) 渐变画刷:提供了用于填充图形、路径的线性渐变画笔和路径渐变画笔。

(2) 基数样条函数:基数样条是一连串单独的曲线,这些曲线连接起来形成一条较长的光滑曲线。比通过连接直线创建的路径更光滑精准。

(3) 持久路径对象:在 GDI 中,路径属于设备上下文,并且会在绘制时被毁坏。利用 GDI+的 GraphicsPath 对象绘制,可以实现多次使用同一个 GraphicsPath 对象来绘制路径。

(4) 变换和矩阵对象:GDI+提供的 Matrix(矩阵)对象可以实现图形的缩放、旋转和平移等操作,是一种图形变换的简易灵活的工具。

(5) 可伸缩区域:GDI+允许区域发生任何可存储在变换矩阵中的变换,如缩放和旋转等。

(6) α混色:使用α混色,可以指定填充颜色的透明度。

(7) 丰富的图像格式支持:GDI+支持 BMP、GIF、JPEG、EXIF、PNG、TIFF、ICON、WMF、EMF 共 9 种常见的图像格式。

4. GDI+使用的坐标系

想要绘制图形,必须确定坐标,这就需要坐标系。坐标系是绘制图形的标尺,它有 3 个要素:原点、方向、单位大小。

GDI+中有三种坐标系:调用者自定义坐标系(World)、页面坐标系(Page)、设备坐标系(Device)。

(1) 调用者自定义坐标系:在画布中的坐标系,原点默认为窗口工作区的左上角,原点位置可以改变,单位度量也可以改变。

(2) 页面坐标系:在窗口中的坐标系,原点为窗口工作区的左上角,原点位置固定不可改变,但可以改变单位度量。

(3) 设备坐标系:在屏幕中的坐标系,原点为窗口工作区的左上角,原点位置固定,不可改变。

11.1.2 Graphics 类

C#中,进行图形图像操作之前,必须创建 Graphics 对象,之后利用 Graphics 对象绘制图形,对图像进行处理等。Graphics 类包含在 Drawing 命名空间中。

创建 Graphic 对象的方法很多,常见的有以下 3 种:

(1) 在窗体或控件的 Paint 事件中,图形对象作为一个 PaintEventArgs 类的实例提供。例如,从窗体的 Paint 事件中获取 Graphics 对象:

```
Graphics g=e.Graphics;
```

(2) 通过窗体或控件的 CreateGraphics 方法获取对 Graphics 对象的引用,例如:

```
Graphics g;
g=this.CreateGraphics();
```

(3) 从 Image 类派生的对象创建 Graphics 对象,例如:

```
Bitmap mybmp=new Bitmap("c:\\1.bmp");
Graphics g=Graphics.FromImage(mybmp);
```

此时需要调用 Graphics 的 FromImage() 方法实现。

11.2 绘制基本图形

11.2.1 创建画笔

要想绘制基本图形,首先需要创建画笔,用 Pen 类可以创建画笔对象,画笔对象通常具有宽度、样式和颜色 3 种属性。

常见的 Pen 类的构造函数有如下几种:

(1) 定义指定颜色的画笔对象,宽度为默认,格式如下:

```
public Pen(Color color)
```

例如:

```
Pen p1=new Pen(Color.Red);       //定义画笔,颜色为红色,宽度为默认(默认为1)
```

(2) 定义指定颜色和宽度的画笔对象,格式如下:

```
public Pen(Color color,float width)
```

例如:

```
Pen p2=new Pen(Color.Blue,2);    //定义画笔,蓝色,宽度为 2
```

(3) 定义指定颜色的笔刷,格式如下:

```
public Pen(Brush brush);
```

例如:

```
SolidBrush mybsh=new SolidBrush(Color.Red);
Pen p3=new Pen(mybsh);           //定义笔刷,颜色为红色
```

(4) 定义指定颜色和宽度的笔刷,格式如下:

```
public Pen(Brush brush,float width);
```

例如:

```
Pen p4=new Pen(mybsh,3);         //定义笔刷,颜色红色,宽度为3
```

创建画笔后,就可以和 Graphics 对象一起绘制各种基本图形。

11.2.2 绘制基本图形

基本图形的绘制是通过调用 Graphics 对象提供的绘制图形方法,并设定画笔的颜色和宽度来实现的。本节介绍绘制常见几种基本图形的方法。

1. 绘制直线

绘制直线使用 DrawLine 方法,常用形式有以下两种:

(1) 给定直线的起点坐标和终点坐标,绘制直线,其中坐标为 Point 结构类型的对象,形式如下:

```
public void DrawLine(Pen pen,Point pt1,Point pt2)
```

说明:
① pen 对象确定直线的颜色、宽度和样式。
② pt1 和 pt2 确定直线的起点和终点。

例如:

```
Point pt1=new Point(20,20);
Point pt2=new Point(20,40);
g.DrawLine(p2,pt1,pt2);          //其中 p2 为已经定义好的画笔
```

(2) 给定4个整型数据,分别代表起点和终点的横坐标、纵坐标,形式如下:

```
public void DrawLine(Pen pen,int x1,int y1,int x,int y2)
```

说明:x1 和 y1 为起点坐标,x2 和 y2 为终点坐标,均为整型数据。

例如:

```
g.DrawLine(p1,0,0,15,15);   //p1 为定义好的画笔,画一条从(0,0)开始到(15,15)结束的直线
```

2. 绘制矩形

绘制矩形使用 DrawRectangle 方法,其常用形式如下:

```
public void DrawRectangle(Pen pen,int x,int y,int width,int height)
```

说明：
(1) x 和 y 确定矩形左上角坐标。
(2) width：确定矩形宽度。
(3) height：确定矩形高度。

例如：

g.DrawRectangle(p,50,50,40,30);   //绘制宽度为 40,高为 30,左上角坐标位于 50,50 的矩形

3. 绘制椭圆

绘制椭圆使用的方法为 DrawEllipse,常用格式有以下两种。
(1) 给定左上角坐标及高度和宽度绘制椭圆：

public void DrawEllipse(Pen pen,int x,int y,int width,int height)

说明：
① x 和 y 为椭圆左上角的坐标。
② width：椭圆外界矩形的宽度
③ height：椭圆外界矩形的高度
④ 如果高度与宽度相同,将绘制正圆形。
(2) 利用已有的矩形结构绘制椭圆：

public void DrawEllipse(Pen pen,Rectangle Rect)

说明：rec 为已定义的 Rectangle 结构。

例如：

Rectangle rec=new Rectangle(30,30,50,70);
g.DrawRectangle(p,rec);

【例 11-1】 设计图 11-1 所示的程序,可以在窗体中绘制直线、矩形及椭圆,其中：

绘制直线：在绘图区,按下鼠标左键,表示直线的起点坐标,移动鼠标,当左键弹起时绘制出直线。

绘制矩形：在绘图区,按下鼠标左键,表示矩形的左上角坐标,移动鼠标,当左键弹起时,绘制出矩形。

绘制椭圆：在绘图区,按下鼠标左键,表示椭圆的左上角坐标,移动鼠标,当左键弹起时,绘制出椭圆。

程序分析：题目中要求按下鼠标左键,确定图形左上角坐标,当左键弹起时,画出图形,所以,主要代码分别在窗体的 MoseDown 事件和 MouseUp 事件中编写。

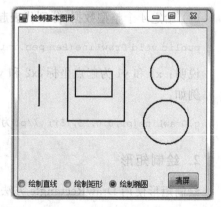

图 11-1　例 11-1 的运行结果

操作步骤如下：

(1) 建立 Windows 窗体应用程序，并按照图 11-1 所示添加控件对象(3 个单选按钮、1 个按钮)，按表 11-1 对各个对象进行属性设置。

表 11-1 例 11-1 各对象属性设置

名 称	属 性	属性值	名 称	属 性	属性值
Form1	Text	绘制基本图形	radioButton2	Text	绘制矩形
button1	Text	清屏	radioButton3	Text	绘制椭圆
radioButton1	Text	绘制直线			

(2) 在窗体的所有事件外部设置如下 3 个变量，以供多个事件调用：

```
int x1;
int y1;                        //(x1,y1)代表鼠标起点坐标
Graphics g;
```

(3) 在窗体的 MouseDown 事件中编写如下代码：

```
private void Form1_MouseDown(object sender, MouseEventArgs e)
{
    x1=e.X;
    y1=e.Y;                    //获取当前鼠标坐标
}
```

(4) 在窗体的 MouseUp 事件中编写如下事件代码：

```
private void Form1_MouseUp(object sender, MouseEventArgs e)
{
    g=this.CreateGraphics();
    Pen p1=new Pen(Color.Black, 2);
    if (radioButton1.Checked==true)      //判断选中哪个单选按钮,以决定画什么图形
    {
        g.DrawLine(p1,x1,y1,e.X,e.Y);
    }
    else if(radioButton2.Checked==true) //画矩形
    {
        float w=e.X-x1;
        float h=e.Y-y1;
        g.DrawRectangle(p1,x1,y1,w,h);
    }
    else                                 //绘制椭圆
    {
        loat w=e.X-x1;
        float h=e.Y-y1;
        g.DrawEllipse(p1,x1,y1,h,w);
    }
```

第 11 章 图形与图像

}

（5）在 button1 的 Click 事件中增加如下代码：

```
private void button1_Click(object sender, EventArgs e)
{
    this.Refresh();                    //清屏
}
```

（6）运行程序，在窗体上画出各种图形。

11.3 填充图形

上节创建画笔时涉及画刷的概念，画刷对象是利用特定的颜色或图案填充一块区域，例 11-1 画出的矩形和椭圆都只是一个轮廓，利用画刷可以将其填充成各种效果。当然，画刷也必须和 Graphics 对象一起使用。

前面已经介绍了单色画刷 SolidBrush，单色画刷是最简单的画刷，是用纯色进行图形绘制。除了单色画刷，还有以下几种形式的画刷：

（1）HatchBrush：与 SolidBrush 类似，可从大量预设的图案中选择某种图案填充图形。

（2）TextureBrush：利用纹理或图像对图形进行填充。

（3）LinearGradientBrush：使用渐变混合的两种颜色进行图形填充。

说明：除了单色画刷外，如果程序中需要用到其他画刷，必须引用如下命名空间：

```
using System.Drawing.Drawing2D
```

后面的程序中不再特意说明。

11.3.1 单色画刷 SolidBrush

SolidBrush 又称为单色画刷。单色画刷的构造函数前面已经介绍过，下面举例介绍单色画刷的使用。

【例 11-2】 单色画刷的使用。

新建一个 Windows 窗体应用程序，并在窗体上增加一个按钮（button1），更改其 Text 属性为"绘制图形"，并在 button1 的 Click 事件中添加如下事件代码：

```
private void button1_Click(object sender, EventArgs e)
{
    Graphics g;
    g=this.CreateGraphics();
    SolidBrush mybru=new SolidBrush(Color.Red);    // 定义红色画刷
```

```
        g.FillEllipse(mybru,this.ClientRectangle);    //绘制一个椭圆,外接矩形为窗体
        SolidBrush mybru1=new SolidBrush(Color.YellowGreen);      //定义黄绿色画刷
        //绘制矩形,左上角位于(0,0),高度和宽度均为100
        Rectangle rect=new Rectangle(0,0,100,100);
        g.FillRectangle(mybru1,rect);
}
```

运行程序,单击"绘制图形"按钮,结果如图11-2所示。

说明:程序中用到的FillEllipse方法和FillRectangle方法分别代表绘制椭圆(矩形),并用指定的画刷颜色填充图形内部。

11.3.2 HatchBrush

HatchBrush又称为阴影画刷。它可以从大量预设的图案(横线、竖线、斜线等)中选择绘制时需要使用的图案。

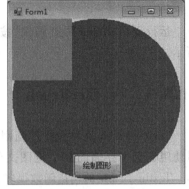

图11-2 例11-2的运行结果

阴影画刷有以下两个构造函数:
(1)指定样式和线条颜色,背景默认为黑色,例如:

```
HatchBrush hbru1=new HatchBrush(HatchStyle.Cross,Color.Blue);
```

说明:定义一个阴影画刷,样式为交叉线,线条颜色为蓝色,背景为黑色。
(2)指定样式、线条颜色和背景颜色,例如:

```
HatchBrush hbru2 = new HatchBrush (HatchStyle.Horizontal, Color.Red, Color.
Yellow);
```

说明:定义一个阴影画刷,样式为水平直线,线条颜色为红色,背景颜色为黄色。

阴影画刷的样式很多,常用的有Horizontal(水平线)、Vertical(垂直线)、Cross(交叉线)、Wave(波浪形)、LargeGrid(大网格线)、SmallGrid(小网格线)。

【例11-3】 阴影画刷的使用。

新建一个Windows窗体应用程序,在窗体上添加一个按钮button1,设置button1的Text属性为"阴影画刷",并在button1的Click事件中添加如下事件代码:

```
private void button1_Click(object sender, EventArgs e)
{
    Graphics g;
    g=this.CreateGraphics();
    //粉色交叉线画刷
    HatchBrush hbru1=new HatchBrush(HatchStyle.Cross,Color.Pink);
    //红色水平线,背景为黄色
    HatchBrush hbru2=new HatchBrush(HatchStyle.Horizontal,Color.Red,Color.
```

```
            Yellow);
    Rectangle rect1=new Rectangle(0,0,100,100);          //定义矩形结构
    Rectangle rect2=new Rectangle(100,100,100,100);
    g.FillRectangle(hbru1,rect1);
    g.FillRectangle(hbru2,rect2);
}
```

运行程序,单击"阴影画刷"按钮,结果如图 11-3 所示。

11.3.3　TextureBrush

TextureBrush 又称为纹理画刷。使用纹理画刷可以使用磁盘中存储的某个位图文件的图案来填充图形。TextureBrush 的构造函数很多,其中最常用的是只带一个参数,即指定填充图案的构造函数,形式如下:

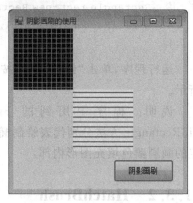

图 11-3　例 11-3 的运行结果

```
public TextureBrush(Image bitmap)
```

例如:

```
//用 e:\pic\1.jpg 文件填充图形
TextureBrush tbru=new TextureBrush(new Bitmap("e:\\pic\\1.jpg"));
```

【例 11-4】　纹理画刷的使用。
操作步骤如下:
新建一个 Windows 窗体应用程序,并在窗体中添加一个按钮对象,设置按钮的 Text 属性值为"纹理画刷",并在按钮 button1 的 Click 事件中添加如下事件代码:

```
private void button1_Click(object sender, EventArgs e)
{
    Graphics g;
    g=this.CreateGraphics();
    TextureBrush tbru=new TextureBrush(new Bitmap("e:\\pic\\9.bmp"));
    g.FillRectangle(tbru,this.ClientRectangle);          //为窗体填充图案
}
```

运行程序,单击"纹理画刷"按钮,结果如图 11-4 所示。

11.3.4　LineargradientBrush

图 11-4　例 11-4 的运行结果

LineargradientBrush 又称为梯度画刷或渐变画刷,在默认情况下,渐变画刷可以由起始颜色沿着水平方向均匀过渡到终止颜色。

LineargradientBrush 的构造函数如下:

```
public LinearGradientBrush(Point p1,Point p2,Color c1,Color c2)
```

说明：

(1) p1：渐变颜色起始点，Point 结构。

(2) p2：渐变颜色终止点，Point 结构。

(3) c1：渐变颜色的起始颜色。

(4) c2：渐变颜色的终止颜色。

【例 11-5】 渐变画刷的使用。

操作步骤如下：

新建一个 Windows 窗体应用程序，并在窗体中添加一个按钮对象，设置按钮的 Text 属性值为"渐变画刷"，并在按钮 button1 的 Click 事件中添加如下事件代码：

```
private void button1_Click(object sender, EventArgs e)
{
    Graphics g;
    g=this.CreateGraphics();
    Point p1=new Point(0,0);           //起始点坐标
    Point p2=new Point(50,0);          //终止点坐标
    //设置从蓝色到白色渐变的画刷
    LinearGradientBrush lbru1=new LinearGradientBrush(p1, p2,Color.Blue,
        Color.White);
    g.FillRectangle(lbru1,0,0,this.Width,this.Height);
}
```

运行程序，单击"渐变画刷"按钮，结果如图 11-5 所示。

图 11-5 例 11-5 的运行结果

11.4 图像处理

除了可以操作二维矢量图形，GDI＋也支持图像处理，GDI＋能处理的图像主要有 BMP、JPEG、GIF、EXIF、PNG、TIFF、ICON 等，几乎涵盖了所有的常用图像格式。本节主要介绍图像操作知识，包括图形的显示、拉伸、反转等。

11.4.1 图像的显示

要想显示一个图像,需要使用 Bitmap 类。Bitmap 类对象封装了一个位图文件,用户可以通过访问 Bitmap 对象的相关属性或方法获取图像的像素、高度和宽度等信息。

Bitmap 类有很多种构造函数,常用的构造函数形式如下:

```
public Bitmap(string filename)
```

说明:filename 为要显示的图像文件的文件名,是包含路径在内的全文件名。例如:

```
Bitmap bmap=newBitmap("c:\\1.jpg");
```

创建了 Bitmap 类对象后,还需要创建 Graphics 对象,之后调用 Graphics 对象的 DrawImage 方法显示 Bitmap 类对象封装的图像。

DrawImage 方法用于在指定位置显示原始图像或缩放后的图像,该方法的重载形式很多,最常用的一种如下:

```
public void DrawImage(Image image,int x,int y,int width,int height)
```

说明:

(1) x、y:分别代表图像显示位置的左上角横坐标和纵坐标。

(2) width:图像的宽度。

(3) height:图像的高度。

通过设置 width 和 height 参数可以设置要显示的图片大小,从而实现图片的放大显示和缩小显示。

【例 11-6】 图像的显示与缩放。

该程序的功能是在窗体上显示图片,并可以显示放大 2 倍和缩小 2 倍的图片。

操作步骤如下:

(1) 新建一个 Windows 窗体应用程序,并在窗体上添加 3 个按钮对象,分别设置 3 个按钮的 Text 属性为"显示图片"、"缩小图片"、"放大图片"。

定义全局变量如下:

```
Bitmap tp1=new Bitmap("e:\\pic\\2.jpg");
Graphics g;
```

(2) 在 button1 对象的 Click 事件中添加如下事件代码:

```
private void button1_Click(object sender, EventArgs e)
{
    g=this.CreateGraphics();
    g.DrawImage(tp1,0,0,tp1.Width,tp1.Height);    //以原始尺寸显示图片
}
```

(3) 在 button2 对象的 Click 事件中添加如下事件代码：

```
private void button2_Click(object sender, EventArgs e)
{
    g=this.CreateGraphics();
    //将图片缩小 1/2 显示
    g.DrawImage(tp1,tp1.Width+10,0,tp1.Width/2,tp1.Height/2);
}
```

(4) 在 button3 对象的 Click 事件中添加如下事件代码：

```
private void button3_Click(object sender, EventArgs e)
{
    g=this.CreateGraphics();
    //将图片放大 2 倍显示
    g.DrawImage(tp1,tp1.Width * 2,0,tp1.Width * 2,tp1.Height * 2);
}
```

(5) 运行程序，依次按下 3 个按钮，结果如图 11-6 所示。

图 11-6 例 11-6 的运行结果

11.4.2 图像的拉伸与反转

除了可以显示图像外，GDI＋也支持很多种图像动态效果，如拉伸、反转、旋转、平移等。本节将选择拉伸效果和反转效果。

1. 拉伸效果

图像的拉伸效果也是通过 DrawImage 方法实现的。下面举例介绍图像的三种拉伸效果程序编制。

【例 11-7】 图像的拉伸效果。

操作步骤如下：

（1）新建一个 Windows 窗体应用程序，并在窗体中增加 4 个按钮对象，分别为 button1、button2、button3、button4 及 1 个 PictureBox 对象（pictureBox1），按表 11-2 设置各对象属性。

表 11-2　例 11-7 各对象属性设置

名　称	属　性	属性值	名　称	属　性	属性值
Form1	Text	图像拉伸效果	button4	Text	两边拉伸
button1	Text	显示图像	pictureBox1	SizeMode	StretchImage
button2	Text	从上到下		BorderStyle	Fixed3D
button3	Text	从左向右			

（2）双击窗体，在事件外部定义公共变量：

```
Bitmap bmp1=new Bitmap ("e:\\pic\\1.jpg");
Graphics g;
int h;                                  //图像的高度
int w;                                  //图像的宽度
```

（3）为 Form1 的 Load 事件添加代码：

```
private void Form1_Load(object sender, EventArgs e)
{
    h=pictureBox1.Height;
    w=pictureBox1.Width;                //获取图片框的高度和宽度
}
```

（4）为 button1（显示图片）按钮的 Click 事件添加如下代码：

```
private void button1_Click(object sender, EventArgs e)
{
    this.pictureBox1.Image=bmp1;
}
```

（5）为 button2（从上到下）按钮的 Click 事件添加如下代码：

```
private void button2_Click(object sender, EventArgs e)
{
    g=this.pictureBox1.CreateGraphics();  //以图片框 pictureBox1 作为绘图背景
    g.Clear(Color.Gray);                  //清除整个绘图面并以指定背景色(灰色)填充
    for (int y=0;y<=h;y++)
    {
        g.DrawImage(bmp1,0,0,w,y);        //在 pictureBox1 中绘制图片
        //控制循环每隔 50 毫秒执行一次，以明显地显示出拉伸动态效果
        System.Threading.Thread.Sleep(50);
```

        }
    }

(6) 为 button3(从左到右)按钮的 Click 事件添加如下代码：

```
private void button3_Click(object sender, EventArgs e)
{
    g=this.pictureBox1.CreateGraphics();   //以图片框 pictureBox1 作为绘图背景
    g.Clear(Color.Gray);                   //清除整个绘图面并以指定背景色(灰色)填充
    for (int x=0;x<=w;x++)
    {
        g.DrawImage(bmp1,0,0,x,h);         //在 pictureBox1 中绘制图片
        System.Threading.Thread.Sleep(50);
    }
}
```

(7) 为 button4(两边拉伸)按钮的 Click 事件添加如下代码：

```
private void button4_Click(object sender, EventArgs e)
{
    g=this.pictureBox1.CreateGraphics();   //以图片框 pictureBox1 作为绘图背景
    g.Clear(Color.Gray);                   //清除整个绘图面并以指定背景色(灰色)填充
    for (int y=0;y<=w/2;y++)
    {
        //以 pictureBox1 垂直中线开始向两边扩展画图
        Rectangle rec1=new Rectangle(w/2-y,0,2*y,h);
        Rectangle rec2=new Rectangle(0,0,bmp1.Width,bmp1.Height);
        //在 rec1 所指定的区域中绘制 rec2 所指定大小的图片
        g.DrawImage(bmp1,rec1,rec2,GraphicsUnit.Pixel);
        System.Threading.Thread.Sleep(50);
    }
}
```

(8) 运行程序，验证各种效果，图 11-7 是单击"从左到右"按钮后的运行结果。

图 11-7 两边拉伸效果

第 11 章 图形与图像

说明：在两边拉伸效果中，使用了 DrawImage 方法的另一种重载形式：

DrawImage(Image image,Rectangle rec1,Rectangle rec2,GraphicsUnit nit)

其含义为：在指定位置并且按指定大小绘制指定的 Image 指定部分。

其中：

(1) image：要绘制的图像。

(2) 第一个矩形结构 rec1：指定绘制图像的位置和大小，将图像缩放以适合该矩形的尺寸。在本例中，矩形结构 rec1 的坐标最开始在 pictureBox1 的垂直中线处，之后随着循环的执行不断左移。而尺寸随着循环的执行不断变大，从而实现拉伸效果。

(3) 第二个矩形结构 rec2：指定 image 图像中要绘制部分的位置及尺寸。

(4) unit：指定绘制 rec2 时所用的度量单位，此处为像素 Pixel。

2. 反转效果

图像的反转效果是将一个图片反向显示（头朝下）之后逐渐将其反转成正的图像。采用的方法依然是 DrawImage 方法。

【例 11-8】 图像的反转效果。

操作步骤如下：

(1) 新建 Windows 窗体应用程序，在窗体中添加 1 个 PictureBox 对象及 1 个按钮对象。按照表 11-3 所示设置各对象属性。

表 11-3 例 11-8 各对象属性设置

名 称	属 性	属性值	名 称	属 性	属性值
Form1	Text	图像反转显示	pictureBox1	SizeMode	StretchImage
button1	Text	图像反转		BorderStyle	Fixed3D

(2) 在 button1 的 Click 事件中添加如下代码：

```
private void button1_Click(object sender, EventArgs e)
{
    Graphics g;
    g=this.pictureBox1.CreateGraphics();
    Bitmap bmp1=new Bitmap("e:\\pic\\1.jpg");
    int h,w;
    w=this.pictureBox1.Width;
    h=this.pictureBox1.Height;
    g.Clear(this.BackColor);
    for (int x=-w/2;x<=w;x++)
    {
        //高度为负值,显示的图像为反的
        Rectangle rec1=new Rectangle(0,h/2-x,w,2*x);
        Rectangle rec2=new Rectangle(0,0,bmp1.Width,bmp1.Height);
```

```
        g.DrawImage(bmp1,rec1,rec2,GraphicsUnit.Pixel);
        System.Threading.Thread.Sleep(50);
    }
}
```

(3) 运行程序,图 11-8 为图像正在反转中。

图 11-8　例 11-8 的运行结果

说明：反转的关键在于第一个矩形结构：矩形结构最开始的高度为负值,所以显示的图像是反的,随着循环不断执行,高度值变为正值,所以图像逐渐反转过来。

习　　题

1. 选择题

(1) Graphics 类包含在_____命名空间中。
　　A. System　　　　　　　　　　B. System.Drawing
　　C. System.Winforms　　　　　　D. System.Drawing.Text

(2) 下面_____画刷可以用预设的图案中填充图形。
　　A. SolidBrush　　　　　　　　　B. TextureBrush
　　C. HatchBrush　　　　　　　　　D. LinearGradientBrush

(3) 调用_____方法可以绘制矩形。
　　A. DrawLine　　　　　　　　　　B. DrawLines
　　C. DrawEllipse　　　　　　　　　D. DrawRectangle

2. 思考题

(1) 什么是 GDI+?
(2) 什么是画刷？要使用纹理画刷,需要引用哪个命名空间？

3. 实践题

（1）按照图 11-9 所示设计一个绘制矩形程序，可以设置画笔的颜色、宽度、矩形的高度和宽度，矩形的左上角坐标为(0,0)。

（2）设计一个程序，填充椭圆图案从左到右的线性渐变，起始点颜色为红色，终止点颜色为黄色。

（3）设计一个程序，利用打开对话框，选择一个图片文件，并在窗体的图片框中显示图片，如图 11-10 所示。

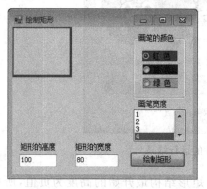
图 11-9　实践题(1)的演示结果

图 11-10　实践题(3)的演示结果

第12章 部署 Windows 应用程序

开发完应用程序之后,还不能将源代码交给用户使用,而是将其翻译成可执行程序后再交付用户使用。为了便于用户创建、更新或删除应用程序,通常使用 Visual Studio 2010 提供的部署功能为用户提供一个安装包。

本章主要介绍部署 Windows 应用程序的两种不同策略——Windows Installer 和 ClickOnce。

12.1 部署概述

部署就是将应用程序分发到要安装的计算机上的过程。Visual Studio 2010 为部署 Windows 应用程序提供了两种不同的策略:使用 Windows Installer 技术,通过传统安装来部署应用程序,或使用 ClickOnce 技术发布应用程序。

1. Windows Installer

Windows Installer 是使用较早的一种部署方式,它允许用户创建安装程序包并分发给其他用户,拥有此安装包的用户,只要按提示操作即可完成程序的安装。Windows Installer 在中小程序的部署中应用十分广泛。通过 Windows Installer 部署,将应用程序打包到 setup.exe 文件中,并将该文件分发给用户,用户可以运行 setup.exe 文件安装应用程序。

2. ClickOnce

Windows Installer 是通过调用安装程序完成部署的。如果需要在成千上万个客户机上安装,安装过程非常耗时。为了解决这个问题,系统管理员可以创建批处理脚本,自动完成安装过程。但是,这仍需要做大量工作来安装和支持不同客户的 PC 机和不同版本的操作系统。Windows Installer 部署存在的这些问题,有时会使开发人员决定创建 Web 应用程序,牺牲 Windows 窗体丰富的用户界面和响应性来换取安装的便利。

为解决 Windows Installer 部署存在的问题,Visual Studio 2010 提供了另一种部署方式——ClickOnce。通过 ClickOnce 部署,可以将应用程序发布到 Web 服务器或网络共享文件夹,然后用户再从该位置安装或运行应用程序。

ClickOnce 部署在以下三方面比 Windows Installer 部署更优越。

(1) 更新应用程序的难易程度。使用 Windows Installer 部署,每次应用程序更新,用户都必须重新安装整个应用程序；使用 ClickOnce 部署，则可以提供自动更新，只有更改过的应用程序部分才会被下载，然后从新的并行文件夹重新安装完整的、更新后的应用程序。

（2）对用户计算机的影响。使用 Windows Installer 部署时，应用程序通常依赖于共享组件，这就有可能发生版本冲突；而使用 ClickOnce 部署时，每个应用程序都是独立的，不会干扰其他应用程序。

（3）安全权限。Windows Installer 要求管理员权限并且只允许受限制的用户安装；而 ClickOnce 部署允许非管理员用户安装应用程序，并且仅授予应用程序所需要的那些代码访问安全权限。

但是，ClickOnce 部署也有一些限制：如果应用程序所需的 COM 组件需要注册表设置，或者希望用户来确定安装应用程序的目录，就不能使用 ClickOnce。在这些情况下，必须使用 Windows Installer。

12.2 使用 ClickOnce 部署 Windows 应用程序

使用 ClickOnce 部署技术可创建自行更新的基于 Windows 的应用程序，这些应用程序可以通过最低程度的用户交互来安装和运行。可以采用三种不同的方式发布 ClickOnce 应用程序：从网页发布、从网络共享发布或者从媒体发布。

下面以 10.6 节中的"学生信息管理系统"为例，介绍创建 ClickOnce 部署的三种方式。

12.2.1 将应用程序发布到 Web

以"从网页发布"的方式发布 ClickOnce 应用程序，可以将应用程序部署到 Web 上，用户通过 Web 浏览器安装应用程序。部署的具体步骤如下：

（1）打开要部署的应用程序，在"解决方案资源管理器"窗口中右击项目，从弹出的快捷菜单中选择"发布"命令，打开发布向导，如图 12-1 所示。在"指定发布此应用程序的位置(S)："框中设置发布位置。默认服务器是 localhost，此处将默认位置更改为 http://loacalhost/xsgl。

（2）单击"下一步"按钮，打开图 12-2 所示对话框，指定应用程序发布后是否可以脱机使用，即脱机状态下是否可以安装应用程序，此处采用默认选项。

（3）单击"下一步"按钮，打开图 12-3 所示的对话框，通知用户发布准备就绪，并说明要发布到的 Web 位置。此时，Visual Studio 2010 自动将 http://localhost/xsgl 中的 localhost 更改为本地机器名。

（4）单击"完成"按钮，应用程序窗体的状态栏会显示发布过程中的一些状态。如果发布正常，则显示图 12-4 所示的 Web 安装界面，其中说明了应用程序的名称、版本和发行者。

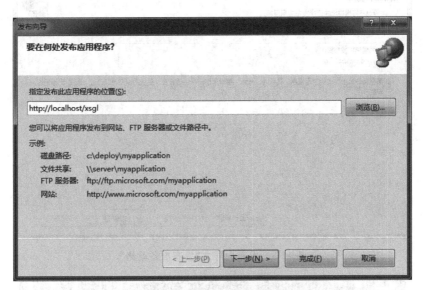

图 12-1　发布向导之"发布位置"

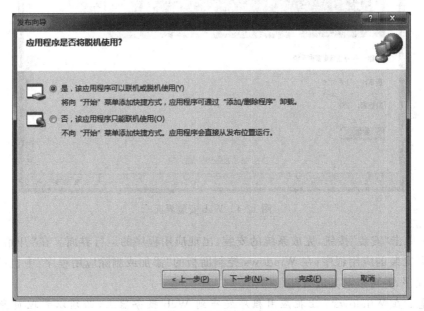

图 12-2　发布向导之"是否脱机使用"

第 12 章　部署 Windows 应用程序

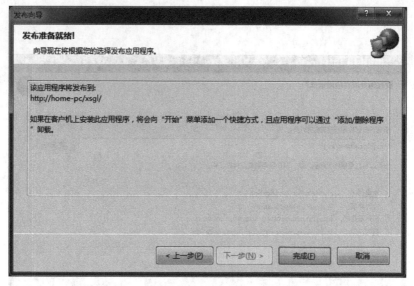

图 12-3　发布向导之"发布准备就绪"

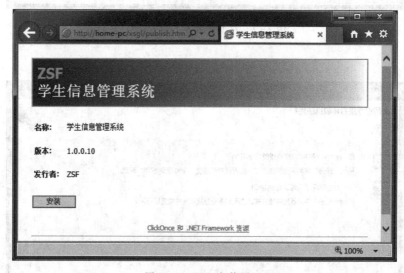

图 12-4　Web 安装界面

(5) 单击"安装"按钮,完成系统的安装,出现应用程序的运行界面。在"开始"菜单中可以找到安装的应用程序;在 Windows 控制面板的"添加或删除应用程序"中也可以找到该应用程序,并可以对其进行卸载操作。

注意:在 Windows 7 上把应用程序发布到 Web 服务器上,必须以管理员身份运行 Visual Studio 2010,还要安装 IIS。

12.2.2　将应用程序发布到共享文件夹

以"从网络文件共享发布"的方式发布 ClickOnce 应用程序,可以将应用程序部署到

共享文件夹,用户通过共享文件夹来安装应用程序。部署的具体步骤如下:

(1) 打开要部署的应用程序,在"解决方案资源管理器"窗口中右击项目,从弹出的快捷菜单中选择"发布"命令,打开发布向导,如图12-5所示。在文本框内输入共享文件路径,格式为"\\服务器名\文件夹名"。

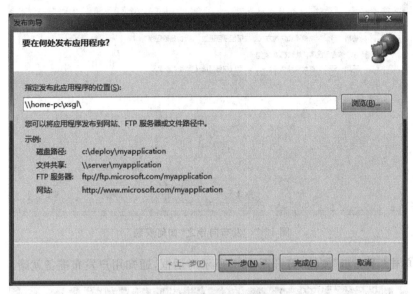

图12-5　发布向导之"发布位置"

(2) 单击"下一步"按钮,打开图12-6所示对话框,指定应用程序发布后如何安装。此处采用默认选项,用户从共享文件安装应用程序。

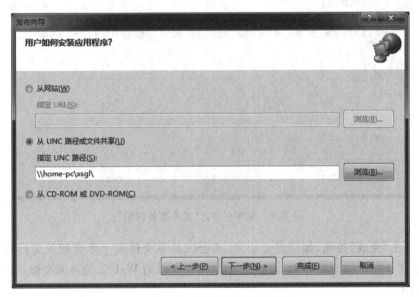

图12-6　发布向导之"如何安装"

(3) 单击"下一步"按钮,打开图12-7所示对话框,指定应用程序发布后是否可以脱机使用,此处采用默认选项。

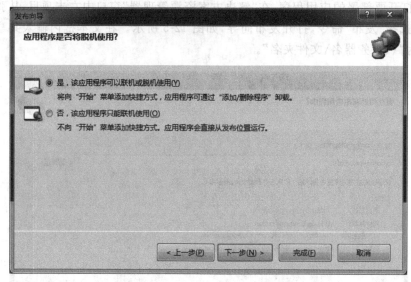

图 12-7 发布向导之"如何安装"

（4）单击"下一步"按钮,打开图 12-8 所示对话框,通知用户发布准备就绪。

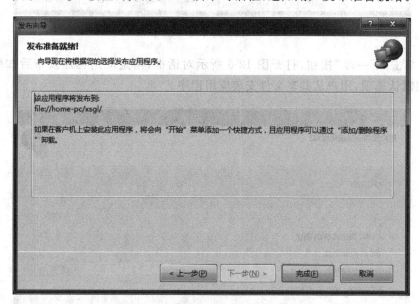

图 12-8 发布向导之"发布准备就绪"

（5）单击"完成"按钮,如果发布正常,则会在共享文件夹下生成相关文件和文件夹,并显示图 12-9 所示的安装界面,该界面与图 12-4 所示的 Web 安装界面类似,仅地址栏中的路径不同。

（6）单击"安装"按钮,可以进行应用程序的安装。

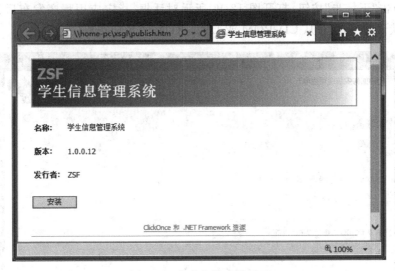

图 12-9　共享文件安装界面

12.2.3　将应用程序发布到媒体

以"从媒体发布"的方式发布 ClickOnce 应用程序,可以将应用程序部署到 CD-ROM 或 DVD-ROM,来提供应用程序的安装光盘。部署的具体步骤如下:

(1) 打开要部署的应用程序,在"解决方案资源管理器"窗口中右击项目,从弹出的快捷菜单中选择"发布"命令,打开发布向导,在文本框内输入一个本地文件夹路径,如图 12-10 所示。

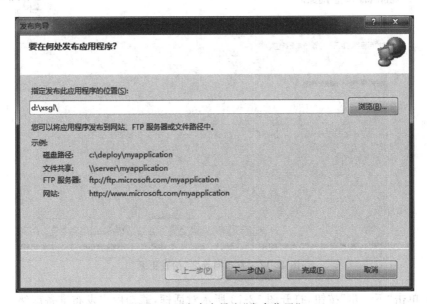

图 12-10　发布向导之"发布位置"

第 12 章　部署 Windows 应用程序　365

(2)单击"下一步"按钮,打开图 12-11 所示对话框,指定应用程序发布后如何安装。此处采用默认选项,用户从 CD-ROM 或 DVD-ROM 安装应用程序。

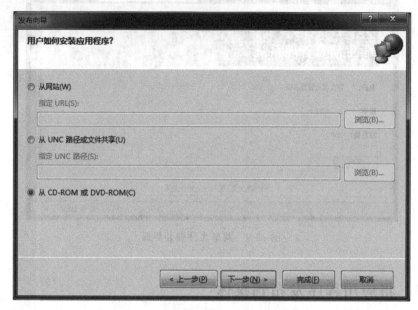

图 12-11 发布向导之"如何安装"

(3)单击"下一步"按钮,打开图 12-12 所示对话框,指定应用程序是否检查更新,此处采用默认选项,不检查更新。

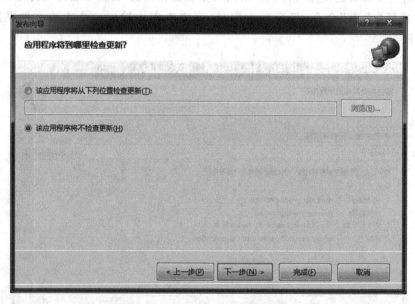

图 12-12 发布向导之"检查更新"

(4)单击"下一步"按钮,打开图 12-13 所示对话框,通知用户发布准备就绪。
(5)单击"完成"按钮,如果发布正常,则会在指定的文件夹下生成光盘安装需要的相

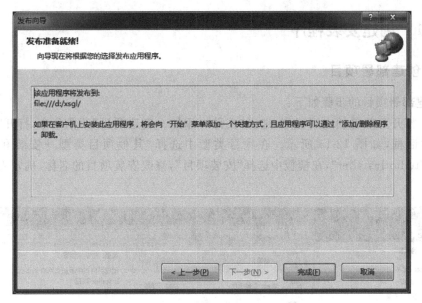

图 12-13　发布向导之"发布准备就绪"

关文件和文件夹,并显示如图 12-14 所示的文件列表。

图 12-14　媒体安装文件界面

(6) 双击 setup.exe 文件,可以进行应用程序的安装。将图 12-14 中的文件列表刻录到 CD-ROM 或 DVD-ROM,即可完成光盘的制作。

12.3　使用 Windows Installer 部署 Windows 应用程序

使用 Windows Installer 部署 Windows 应用程序,可以使用"安装项目"模板或安装向导。下面仍以 10.6 节中的"学生信息管理系统"为例,介绍使用 Windows Installer 的"安装项目"模板部署 Windows 应用程序的方法。

12.3.1 创建安装程序

1. 创建部署项目

创建部署项目的步骤如下：

（1）打开要部署的应用程序，选择"文件→添加→新建项目"菜单命令，打开"添加新项目"对话框，如图 12-15 所示。在项目类型中选择"其他项目类型→安装和部署→Visual Studio Installer"，在模板中选择"安装项目"，修改安装项目的名称，确定安装项目的位置。

图 12-15 "添加新项目"对话框

（2）单击"确定"按钮，完成项目的添加，并出现图 12-16 所示的"文件系统"窗口，同时可以在"解决方案资源管理器"窗口中看到该项目。

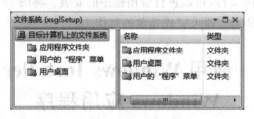

图 12-16 "文件系统"窗口

2. 设置部署项目

（1）在图 12-16 所示的"文件系统"窗口中右击左窗口中的"应用程序文件夹"，从弹出的快捷菜单中选择"添加→项目输出"命令，打开如图 12-17 所示的"添加项目输出组"

对话框。如果当前程序有多个项目,需要选择要输出的项目;如果当前程序只有一个项目,则所有设置无需改动。

(2) 在"添加项目输出组"对话框中单击"确定"按钮,生成一个名为"主输出来自 xsgl(活动)"的"输出"类型文件,在"文件系统"窗口的右窗口中可以看到,如图 12-18 所示。

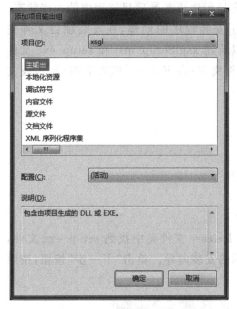
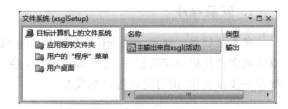

图 12-17 "添加项目输出组"对话框　　　图 12-18 "文件系统"窗口中的主输出文件

说明:主输出包含由项目生成的 dll 或 exe 文件,如果项目输出组中还需要包含其他文件(如本地数据库)或文件夹(如图片文件夹),右击"应用程序文件夹",从弹出的快捷菜单中选择"添加→文件"或"添加|文件夹"命令,继续进行添加操作,直至完成所有输出内容的添加。

(3) 右击文件"主输出来自 xsgl(活动)",从弹出的快捷菜单中选择"创建主输出来自 xsgl(活动)的快捷方式"命令,则生成一个快捷方式文件,修改其名称为"学生信息管理系统"。

(4) 如果希望程序安装完成后桌面上创建一个连接到程序的快捷方式,则将名称为"学生信息管理系统"的文件拖动到左窗口的"用户桌面"中;如果希望程序安装完成后"程序"菜单中创建一个连接到程序的快捷方式,则将名称为"学生信息管理系统"的文件拖动到左窗口的"用户的程序菜单"中。

(5) 在"文件系统"窗口中右击已创建的快捷方式,从弹出的快捷菜单中选择"属性窗口",设置 Icon 属性,选择要出现在目标计算机上的 Windows 资源管理器中的应用程序图标。

(6) 在"解决方案资源管理器"窗口中选定该安装项目,在"属性"窗口中根据实际需要修改安装项目的相关属性,如 AddRemoveProgramsIcon("添加/删除程序"对话框中显示的图标)、Author(作者的姓名)、Description(安装程序的说明)、Title(安装程序的标题)、Version(安装程序的版本号)等。

至此完成了部署项目的相关设置。

3. 生成部署项目

创建完部署项目后,在"解决方案资源管理器"窗口中右击安装项目,从弹出的快捷菜单中选择"生成"命令,在应用程序窗体的状态栏会显示生成部署项目过程中的一些状态。该过程需要短暂的时间,如果生成成功,就完成了安装程序的创建,在安装项目文件夹 xsglSetup 下的 Debug 或 Release 文件夹下就可以看到 xsglSetup.msi 和 setup.exe 文件(在 Debug 模式下编译,生成文件就在 Debug 文件夹下;在 Release 模式下编译,生成文件在 Release 文件夹下)。

12.3.2 测试安装程序

测试安装程序分为安装、运行和卸载三个环节。

1. 安装程序

在安装项目文件夹 xsglSetup 下的 Debug 或 Release 文件夹中找到 setup.exe 文件,双击该文件将启动安装程序,打开如图 12-19 所示的安装向导。单击"下一步"按钮,按照提示一步步操作,即可完成程序的安装。

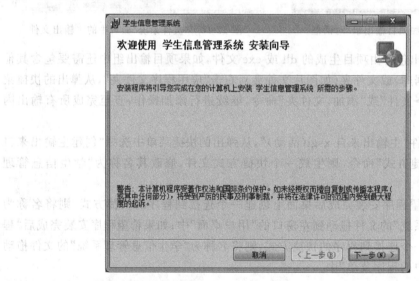

图 12-19 "安装向导"对话框

2. 运行程序

单击"开始"按钮,在"程序"菜单中选择"学生信息管理系统"命令,即可打开应用程序窗口,测试应用程序的运行效果。

3. 卸载程序

使用 Windows Installer 安装的应用程序,可以通过 Windows 控制面板中的"添加或删除程序"实现应用程序的卸载。

习 题

1. 选择题

(1) 下列选项中,不属于 ClickOnce 发布方式的是_____。
    A. 从网页发布   B. 从媒体发布
    C. 从本地磁盘发布   D. 从网络文件共享发布

(2) 使用 Windows Installer 部署应用程序,一般使用_____模板或安装向导。
    A. CAB 项目   B. 安装项目
    C. Web 安装项目   D. 合并模块项目

2. 思考题

(1) 什么是部署?

(2) ClickOnce 和 Windows Installer 部署的优缺点是什么?

3. 实践题

设计一个简单的 Windows 应用程序,分别使用 ClickOnce 和 Windows Installer 部署该程序。

参 考 文 献

[1] Watson K, Nagel C. C#入门经典(第5版)[M]. 齐立波,译. 北京：清华大学出版社,2012.
[2] 罗兵,刘艺,孟武生,等. C#程序设计大学教程[M]. 北京：机械工业出版社,2007.
[3] 刘秋香,王云,姜桂洪. Visual C#. NET 程序设计[M]. 北京：清华大学出版社,2011.
[4] 罗福强,白忠建,杨剑. Visual C#. NET 程序设计教程[M]. 北京：人民邮电出版社,2009.
[5] 魏峥. Visual Basic. NET 程序设计教程[M]. 北京：清华大学出版社,2008.
[6] 龚自霞,高群. C#. NET 课程设计指导[M]. 北京：北京大学出版社,2008.
[7] 谢世煊. C#程序设计及基于工作过程的项目开发[M]. 西安：西安电子科技大学出版社,2010.
[8] John Sharp. Visual C# 2010 从入门到精通[M]. 周靖,译. 北京：清华大学出版社,2012.
[9] 郑阿奇. C#实用程序[M]. 北京：电子工业出版社,2009.
[10] 段德亮,余健,张仁才. C#课程设计案例精编[M]. 北京：清华大学出版社,2008.
[11] 李继武. Visual C#. NET 项目开发实路从入门到精通[M]. 北京：清华大学出版社,2007.
[12] 刘丽,朱俊东,张航. C语言程序设计基础与应用[M]. 北京：清华大学出版社,2012.
[13] 陈学斌,张淑芬. 计算机网络与Web程序设计[M]. 北京：清华大学出版社,2013.